世纪英才高等职业教育课改系列规划教材（电子信息类）

电工技术实训

袁建荣 主 编

陈 灏 廖茂林 副主编

人 民 邮 电 出 版 社

北 京

图书在版编目（CIP）数据

电工技术实训 / 袁建荣主编. -- 北京 : 人民邮电出版社, 2011.1(2013.7 重印)
世纪英才高等职业教育课改系列规划教材. 电子信息类
ISBN 978-7-115-24081-1

Ⅰ. ①电… Ⅱ. ①袁… Ⅲ. ①电工技术－高等学校：技术学校－教材 Ⅳ. ①TM

中国版本图书馆CIP数据核字(2010)第206362号

内 容 提 要

本书以亚龙 YL-DG-I 型电工技术实训考核装置为载体，以中、高级电工国家职业标准为依据，立足于电路基础基本理论，在内容选材上紧密结合高职高专院校教学实际情况，其特点是专业知识起点低，技能训练内容适中，循序渐进，适当拓展学科知识与技能的深度和广度，以增强学生对未来工作岗位的适应性。

本书可供高等职业院校电子信息类专业、机电类专业作为教材使用，还可供相关技术人员作为参考书使用。

世纪英才高等职业教育课改系列规划教材（电子信息类）

电工技术实训

◆ 主　　编　袁建荣
副 主 编　陈　灏　廖茂林
责任编辑　丁金炎
执行编辑　郝彩红

◆ 人民邮电出版社出版发行　　北京市崇文区夕照寺街 14 号
邮编　100061　　电子邮件　315@ptpress.com.cn
网址　http://www.ptpress.com.cn
大厂聚鑫印刷有限责任公司印刷

◆ 开本：787×1092　1/16
印张：13.75　　2011 年 1 第 1 版
字数：311 千字　　2013 年 7 月河北第 3 次印刷

ISBN 978-7-115-24081-1

定价：27.00 元

读者服务热线：(010)67132746　印装质量热线：(010)67129223
反盗版热线：(010)67171154
广告经营许可证：京崇工商广字第 0021 号

前言

Foreword

本书根据高职高专电子信息类、机电工程类专业培养规格，按照劳动和社会保障部颁布的《国家职业标准——维修电工》大纲的要求，以维修电工所需要具备的基本技能为目标，以“淡化理论、够用为度、培养技能、重在应用”为原则编写。

本书以“亚龙 YL-DG-I 型电子技术考核装置”为载体，编写结构以“项目—任务”为脉络，理论与实训一体化教学围绕任务而展开，边讲理论，边进行实践操作。项目立足电路基础基本理论，以中、高级维修电工的培养为目标，教学中既注重整体工程意识的培养又留给学生自我能力培养空间，使学生自学能力、分析能力、创新能力和运用理论知识解决实际问题的工程实践能力得以提升。本书的特点是专业知识起点低，技能训练方面内容适中，循序渐进，适当拓展学科知识与技能的深度和广度，以增强学生对未来工作岗位的适应性。

本书由武汉职业技术学院电信学院电子技术实训中心《电工技术实训》项目组教师共同编写。本书中项目一、项目五、项目八、项目九由袁建荣编写，项目二由蔡静编写，项目三、项目十一由陈灏编写，项目四由姜薇编写，项目六、项目七由廖茂林编写，项目十由杨雁冰编写。全书由袁建荣统稿，姚建永教授担任主审。另外，武汉科技大学中南分校的江华圣教授和武汉职业技术学院的张日峰高级讲师在本书编写过程中提出了许多宝贵的建议，在此表示衷心的感谢。

由于水平有限，书中难免有不妥之处，恳请读者给予批评指正，编者电子邮件地址：yjrwh@163.com。

编　者

目 录

Contents

开篇导学……1

项目一 电压/电流的测量……17
第一部分 基础知识……17
知识链接一 认识电阻……17
知识链接二 直流电路分析方法……18
第二部分 技能实训……19
技能实训一 电阻的识读与测量……19
技能实训二 电位、电压、电流的测量……20

项目二 功率与电能的测量……22
第一部分 基础知识……22
知识链接一 三相交流电路……22
知识链接二 功率与电能的测量……28
第二部分 技能实训……31
技能实训一 三相交流电源参数的测试……31
技能实训二 三相交流电路功率的测量……32

项目三 变压器与电机的认知……34
第一部分 基础知识……34
知识链接一 变压器的基本构造和原理……34
知识链接二 变压器的极性与连接组别……39
知识链接三 三相异步电动机的结构和工作原理……43
知识链接四 三相异步电动机的使用……48
第二部分 技能实训……53
技能实训一 变压器空载、短路及负载实验……53
技能实训二 单相变压器的极性测定……55
技能实训三 三相异步电动机定子绕组首尾端的判断……56

项目四 MF-50D 型万用表设计与组装……58
第一部分 基础知识……58
知识链接一 万用表电路设计…58
知识链接二 电阻、电容、二极管的识别与检测……69
第二部分 技能实训……75
技能实训一 万用表电路识图…75
技能实训二 万用表检测电阻、电容、二极管……75
技能实训三 MF-50D 型万用表组装与调试……76

项目五 安全用电与安全供电……81
第一部分 基础知识……81
知识链接一 人体触电与救护…81
知识链接二 电气安全技术……89
第二部分 技能实训……93
技能实训一 模拟触电现场急救……93

项目六 电工接线训练……95
第一部分 基础知识……95

知识链接一 电工工具的使用……95
知识链接二 导线的连接……99
第二部分 技能实训……103
技能实训一 导线连接……103

项目七 室内照明电路设计与安装……105
第一部分 基础知识……105
知识链接一 低压电器认知……105
知识链接二 家庭电路设计与施工……115
第二部分 技能实训……117
技能实训一 室内照明线路的安装……117
技能实训二 家庭配电路线设计与安装……118

项目八 三相异步电动机典型控制电路的设计与安装……120
第一部分 基础知识……120
知识链接一 低压电器认知（二）……120
知识链接二 学看电气控制电路图……129
第二部分 技能实训……131
技能实训一 三相异步电动机点动/连续正转控制电路安装……131
技能实训二 三相异步电动机正/反转控制电路安装……134

项目九 时间继电器控制电动机Y－△降压启动……136
第一部分 基础知识……136
知识链接一 低压电器认知（三）……136
知识链接二 三相异步电动机降压启动控制电路……139
第二部分 技能实训……144
技能实训一 时间继电器控制三相异步电动机Y－△降压启动……144

项目十 变频器的应用……148
第一部分 基础知识……148
知识链接一 变频器概述……148
知识链接二 变频器的设定与操作……150
第二部分 技能实训……163
技能实训一 变频器面板功能参数设置和操作……163
技能实训二 设定变频器频率对电动机控制……165
技能实训三 基于变频器面板操作的电动机开环调速……167
技能实训四 变频器的保护和报警功能……170

项目十一 PLC可编程控制器基本操作……174
第一部分 基础知识……174
知识链接一 FX系列PLC概述……174
知识链接二 PLC的基本组成与工作原理……175
知识链接三 FX_{2N}系列PLC软元件……177
知识链接四 PLC编程软件的使用……181
知识链接五 PLC基本逻辑指令及其应用……189
知识链接六 步进指令及其应用……195
第二部分 技能实训……197
技能实训一 PLC控制程序输入练习……197

技能实训二 PLC 控制的电动机 Y－△降压启动电路……198

附录一 中华人民共和国职业技能等级标准——初级电工……201

附录二 中华人民共和国职业技能等级标准——中级电工……203

附录三 中华人民共和国职业技能等级标准——高级电工……205

附录四 常用电器图形、文字符号表……207

参考文献……209

开篇导学

《电工技术实训》是以《国家职业标准——维修电工》大纲为依据，结合编者多年的教学实践编写。通过对同学们在规范操作、自学能力、分析能力和创新能力等方面的训练，提高同学们运用已掌握的理论知识解决工程实践问题的能力。

一、实训目的与纪律

1. 课程特点

(1)“轻”理论、“重”实践，够用为度。单元式教学将课堂搬到了实训室，使学、做、练融为一体。“轻”理论教学，体现在理论教学与实操训练在课时分配上是 1∶3。教学过程中，以介绍项目所用元器件、仪表等的认识、检测和使用为主线，而课后则需要同学们通过阅读教材、查阅图书、资料等自学的方式来丰富项目所涉及的理论知识；“重”实践过程，强调实训过程中同学们是个实实在在的实践者，要求从电路图的绘制、工艺文件的编制、线路的安装过程、接线是否正确等方面通过小组自查和同学之间的互查二级检查来保证，除合闸试车是在教师的指导下进行外，电路的调试、线路故障的排除等都要求同学们自己完成。

(2) 分工明确的团队协作工作方式。教学要求 3 人为一个实训小组，小组分工明确，组长、成员各负其责，相互协作，共同完成项目任务。

(3) 学、教互为，严格规范操作。严格规范操作体现在“项目实施控制卡片”上，也就是给同学们提出项目制作的流程要求，在项目实施中教、学双方通过卡片上分步骤地记录、签字确认，让教师对整个实训过程予以严格的控制。教学要求在项目实施过程中，每一位同学既是学生又当老师，做好角色互换。

(4) 技能学习、电工职业资格考证一学通。通过课程的学习，同学们不仅能学到维修电工的一般操作技能，还可以自愿申报并参加具有资质鉴定机构组织的理论、实操考试，考试合格后，获取“中级电工职业资格证”。

2. 实训目的

(1)《电工技术实训》中的一体化教学是培养学生对整体工程的策划、实施、性能测定、验收、维护和故障排除等能力的具体工程活动。

(2) 项目式训练让学生全面掌握电工技术的基本知识、常用电工仪表和常用电工工具的使用方法。

(3) 通过对常用电气设备的使用、安装、检测与维护，锻炼学生对电路故障的分析与处理能力，让学生了解电子工艺的一般知识，掌握最基本的焊接、组装产品的技能。

(4) 培养学生的科学观念和科学态度，训练学生自学能力、分析能力、创新能力和运用理论知识解决实际问题的工程实践能力。

(5) 通过对专业实践知识和基本操作技能的训练，注意与生产劳动相结合，重视工艺规程，促进理论联系实际，为生产实习与毕业设计打下良好的基础。

3. 实训纪律

(1) 建立实训小组，分工协作。实训小组由 2～3 人组成，实训中常有接线、调节负载、仪表读数、数据记录等工作。小组成员要有明确合理的分工，协调工作。

(2) 电阻器使用原则。电阻器使用时要注意，不能置于零或者很小电阻值位置。实训中，先调高阻值电阻，后调低阻值电阻。

(3) 实训前准备工作。认真阅读指导教材，了解项目内容，做好相关理论知识复习；明确实训目的，了解实训装置功能、特点，按要求设计实训方案并列写实训步骤。

(4) 试车前检查。实训项目完成后，严格执行自查、互查环节，确保线路连接无误；在机组通电前，要检查电机能否灵活转动，检查转子是否被卡住，否则应进行调整。

(5) 牢记安全，规范操作。实训中，人体不可接触裸露带电体；接线与拆线时必须在切断电源的情况下进行；合闸时小组成员必须都知道并且都同意；遇到异常情况，如闻到异味、发现机组过热或震动过大、噪声过大、线路单元中出现火花等，应立即切断电源，查找原因并排除故障。

(6) 专人控制电源。实验室总电源由指导教师专人控制，其他人员只能在指导教师允许后方能操作，不得自行合闸，避免发生安全事故。

二、实训设备

1. 亚龙 YL-DG-I 电工技术实训考核装置概述

亚龙 YL-DG-I 型电工技术实训考核装置（如图 0-1 所示）主要由实训台架、实训单元挂板 SW001～SW005、信号源挂板、电阻电容元件挂板、RLC 电路挂板、有源电路挂板及车床、镗床智能化实训考核挂板、维修电工电力拖动仿真软件等组成。可完成《电工基础》或《电工技术》中所有实验项目的实训，还可进行《电机及其电气控制》等专业模块的教学和实训。

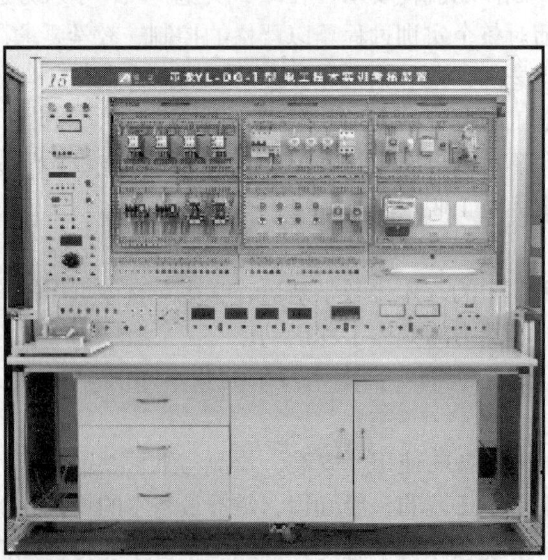

图 0-1 亚龙 YL-DG-I 型电工技术实训考核装置

2. 主要功能、特性

（1）实训台架是维修电工系列实训考核装置的基本部件，选择不同的实训单元挂板可组成不同型号的实训考核装置，满足不同实训内容的需求。

（2）实训时选择的实训单元挂板悬挂在实训台上，实训桌面用于放置实训时的工具、测量仪表、电动机、技术资料等物品。

（3）为实训项目提供多种工作电源，每组电源均有过流保护，自动切断相应电源输出，按钮恢复供电，并记录过流次数。

（4）可作为实验管理器，与误操作记录系统配合可实现定时断电、定时上电、定时提醒和误操作、记录功能。

3. 基本配置

（1）设备输入电源控制

当接通设备输入电源时（合闸），三相输入电源指示灯亮，同时，输入电源电压表指示380V，如图 0-2 所示。

（2）设备管理器

设备管理器（如图 0-3 所示）由数字显示屏、时钟按键、定时按键、时设置按键、分设置按键、选择按键组成。

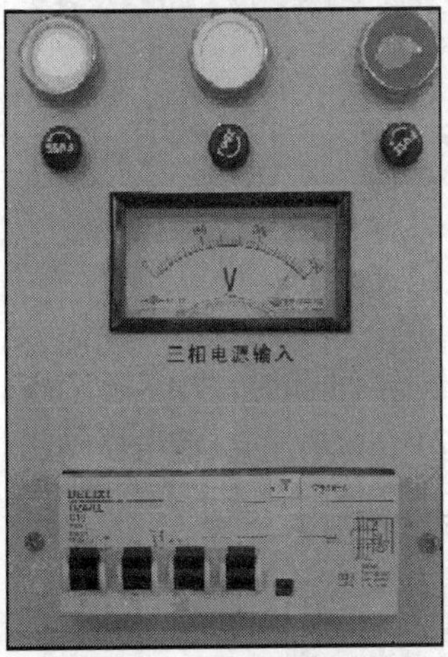

图 0-2 设备输入电源

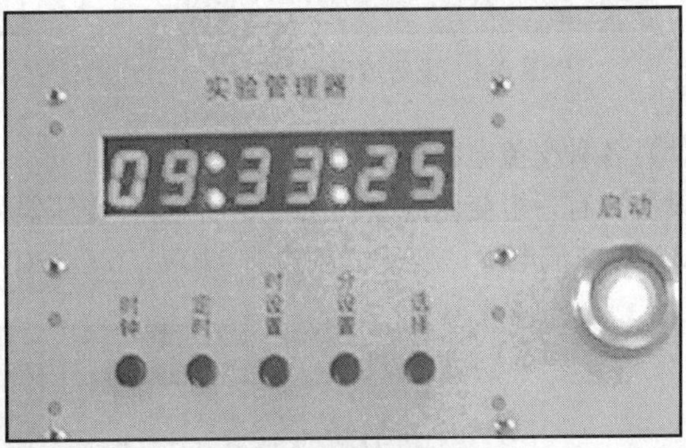

图 0-3 设备管理器

① 时间调整

设备管理器显示当前时间。

调整方法：按住“时钟”按键，分别调整“时设置”、“分设置”，松手即确认。

② 定时调整

设备管理器可控制时间。常用设备管理器工作模式有设备上电状态（00～03）、设备断电状态（04～07）两种。管理器可同时设置 4 组设备上电、断电控制时间。

- 上电时间调整方法：按住“定时”按键，调整“选择”按键，显示屏秒位显示 00～15 中任一随机状态；调整“选择”按键为 00～03 中任一状态；调整“时设置”、“分设置”；松手即确认。

• 断电时间调整方法：按住“定时”按键，调整“选择”按键，显示屏秒位显示 00～15 中任一随机状态；调整“选择”按键为 04～07 中任一状态；调整“时设置”、“分设置”；松手即确认。

（3）设备电源输出端口

设备电源输出端口（如图 0-4 所示）由 U、V、W、L、N、PE 六个端口组成。其中，U、V、W 端口输出三相交流电线电压 380V，L、N 端口输出三相交流电相电压 220V，N 是中线端口，PE 是保护接地端口。

（4）单相交、直流可调电源

三相交流电经三相隔离变压器后，任意引出一组 220V 经单相调压器，变成单相可调电源（如图 0-5 所示），电源设有短路保护和过载保护，输出 AC 0～220V。此外，此单相可调交流电源经桥式整流电路及电容滤波后，成为直流可调电源，具有短路保护作用，数字电压表显示输出的电压，输出 DC 0～220V。

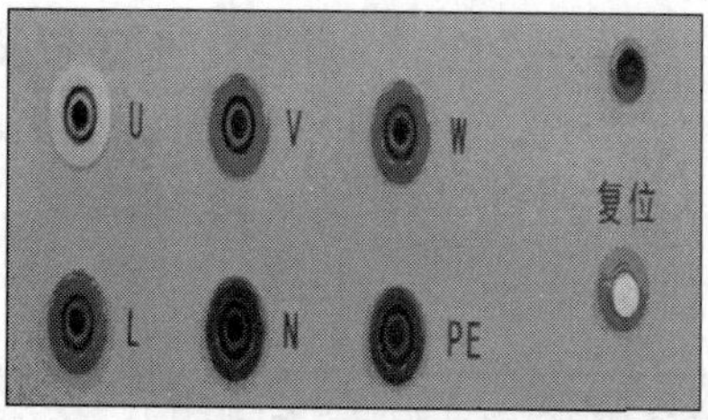

图 0-4　设备输出端口

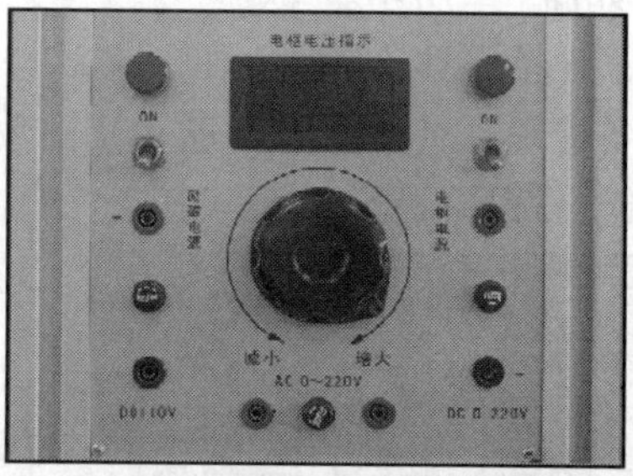

图 0-5　单相交、直流可调电源

（5）各种交流电源

设备设有一组变压器（如图 0-6 所示），变压器原边根据不同的接线可接 220V，也可以接 380V 交流电源，变压器副边有 110V、6V、20V、12V、6.3V 的交流电压输出。

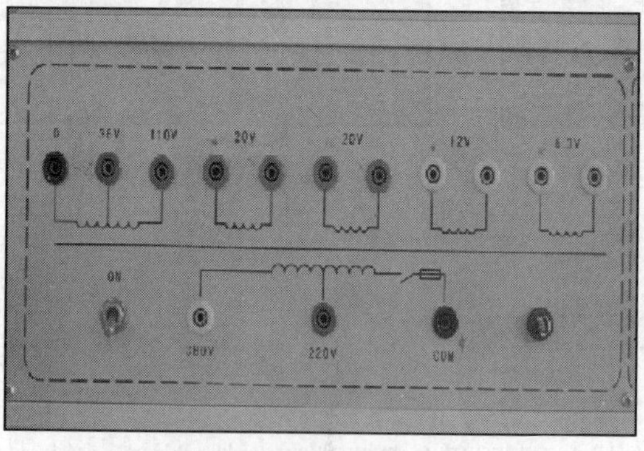

图 0-6　各种交流电源

（6）直流稳压电源

配置的直流稳压电源由可调稳压电源和固定稳压电源两部分组成如图 0-7 所示。可调稳压电源输出 0～24V、0～2A 的直流电压，固定稳压电源输出+12V、−12V、+5V 直流电压。

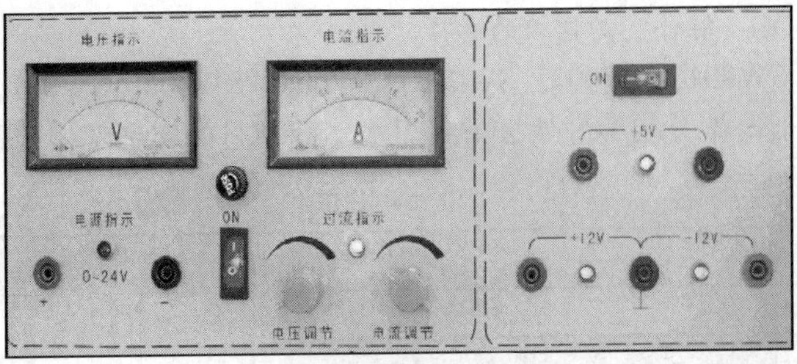

图 0-7　直流稳压电源

(7) 仪表

设备配置了直流数字电压表 1 只，直流数字电流表 1 只，交流数字电压表 1 只，交流数字电流表 1 只，单相功率因数表 1 只，如图 0-8 所示。

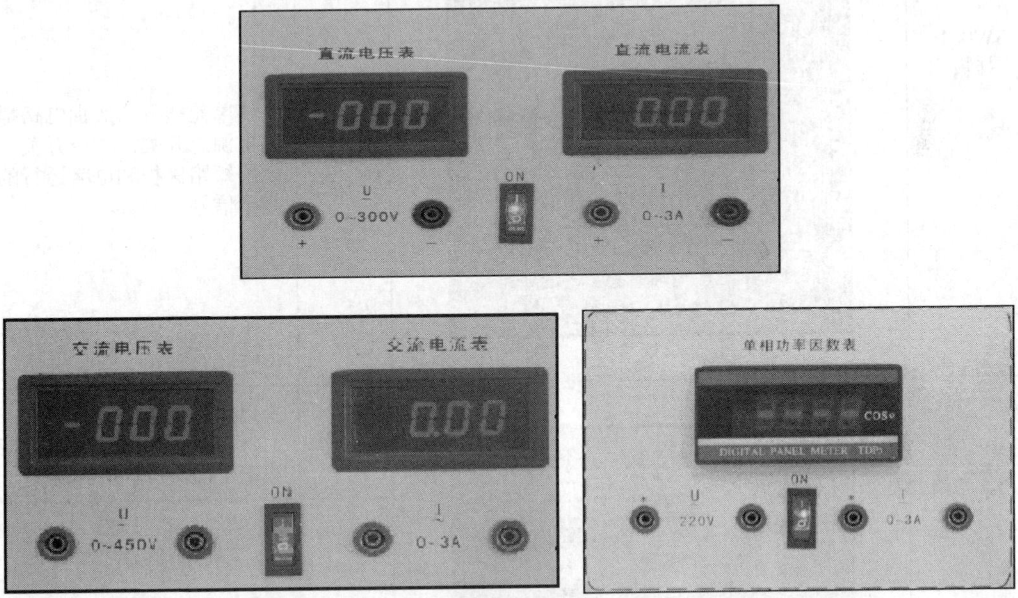

图 0-8　配置的仪表

(8) 桥式整流电路

设备配置了用 4 只 5408 二极管组成的桥式整流电路，如图 0-9 所示，可供学生在实训中使用。

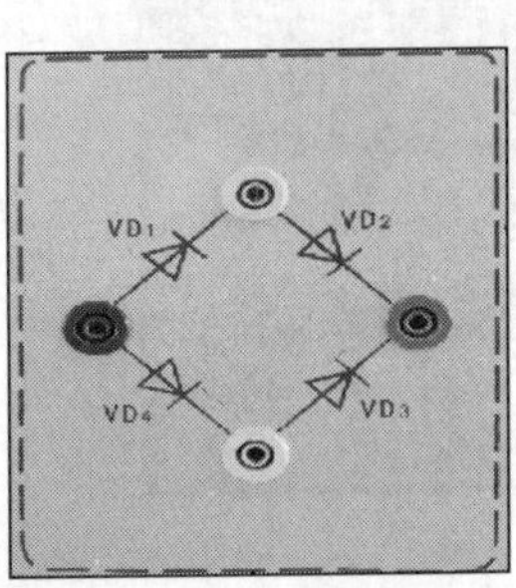

图 0-9　实训用整流电路

4. 亚龙 YL-DG-I 综合实训挂板的选择

设备配置了 SW001、SW002、SW003、SW004、SW006、SW007 挂板。选择不同单元挂板和本实训台架及相关配件，就可组成不同型号的实训考核装置，见表 0-1。

表 0-1 实训考核装置

挂板编号	挂板说明		
SW001挂板	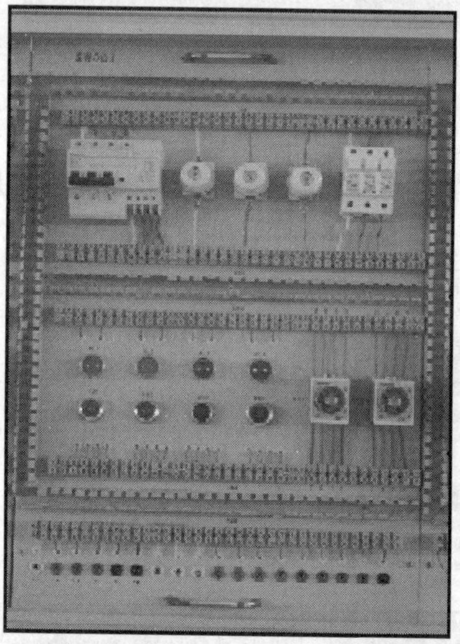	配置	电子式漏电保护开关、熔断器、时间继电器、指示灯、按钮和接线端子排
		作用	该单元挂板为实训电路提供电源总开关、主令开关、电路短路保护和电路运行的指示信号
SW002挂板		配置	交流接触器、热继电器、空气阻尼式时间继电器、接线端子排
		作用	该单元与挂板 SW001 配合，可完成电动机正、反转控制，Y－△降压启动，电气制动等基本控制电路和自锁、互锁、连锁、往返、时间等控制原则与过载、零压等保护组成的电动机控制电路连接实训。可完成与电工上岗，初级、中级考核有关电动机控制电路连接的实训和考核

续表

挂板编号	挂板说明		
SW003挂板	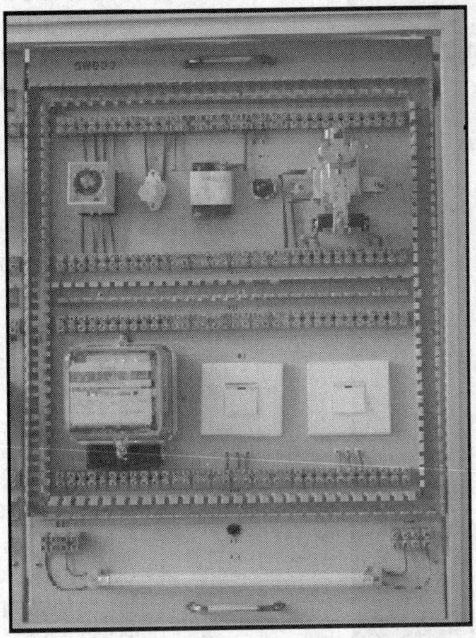	配置	电度表、镇流器、日光灯管、时间继电器、启辉器、电流继电器、按钮开关、指示灯、接线端子排
		作用	该单元挂板可完成日光灯电路、电能测量电路和单元配电板电路的实训。它与挂板 SW001 和挂板 SW002 配合，可在各种电动机的控制电路中添加电流保护。该单元挂板也可以完成与电工上岗，初级、中级考核有关照明电路连接的实训和考核
SW004挂板	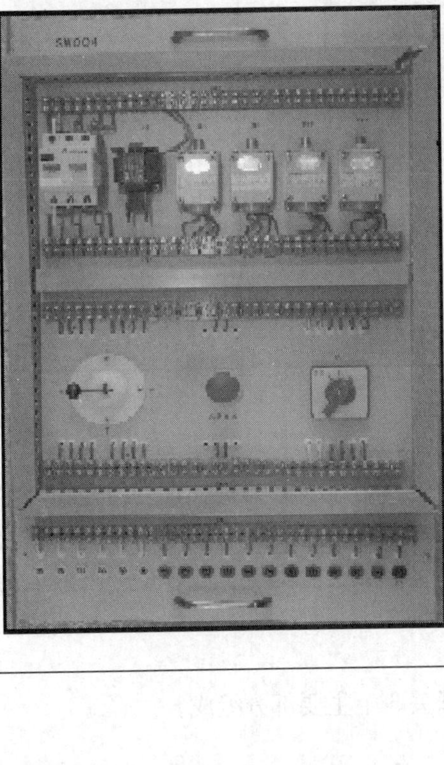	配置	电磁铁、低压断路器、行程开关、急停开关、万能转换开关、十字开关接线端子排等元件
		作用	该单元挂板与挂板 SW001 和挂板 SW002 配合，可完成复杂程度不超过铣床控制电路的电动机控制电路或生产机械控制电路的实训。该单元挂板也可以完成电工上岗，初级、中级考核有关生产机械控制电路连接的实训和考核

续表

挂板编号	挂板说明		
SW006挂板	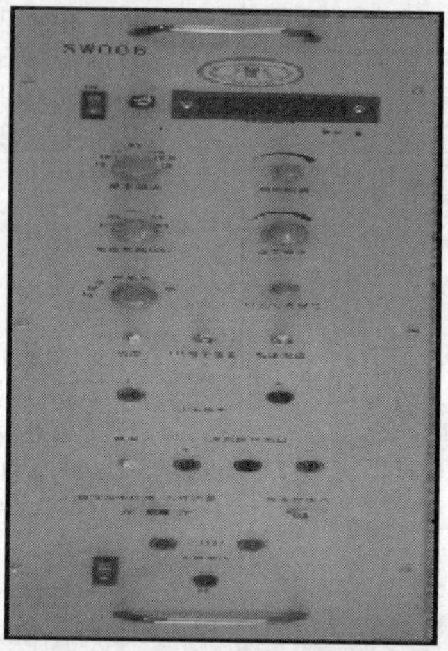	配置	函数信号发生器，频率调节范围为 10Hz～1MHz 的正弦波、三角波、方波。TTL 信号和频率计输入端口
		作用	该单元挂板与 SW007 配合可以完成电路基础直流、交流实验项目，为项目提供低频信号、数字信号
SW007挂板	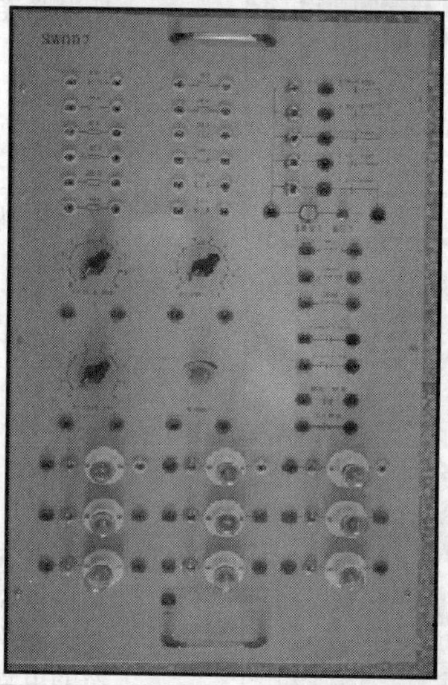	配置	电阻 12 只，阻值范围为 10Ω～10kΩ；电位器 4 只，调节阻值范围为 0～10kΩ；电容、电感元件；灯板、开关等
		作用	该单元挂板与挂板 SW006 配合，可以完成电路基础直流部分以及交流部分实验项目

三、实训仪表

1．500 型万用表

万用表又叫多用表、三用表、复用表。万用表分为指针式万用表和数字式万用表，是一种多功能、多量程的测量仪表，如图 0-10 所示。一般万用表可测量直流电流、直流电压、交流电压、电阻和音频电平等，有的还可以测交流电流、电容量、电感量及半导体的一些参数（如 β）。

（1）500 型万用表的结构

万用表由表头、测量电路及转换开关 3 个主要部分组成。

① 表头

它是一只高灵敏度的磁电式直流电流表，万用表的主要性能指标基本上取决于表头的性能。

图 0-10　万用表外观

表头的灵敏度是指表头指针满刻度偏转时流过表头的直流电流值，这个值越小，表头的灵敏度越高；测电压时的内阻越大，其性能就越好。表头上有 4 条刻度线（见图 0-11），它们的功能如下。

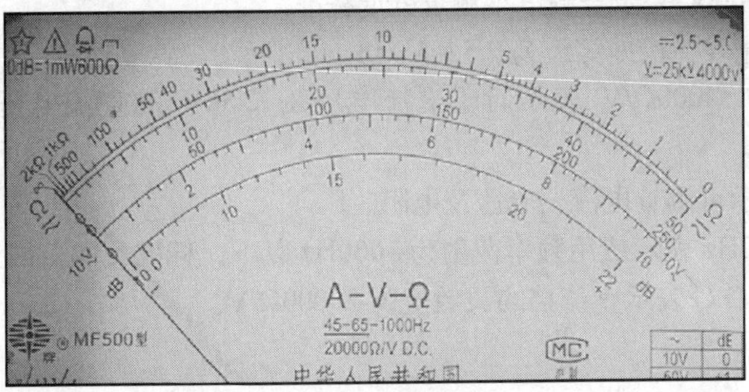

图 0-11　刻度盘

第一条（从上到下）标有 Ω，指示的是电阻值，当转换开关选择在欧姆挡时，读此条刻度线。第二条标有 ≂ ，指示的是交、直流电压和直流电流值，当转换开关选择在 V̰ 或 A̲ 挡时，量程在除交流 10V̰ 以外的其他位置时，读此条刻度线。第三条标有 10V̰ ，指示的是测量 10V̰ 交流电压专用刻度线，当转换开关选择在 V̰ 挡、量程在交流 10V̰ 时，读此条刻度线。第四条标有 dB，指示的是音频电平。

② 测量线路

测量线路（见图 0-12）是用来把各种被测量转换到适合表头测量的微小直流电流的电路，它由电阻、半导体元器件及电池组成。

它能将各种不同的被测量（如电流、电压、电阻等）、不同的量程，经过一系列的处理（如整流、分流、分压等）统一变成一定量限的微小直流电流送入表头进行测量。

③ 转换开关

转换开关（见图 0-13）是用来选择各种不同的测量线路，以满足不同种类和不同量程的测量要求。转换开关一般有两个，分别标有不同的功能挡位和量限范围。

(2) 万用表符号含义（见图 0-11）

① ☆表示出厂绝缘测试电压等级。

② △表示需特别注意。

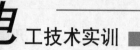

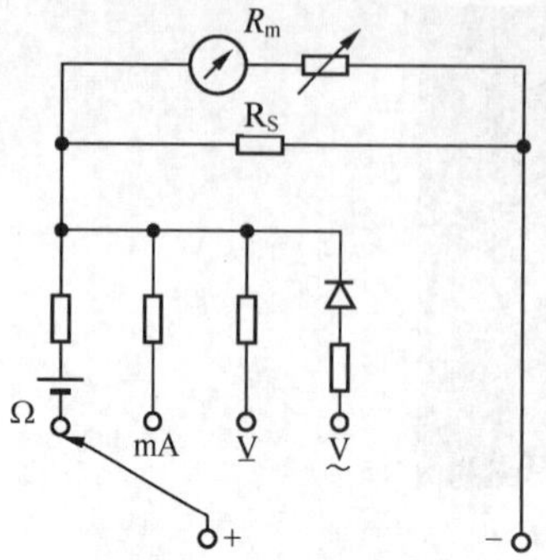

图 0-12　测量电路

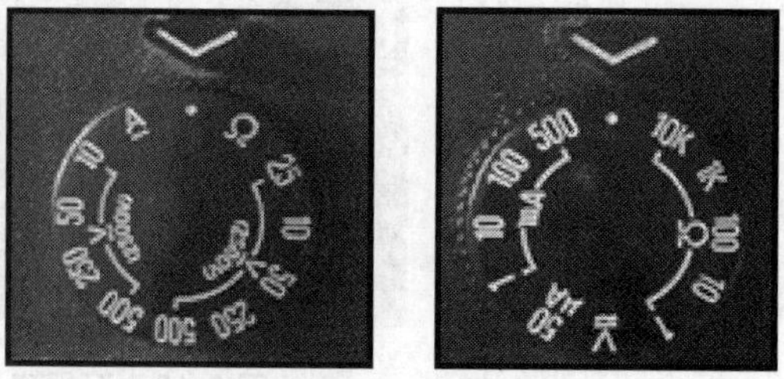

图 0-13　转换开关

③ ⍊表示整流系仪表。

④ ⌐表示水平放置使用。

⑤ 0dB=1mW600Ω表示音频电平测量刻度标准。

⑥ ⎓表示电流表头精度等级为 2.5～5.0 级。

⑦ $\underset{\sim}{V}$ =2.5k $\underset{\sim}{V}$　4000Ω/V 表示对于交流电压及 2.5kV 的直流电压挡，其灵敏度为 4000Ω/V。

⑧ A-V-Ω 表示可测量电流、电压及电阻。

⑨ <u>45-65</u>-1000Hz 表示使用频率范围为 1000Hz 以下，标准工频范围为 45～65Hz。

⑩ 20000Ω/V D.C.表示直流挡的灵敏度为 20000Ω/V。

（3）使用方法

① 机械调零

使用前，检查指针是否在刻度盘左端的零位上，若不是则应调整机械调零电位器使指针指在零位。图 0-14 所示为机械调零操作。

图 0-14　机械调零

② 零欧姆调整

将万用表红表笔插入“+”插口，黑表笔插入“*”插口，分别调整两个转换开关为Ω挡，量程为“×100”，将红、黑表笔短接，观察指针是否指在刻度盘右端的电阻刻度零位，否则调节零欧姆调接电位器使指针指在电阻刻度零位。图 0-15 所示为零欧姆调整操作。

③ 直流电压的测量

分别调整转换开关至$\underline{V}$，选择合适的直流电压量程，然后将两表笔并联接到被测电路两端，根据刻度盘上的“≂”刻度就可读出电压值。被测电压读数等于所选量程数为指针刚好满偏时的电压读数，若指针未满偏可根据占刻度的几分之几来读数。图 0-16 所示为测量直流电压时调整方法。

图 0-15　零欧姆调整

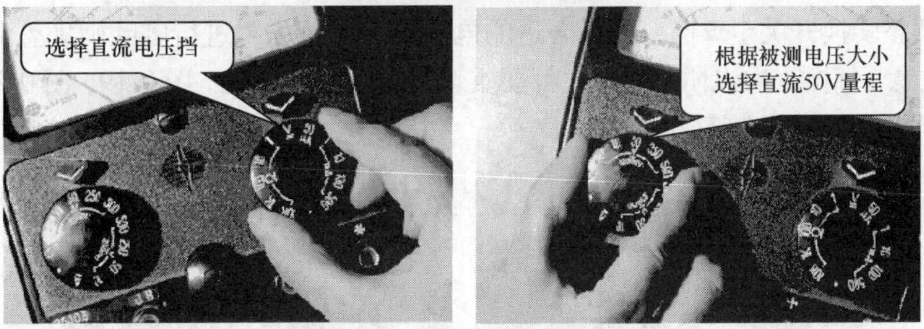

图 0-16　测量直流电压

选直流电压挡时注意，当不能预计被测直流电压大约数值时，须先选最大量程，然后根据指示值之大约数值，再选择适当的量程，使指针的偏转角度最大（但不能满偏）。当指针反偏时，说明所测电压为负值，这时将表笔互换就可测出数值。

④ 交流电压的测量

因为交流电压无正负之分，测量方法及注意事项和测直流电压类似。有一点需要注意的是，当选交流 10V 挡时，读数应看“10$\underset{\sim}{\mathrm{V}}$”专用刻度线。图 0-17 所示为测量交流 10V 电压时的调整方法。

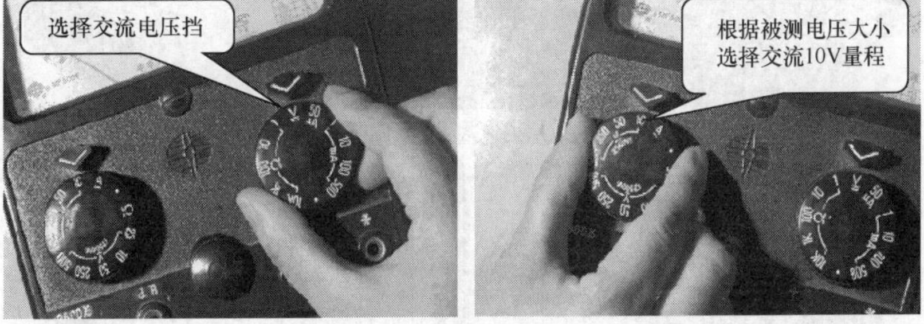

图 0-17　测量交流电压

⑤ 直流电流测量

分别调整转换开关至 $\underline{\mathrm{A}}$，选择合适直流电流量程，然后将万用表两表笔按电流从红表笔流进、从黑表笔流出的方向串联接到被测电路中。根据刻度盘上的“≂”刻度就可

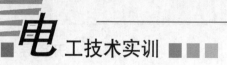

读出电流值。读数方法同直流电压测量。图 0-18 所示为测量直流电流时的调整方法。

图 0-18 测量直流电流

⑥ 电阻测量

分别调整转换开关至Ω挡，选择合适的电阻量程，首先要进行零欧姆调整后才可以测电阻值。注意，每换一次电阻量程后，都要重新进行零欧姆调整。图 0-19、图 0-20、图 0-21 所示为测量电阻的操作步骤。

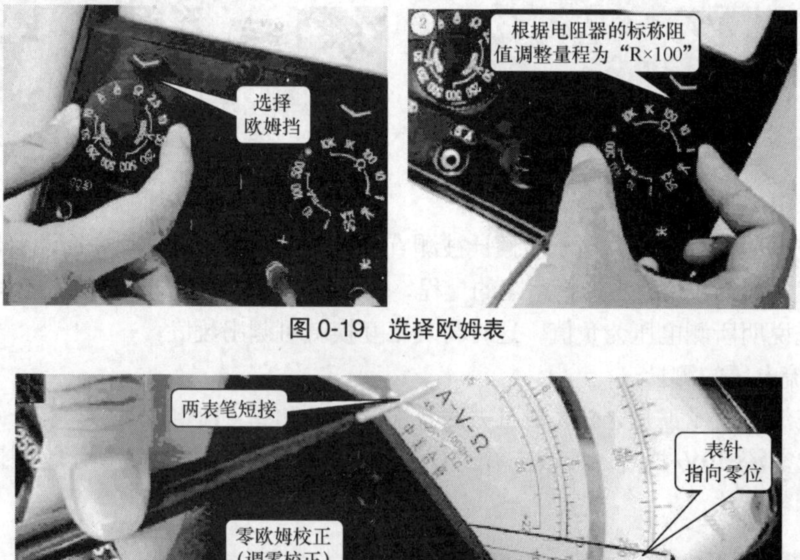

图 0-19 选择欧姆表

图 0-20 零欧姆调整

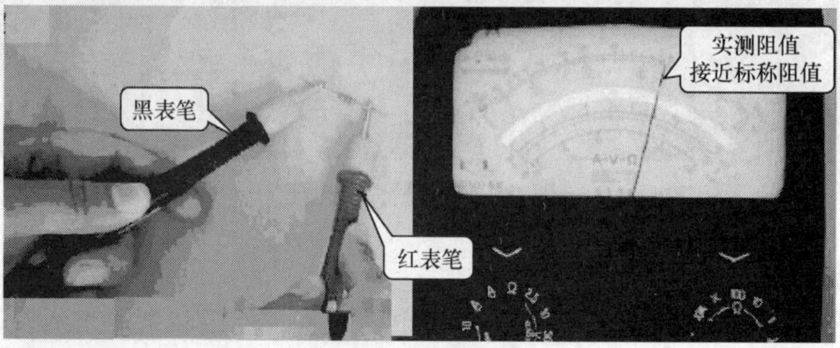

图 0-21 测量电阻

电阻挡量程选择原则：尽可能使指针指在刻度的 20%～80%弧度范围内，测量电路中的电阻阻值时，要求被测电路不带电，测量时不要将人体电阻并联到被测电阻上，当零欧姆调整时指针不能调到欧姆零位，表示万用表内电池电压不足，应更换电池。

⑦ 用毕置空挡

万用表使用后，应将两转换开关旋钮置于“·”位置上，或置交流电压最高量程上（见图 0-22），以防操作失误损坏仪表。

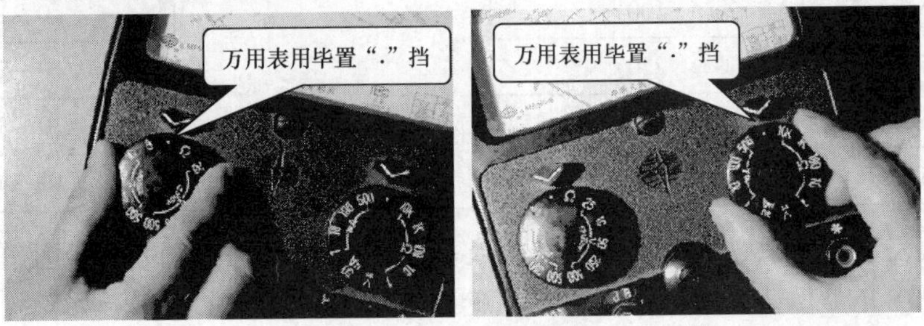

图 0-22　使用毕置空挡

(4) 注意事项

为了测量时获得良好的效果，防止由于使用不慎而使仪表损坏，在使用仪表时应遵守下列事项。

① 仪表在测试中不能旋转开关旋钮。

② 当被测量不能确定其大约数值时，应将量程转换开关旋转到最大量限的位置上，然后再依据指针偏转角度选择适当的量限，使指针得到最大的偏转。

③ 测量直流电流时，仪表应与被测电路串联，使电流从红表笔流进，从黑表笔流出。禁止将仪表直接跨接在被测电路的电压两端，以防止仪表过负荷而损坏。

④ 测量电阻应在断电情况下进行。在测量电阻时，应将被测电阻的一个引脚焊开（脱离线路），如果电路中有电容器，应先将其放电后才能测量，切勿在带电情况下测量电阻。

⑤ 为了确保安全，使用交流 2500V 量限时，应将测试杆一端固定在电路接地电位上，将测试杆的另一端去接触被测高压电源。测试过程中应严格执行高压操作规程，双手必须带高压绝缘橡胶手套，地板上应铺高压绝缘胶板，测试时应谨慎。

⑥ 仪表应经常保持清洁和干燥，以免影响准确度和损坏仪表。

2. 兆欧表

兆欧表又称摇表，是一种测量电气设备、电路和电缆绝缘电阻的仪表，如图 0-23 所示。兆欧表分为指针式和数字式两种。本篇以介绍指针式 ZC25-3 型为主，其外形如图 0-23 所示。

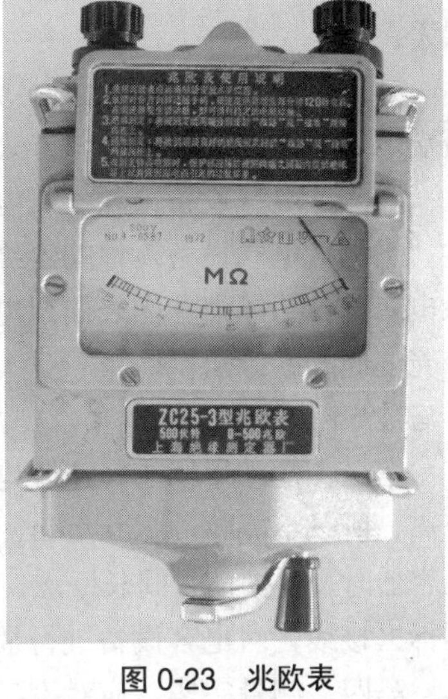

图 0-23　兆欧表

兆欧表主要由 3 部分组成：手摇直流发电机、磁电式流比计、接线端子（L、E、C）。

(1) 兆欧表的选用

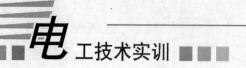

ZC25 系列兆欧表的主要技术指标见表 0-2。

表 0-2　ZC25 系列兆欧表的技术指标

型　号	型　号		测量范围（MΩ）
	输出电压（V）	允许误差	
ZC25-1	100	±10%	0～100
ZC25-2	250		0～250
ZC25-3	500		0～500
ZC25-4	1 000		0～1 000

用兆欧表主要考虑它的输出电压及测量范围。一般低压电气设备和电路的检测使用 500V、1 000V 的兆欧表就可以了。而要求测量耐压较高的电气设备时，如瓷瓶母线，应选择 2 500V 等级的 ZC11D-10 型兆欧表。

(2) 兆欧表的使用方法

① 使用前的准备工作

第一，对兆欧表进行检查，将兆欧表水平放置，L 和 E 接线柱的输出线短接，慢慢摇动手柄，指针应迅速指向零位，停止摇动手柄，断开 L 和 E 输出线，再摇动兆欧表手柄，指针应慢慢指向“∞”处。

第二，对被测电气设备、电路、电缆进行检查，看电源是否全部切断，绝对不允许设备和电路带电时用兆欧表去测量。

第三，测量前应对电容器、电缆进行放电，以免设备内的电容放电危及人身安全和损坏兆欧表，这样还可以减小测量误差，同时注意将被测点擦拭干净。

② 正确使用兆欧表

第一，兆欧表必须水平放置，工作台面平稳牢固，以免摇动时因抖动和倾斜产生测量误差。

第二，接线必须正确无误，兆欧表有 3 个接线柱：E（接地）、L（电路）、G（保护环或屏蔽端子）。保护环的作用是消除表面 L 与 E 接线柱间的漏电和被测绝缘物表面漏电的影响。

在测量电气设备（如三相电动机相间）的绝缘电阻时，将 L 和 E 分别接两绕组的接线柱。当测量电气设备对地的绝缘电阻时，将 L 接绕组接线柱，E 接外壳；当测量电缆的绝缘电阻时，为了消除因表面漏电产生的误差，将 L 接线芯，E 接外壳接地层，G 接线芯和外壳之间的绝缘层。L、E、G 与被测物的连接必须用单根线，绝缘良好，不得绞合，表面不得与被测物接触。

第三，摇动手柄的转速要均匀，一般规定为 120r/min，慢了电压不够，太快离合器要分离，所以不能超过 120r/min。测量时要摇动 1min，待指针稳定下来再读数。如被测物是电容器时，要摇动时间长一点，让电容器先充满电，指针稳定后再读数，测完后停止摇动，再拆去接线，对电容设备进行放电。若测量中发现指针指零，应立即停止摇动手柄。

第四，测量完毕，应对设备充分放电，否则容易引起触电事故。

第五，禁止在雷电或附近有高压导体的设备时测量绝缘电阻。只有在设备不带电又不可能受其他电源感应而带电的情况下才可测量。

第六，兆欧表未停止摇动手柄之前，切勿用手去触及设备的测量部分或兆欧表的接线柱。拆线时也不可直接去触及引线的裸露部分。

第七，兆欧表应定期校验，检查其误差系数。

3. 钳形电流表

钳形电流表是一种不需要断开电路就可以直接测量交流电流的便携式仪表。在电气检修中使用非常方便，应用相当广泛。钳形电流表有指针式和数字式两种。本篇以介绍指针式为主。

(1) 基本结构和工作原理

钳形电流表简称钳形表。它主要由一只电磁式电流表和穿心式电流互感器组成。穿心式电流表互感器的铁芯制成活动开口成钳形，如图 0-24 所示。使用时，单根被测导体穿过铁芯中间。穿心式电流表互感器的二次绕组缠绕在铁芯上，且与交流电流表相连。它的一次绕组即为穿过互感器中心的被测导线。

根据被测电流的大小调节合适的拨盘开关。扳手的作用是开合穿心式互感器的可动部分。

图 0-24 钳形电流表

测量电流时，按动扳手，打开钳口，将被测单根导线置于活动铁芯之间，当被测导线中有交流电流通过时，交流电流的磁通在互感器的二次绕组中感应出电流，该电流通过电磁式电流表的线圈，使指针发生偏转，在表盘刻度尺上指出被测电流值。

(2) 使用方法

① 测量前，应检查电流表指针是否指向机械零位，否则用小螺丝刀进行机械调零。

② 测量前，还应检查钳口的开合情况，钳口的可动部分开合自如，两边钳口结合面接触紧密，接合面干净，如钳口上有污物和锈蚀，应擦拭干净，否则测量的电流值会小于实际值。

③ 测量时，拨盘开关置于适当位置。为了减小测量误差，最好使指针偏转在大于 1/2 的位置。如事先不知道被测电路电流的大小，可先将拨盘开关置于最大电流挡，然后再根

据指针偏转的情况将拨盘开关调整到合适的位置。注意，拨动拨盘开关时应把导线从钳口中取出。

④ 当被测电路的电流太小时，为提高测量精度，可将被测导线在钳口部分的铁芯柱上绕几圈再进行测量，将所测量数值除以穿入钳口内导线的缠绕根数即得实测电流值。如缠绕在铁芯内侧上的线圈有 4 根，指针指示 2A，实际电流是 2A/4＝0.5A。

⑤ 测量时应使被测导线垂直于钳口内的中心位置，以减小测量误差。

⑥ 钳形电流表不用时，应将拨盘开关旋至电流量程最高或电压量程最高挡，以免下次使用时不慎损坏仪表。

⑦ 有些钳形电流表为了在电工设备上测量方便，还附有交流电压测量和简单的电阻测量，测量的方法与万用表中的交流电压和电阻测量相同。

⑧ 数字式钳形电流表的测量方法与指针式钳形电流表的测量方法大致相同，只是不需要机械调零，表内增加一个叠层电池，在长期不使用时务必把电池取出，以免电池漏液腐蚀内部电路。

4. 电流表与电压表的选择

(1) 仪表类型的选择

被测电量可分为直流电量和交流电量。对于直流电量的测量，一般选用磁电式仪表。对正弦交流电量的测量，可选用电磁系或电动机系仪表。

(2) 仪表精度的选择

仪表精度的选择要从测量的实际需要出发，既要满足测量要求，又要本着节约的原则。通常 0.1 级和 0.2 级仪表用作标注仪表或在精密测量时选用，0.5 级和 1.0 级仪表作为实验室测量选用，1.5 级、2.5 级和 5.0 级仪表可在一般工程测量中使用。

(3) 仪表量程的选择

如果仪表的量程选择得不合理，标尺刻度得不到充分利用，即使仪表本身的准确度很高，测量误差也会很大。为了充分利用仪表的准确度，应尽量按使用标尺的后 1/4 段的原则选择仪表的量程。

(4) 仪表内阻的选择

为了使仪表接入测量电路后不至于改变原来电路的工作状态，要求电流表或功率表的电流线圈内阻尽量小些，量程越大，内阻应越小；而要求电压表或功率表的电压线圈内阻尽量大些，量程越大，内阻应越大。

选择仪表时，对仪表的类型、精度、量程、内阻等的选择要综合考虑，特别要考虑引起较大误差的因素。除此之外，还应考虑仪表的使用环境和工作条件等。

项目一　电压/电流的测量

在电工电子领域，通常要求测量的电量有电流、电压、功率、电能等，电参量有电阻、电容、电感等。通过本项目所介绍的直流电路电量和电参量的测量训练，掌握基本的测试方法，可以提高分析问题、解决问题的能力，特别是独立进行科学实验的能力。

第一部分　基 础 知 识

知识链接一　认识电阻

电阻器简称电阻（Resistor，通常用“R”表示），它是所有电子电路中使用最多的元件。电阻的主要物理特征是变电能为热能，也可以说它是一个耗能元件，电流经过它就产生内能。电阻在电路中通常起分压、分流的作用，对信号来说，交流与直流信号都可以通过电阻。

一、电阻外形、电路符号/文字符号

电阻外形、电路符号如图 1-1 所示。

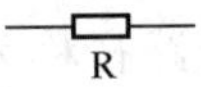

图 1-1　电阻外形、电路符号和文字符号

单位：

Ω（欧姆）、kΩ（千欧）、MΩ（兆欧）、GΩ（吉欧）、TΩ（太欧）

换算关系：

1TΩ=1 000GΩ，1GΩ=1 000MΩ，1MΩ=1 000kΩ，1kΩ=1 000Ω

二、电阻的标注方法

1．直标法

将电阻器的阻值和误差等级直接用数字印在电阻上。一般地，小于 1 000Ω 的阻值只标出数值，不标单位；kΩ、MΩ 只标注 k、M。

2．色环法

对于体积很小的电阻，其阻值和误差常用色环来标注，用 4 环和 5 环两种标志。4 色环法：电阻的第一道环和第二道环分别表示电阻的第一位和第二位有效数字，第三道环表

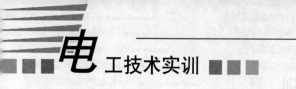

示 10 的乘方数（10^n，n 为颜色表示的数字），第四道环表示允许误差（若无第四道环，则误差为±20%）。色环电阻器的单位一律为欧姆（Ω）。

3. 数码法

数码法用 3 位数字表示元件的标称值。从左至右，前两位表示有效数位，第三位表示 10 的乘方数 $10^n(n=0\sim8)$。当 $n=9$ 时为特例，表示 10^{-1}。数码法标示时，电阻单位为欧姆。片状电阻多用数码法标示。

4. 文字符号法

文字符号法是用阿拉伯数字和文字符号两者有规律地组合起来表示阻值和允许偏差的标志方法。表示单位并兼作小数点的文字符号：R 表示Ω，k 表示 kΩ，M 表示 MΩ。

三、误差表示

1. 公式

$$\text{允许误差}=\frac{\text{实际测量值}-\text{标称阻值}}{\text{标称阻值}}\times100\%$$

2. 误差通常的表示方法

（1）直接标注法：精度等级标 I 级或 II 级，III 级不标明。

（2）文字符号法：表示允许偏差的文字符号有：B——±0.1%，C——±0.25%，D——±0.5%，F——±1%，G——±2%，J——±5%，K——±10%，M——±20%，N——±30%。

（3）色环表示法：同色环电阻的识别方法。

知识链接二　直流电路分析方法

一、直流电路分析基本概念

（1）节点：电路中 3 个或 3 个以上支路的连接点称为节点。

（2）支路：连接于两个节点之间的一段电路称为支路。

（3）回路：电路中任一闭合路径称为回路。

（4）网孔：内部不含有其他支路的回路。在同一复杂电路中，网孔个数小于回路个数。

（5）电位：在电场中某一点 M 的电位 U_M 就是电荷从 M 点移到参考点 A 时电场力所做的功，用字母 U 表示，单位 V。

（6）电压：电路中任意两点间的电压等于这两点间的电位之差，故电压也叫电位差。

二、直流电路分析定理

1. 基尔霍夫电压定律

回路电压方程：在任一闭合电路中，沿着任一绕行方向电动势的代数和必定等于各段电路电压降的代数和：即$\Sigma E-\Sigma IR=0$。

2. 基尔霍夫电流定律

节点电流方程：在电流稳恒的条件下，流入节点的各电流的和等于流出节点的各电流的和。也就是说，通过节点处的各电流的代数和等于零，即$\Sigma I=0$。

3. 叠加定理

在线性电路中，任一支路的电流（或电压）可以看成是电路中每一个独立电源单独作用于电路时，在该支路产生的电流（或电压）的代数和。

当线性电路中有几个电源共同作用时，各支路的电流（或电压）等于各个电源分别单独作用时在该支路产生的电流（或电压）的代数和（叠加）。

第二部分 技能实训

技能实训一 电阻的识读与测量

1. 实训目的

(1) 学会万用表欧姆挡的使用。

(2) 认识电阻元件，会用万用表检测其质量。

(3) 认识实训设备。

2. 实训器材

(1) 亚龙 YL-DG-I 型电工技术实训考核装置。

(2) SW007 挂板、电阻若干。

(3) 500 型万用表。

3. 任务要求

(1) 电阻的识读与测量，见表 1-1。

表 1-1 电阻识读与测量

序号	识读电阻			测量电阻		计算误差
	标注方法	标称阻值	误差	电阻测量值	仪表量程	
1						
2						
3						
4						
5						
实训操作人			时间			

(2) 设备管理器的调整。

① 当前时间调整。

② 定时时间设置，将设备管理器定时时间调整为：

AM 8：15～9：50 10：10～11：40 PM 2：15～3：40

③ 记录操作步骤。

4. 问题思考

(1) 500 型万用表可以测量哪些电量？记录其测量范围。

(2) 亚龙 YL-DG-I 型电工技术考核装置的电源配置有哪些？画图并说明。

(3) 可以带电测量电阻吗？为什么？

(4) 万用表使用完毕后应怎么保管？

技能实训二　电位、电压、电流的测量

1. 实训目的

(1) 学会万用表电压挡、电流挡的使用。

(2) 练习直流电压、直流电流的测量方法，掌握电压、电流的测量技能。

(3) 直流电路定理的验证。

2. 实训器材

(1) 亚龙 YL-DG-I 型电工技术实训考核装置。

(2) SW007 挂板。

(3) 500 型万用表。

3. 任务要求

(1) 实训方案的策划、设计。

① 直流电源 U_s=10V，设 R_s=10Ω（电源内阻）。

② 在 SW001 挂板上选择 4 只电阻，并记录其电阻值。

③ 欲设计的实验电路至少有 2 个网孔，不少于 3 条支路。

④ 设计并画出实验电路原理图。

(2) 根据实验电路原理图连接电路。

(3) 测量电路参数并记录数据。

① 确定电阻值并计算电路中电阻两端的电压，见表 1-2。

② 电位的测量：在实验电路中，任意选择两个点作为参考点，测量电位，见表 1-3。

③ 电压的测量：测量电压并记录电压表量程，见表 1-4。

④ 电流的测量：任意选择一个节点测量电路中某一节点的电流，见表 1-5。

表 1-2　　确定并计算电路参数

参数 条件	R_1	R_2	R_3	R_4
U_s=10V R_s=10Ω				
	U_{R1}=	U_{R2}=	U_{R3}=	U_{R4}=
	I_{R1}=	I_{R2}=	I_{R3}=	I_{R4}=
实训操作人			时间	

表 1-3　　电位的测量

方　法	U_S	U_{RS}	U_A	U_B	U_C	U_D
以_____为参考点						
以_____为参考点						
实验结论						
实训操作人				时间		

表 1-4　　电压的测量

方　法	U_{R1}	U_{R2}	U_{R3}	U_{R4}	U_{RS}
理论计算					
实际测量	/	/	/	/	
实验结论	基尔霍夫电压定理验证：$\Sigma U=0$				
实训操作人			时间		

表 1-5　　电流的测量

参数 条件	R_1	R_2	R_3	R_4
U_s=10V R_s=10Ω				
	节点______电流测量			
	I_1=	I_2=	I_3=	$\Sigma I=0$
实训操作人			时间	

4. 问题思考

(1) 电路参数测量时，参考方向是如何定义的？与实际方向有何不同？

(2) 测量直流电流时万用表指针方向偏置说明了什么？

(3) 已知电路中的电压、电流参考方向的情况下，怎样接入电压表、电流表的测试表笔？

(4) 怎样测量未知的直流电流？

项目二 功率与电能的测量

本项目侧重介绍三相交流电源、三相负载的各种连接方法及其特点，三相功率及电能的测量方法。另外，通过各项技能训练验证理论知识，从而巩固所学内容，同时引出对问题的思考。

第一部分 基础知识

知识链接一 三相交流电路

正弦稳态电路每个电源只有两个输出端，输出一个电压或电流，习惯上称这种电路为单相电路。在实际应用中常会遇到“多相制”（Polyphase Systems）的交流电路。多相制电路可提供多相电源，其特点是输出端多于两个，在各输出端之间具有频率相同而相位互异的电压，即一个电源能够同时输出几个频率相同但相位不同的电压。组成多相电路的各个单相部分称为相。多相发电机的构造与单相发电机所不同的是，它的电枢上具有几个线圈，它们在空间上彼此相隔一定的角度，当电枢在磁场内旋转时，各线圈内感应出频率相同而相位不同的电动势。

多相电路以相的数目来分，可分为两相、三相、六相等。在多相制中，对称三相制有很多优点，所以在工作生产上应用最广泛。在用电方面最主要的负载是交流电动机，而交流电动机多数是三相的。

一、三相电源的连接

图 2-1 所示是最简单的三相交流发电机的示意图。在磁极 N、S 间，放一圆柱形铁芯，圆柱表面上对称安置了 3 个完全相同的线圈，叫做三相绕组。每个绕组叫做发电机的一相绕组（示意图中每相绕组只画了一匝）。绕组 *AX*、*BY*、*CZ* 分别称为 *A* 相绕组、*B* 相绕组和 *C* 相绕组。铁芯与绕组合称电枢。

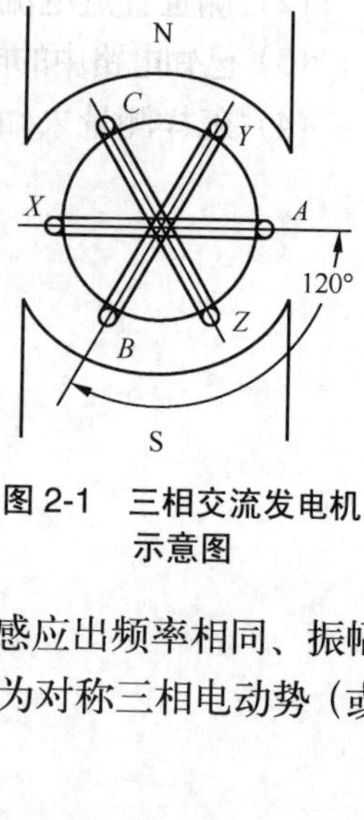

图 2-1 三相交流发电机示意图

每相绕组的端点 *A*、*B*、*C* 作为绕组的起端，叫做“相头”；而端点 *X*、*Y*、*Z* 当做绕组的末端，叫做“相尾”。3 个相头之间（或 3 个相尾之间）在空间上彼此相隔 120°。电枢表面的磁感应强度沿圆周作正弦分布，它的方向与圆柱表面垂直。在发电机的绕组内，我们规定每相电源的正极性分别标记为 *A*、*B*、*C*，负极性分别标记为 *X*、*Y*、*Z*。当电枢逆时针方向等速旋转时，各绕组内感应出频率相同、振幅值相同，而相位各相差 120°的电动势（或电压源），这 3 个电动势称为对称三相电动势（或对称三相电源）。

对称三相正弦量中 3 个正弦量的瞬时值之和为零。这可以从图 2-2 所示的波形图中看出。即对称三相正弦量的 3 个相量之和等于零。

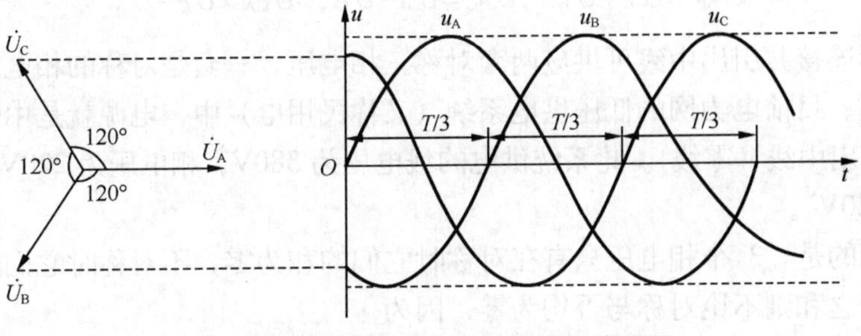

图 2-2 对称三相电源的相量图和波形图

通常三相发电机产生的都是对称三相电源。本书今后若无特殊说明，提到三相电源时均指对称三相电源。

三相电压到达振幅值（或零值）的先后次序称为相序。图 2-2 中，三相电压到达振幅值的顺序为 u_A、u_B、u_C，其相序为 $A—B—C—A$。对于三相电压其相序为 $A—B—C—A$ 的称为顺相序，简称顺序或正序。当电枢顺时针旋转时，三相电压达到振幅值按 $u_A—u_C—u_B—u_A$ 的次序循环出现，这时三相电动势的相序 $A—C—B—A$ 称为逆相序，简称逆序或负序。工程上通用的相序是顺相序，如果不加说明，都是指的这种相序。

三相电源的三相绕组一般都按两种方式连接起来供电。一种方式是星形（又叫Y形）连接，一种方式是三角形（又叫△形）连接。对三相发电机来说，通常采用星形连接，但三相变压器也有接成三角形的。

1. 三相电源的星形接法

如图 2-3 所示，将三相发电机绕组 AX、BY、CZ 的相尾 X、Y、Z 连接在一起，相头 A、B、C 引出作输出线，这种连接称为星形接法。从相头 A、B、C 引出的三根线叫做端线（俗称火线）。相尾接成的一点叫做中性点。端线间的电压叫做线电压，用 u_{AB}、u_{BC}、u_{CA} 表示。规定线电压的参考方向是由 A 线指向 B 线，B 线指向 C 线，C 线指向 A 线。

假设在 AB 两端接上负载，该负载上电压的参考方向是从端点 A 指向端点 B。根据基尔霍夫电压定律，可知 3 个线电压之和为零，即 $u_{AB}+u_{BC}+u_{CA}=0$

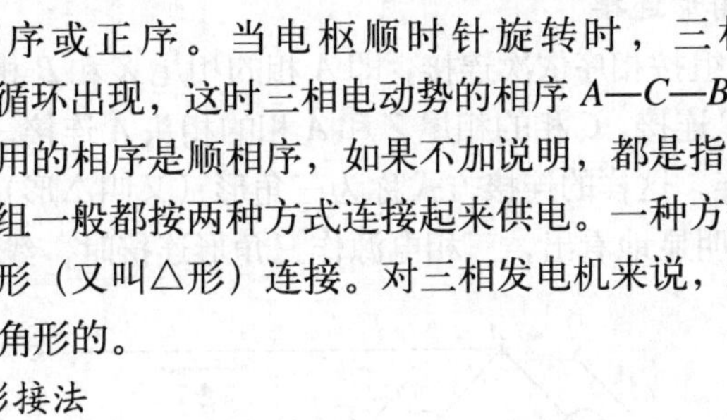

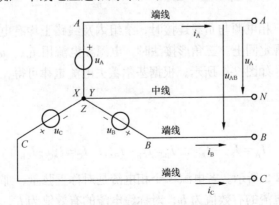

图 2-3 三相电源的星形接法

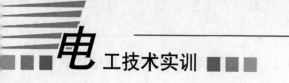

线电压与相电压间的关系用相量表示为

$$\dot{U}_{AB}=\dot{U}_{A}-\dot{U}_{B}\text{，}\ \dot{U}_{BC}=\dot{U}_{B}-\dot{U}_{C}\text{，}\ \dot{U}_{CA}=\dot{U}_{C}-\dot{U}_{A}$$

电源星形连接并引出中线可供应两套对称三相电压，一套是对称的相电压，另一套是对称的线电压。目前电力网的低压供电系统（又称民用电）中，电源就是中性点接地的星形连接，并引出中线（零线）。此系统供电的线电压为380V，相电压为220V，常写作"电源电压380/220V"。

需要强调的是，3 个相电压只有在对称时它们的和为零，不对称时它们的和不为零；而3个线电压之和则不论对称与否均为零，因为

$$u_{AB}+u_{BC}+u_{CA}=u_{A}-u_{B}+u_{B}-u_{C}+u_{C}-u_{A}=0$$

通过端线的电流叫做线电流。规定线电流的参考方向为自电源端指向负载端，以 i_A、i_B、i_C表示。流过发电机绕组内的电流叫做电源的相电流。电源相电流的参考方向规定为自相尾指向相头。由图 2-3 看出，当三相电源接成星形时，电路中的线电流与相应的电源的相电流显然是相等的。

2. 三相电源的三角形连接

三相电源内三相绕组按相序依次连接，即 A 相的相尾 X 和 B 相的相头 B 连接，B 相的相尾 Y 和 C 相的相头 C 连接，C 相的相尾 Z 和 A 相的相头 A 连接，引向负载的3根端线分别与相头 A、B、C 相连，这样的连接方式称为三角形（又叫△形）连接，如图 2-4 所示。

在图 2-4 中，可以明显地看出，三相电源作三角形连接时，线电压就是相电压。

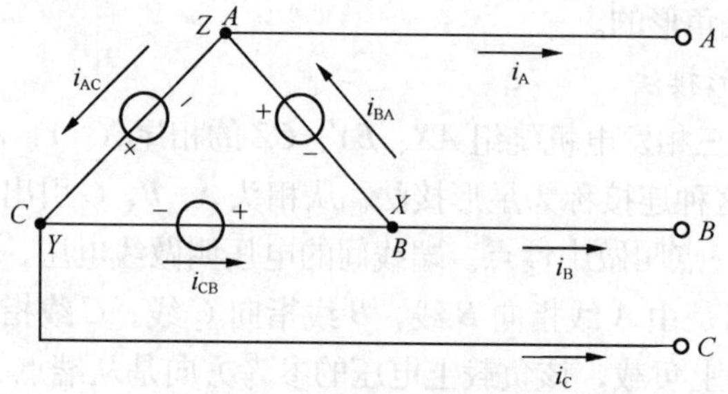

图 2-4　三相电源的三角形接法

按三角形接法的三相电源与负载连接时，绕组内及线路上均有电流通过，线电流及电源相电流的参考方向规定同上。三角形接法时，电源相电流用 i_{BA}、i_{CB}、i_{AC} 表示，双下标的顺序表示参考方向，如图 2-4 所示。根据基尔霍夫电流定律可得，$i_A=i_{BA}-i_{AC}$，$i_B=i_{CB}-i_{BA}$，$i_C=i_{AC}-i_{CB}$。

用相量表示为

$$\dot{I}_{A}=\dot{I}_{BA}-\dot{I}_{AC}\text{，}\ \dot{I}_{B}=\dot{I}_{CB}-\dot{I}_{BA}\text{，}\ \dot{I}_{C}=\dot{I}_{AC}-\dot{I}_{CB}$$

电流相量图如图 2-5 所示。若电源 3 个相电流是对称正弦量，那么 3 个线电流也是对称正弦量。若对称相电流的有效值为 I_P，对称线电流的有效值为 I_L，则有

$$I_L = \sqrt{3}\, I_P$$

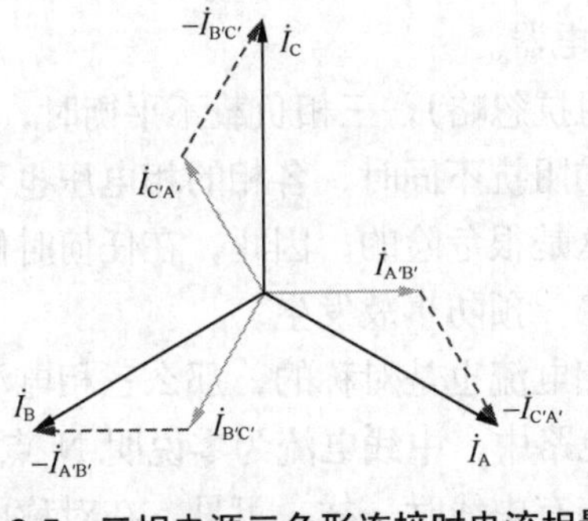

图 2-5　三相电源三角形连接时电流相量

当三相电流对称时，线电流的有效值是相电流有效值的 3 倍，线电流比对应相电流滞后 30°。

二、三相负载的连接

三相电路中负载的连接也有星形与三角形两种。三相负载的连接方式与电源的连接方式不一定相同。三相负载的连接方式与负载是否对称及负载的额定电压等因素有关。

1. 三相负载的星形连接

图 2-6 所示是三相电源绕组和三相负载都是星形连接的三相四线制。三相四线制的负载最常见的为照明用的电灯等。电灯、电烙铁、电风扇等属于单相负载。当这些负载的额定电压是 220V 时应接在低压供电系统（电压为 380/220V）的端线与中线之间。当这些单相负载分别接到不同相的端线上就构成一组三相星形负载。

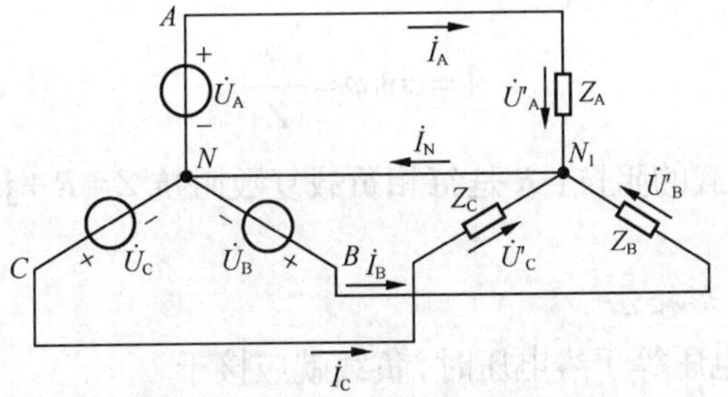

图 2-6　三相负载的星形接法

负载每相的电压称为负载的相电压，每相的电流称为负载的相电流。负载为星形连接时，负载相电压的参考方向规定为自端线指向负载中性点 N_1，用 u'_A、u'_B、u'_C 表示。负载相电流等于线电流，相电流的参考方向规定与相电压的参考方向一致。负载端的线电压与相电压的关系式为 $u_{AB} = u'_A - u'_B$，$u_{BC} = u'_B - u'_C$，$u_{CA} = u'_C - u'_A$。这与电源星形连接时线电压与相电压关系类似。前面三相电源星形连接时推出的一些关系式，此处也适用。

若每相负载的复数阻抗都相同，则称为对称负载。三相电路中若电源对称，负载也对称，则称为对称三相电路。

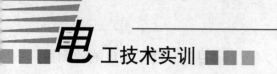

在三相四线制中，因为有中线的存在，每相负载的工作情况与单项电流电路相同。如果中线断开，由于中性点电压 u_{N1} 的存在，使得 $u'_B < u_B$，造成负载 R_B 中的电压降低，工作不良，$u'_C > u_C$ 可能烧坏 C 相电器。

由于中线的存在（中线阻抗忽略），三相负载不平衡时，负载的相电压仍能保持不变。但当中线断开后，三相负载的阻抗不同时，各相的相电压也不相等了。由于某相电压的增大，使这相电器可能烧毁，这是很危险的。因此，在任何时候，中线上都不能装保险丝，而且还要经常定期检查、维修，预防事故发生。

对于三相对称负载，各相电流也是对称的，那么三相电流的相量和等于零，即中线电流为零。对称的三相四线制电路中，中线电流为零说明 N 点与 N_1 点是等电位，中线断开后负载中相电压与相电流将与有中线时一样。可见，在对称电路中，中线不起作用，故可省去中线，成为三相三线制对称电路。对称的三相三线制电路中，负载相电压是对称的，故可根据对称条件由线电压求出负载的相电压，而不必考虑电源绕组的连接方式。三相感应电动机是对称三相负载，故采用对称三相三线制供电。星形连接的负载对称时，如只需计算电压、电流有效值，则由于对称性只计算一相就可以了。

对于星形接法的对称负载，

相电压：

$$U_P = \frac{U_L}{\sqrt{3}}$$

相电流：

$$I_P = \frac{U_P}{|Z|}$$

每相功率因数：

$$\lambda = \cos\varphi = \frac{R}{|Z|}$$

其中，$|Z|$是每相负载的阻抗；R 是每相负载复数阻抗 $Z = R + jX$ 中的电阻分量；φ是每相负载的阻抗角。

2. 三相负载的三角形接法

当单相负载的额定电压等于线电压时，负载就应接于两端线之间；当三个单相负载分别接于 A、B 间，B、C 间，C、A 间时就构成三相三角形负载，如图 2-7 所示。负载为三角形连接时不用中线，故不论负载对称与否电路均为三相三线制。

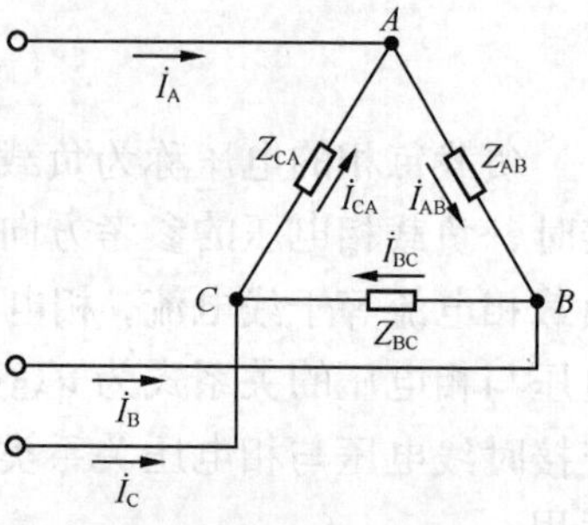

图 2-7 连接成三角形的负载

规定三角形负载相电压的参考方向与线电压参考方向相同，故负载相电压等于线电压。规定三角形负载相电流的参考方向与相电压参考方向一致，以 i_{AB}、i_{BC}、i_{CA} 表示，双下标顺序为参考方向。

各相电流为

$$\dot{I}_{AB}=\frac{\dot{U}_{AB}}{Z_{AB}}=\dot{U}_{AB}Y_{AB}$$

$$\dot{I}_{BC}=\frac{\dot{U}_{BC}}{Z_{BC}}=\dot{U}_{BC}Y_{BC}$$

$$\dot{I}_{CA}=\frac{\dot{U}_{CA}}{Z_{CA}}=\dot{U}_{CA}Y_{CA}$$

各线电流为

$$\dot{I}_{A}=\dot{I}_{BA}-\dot{I}_{CA}，\quad \dot{I}_{B}=\dot{I}_{BC}-\dot{I}_{AB}，\quad \dot{I}_{C}=\dot{I}_{CA}-\dot{I}_{BC}$$

根据基尔霍夫电流定律，三个线电流之和为零，即

$$\dot{I}_{A}+\dot{I}_{B}+\dot{I}_{C}=0$$

对于三相对称负载，

$$Z_{AB}=Z_{BC}=Z_{CA}=Z$$

负载的相电流

$$\dot{I}_{AB}=\frac{\dot{U}_{AB}}{Z}=U_{AB}Y$$

$$\dot{I}_{BC}=\frac{\dot{U}_{BC}}{Z}+\dot{U}_{AB}Y\angle -120^{\circ}$$

$$\dot{I}_{CA}=\frac{\dot{U}_{CA}}{Z}=\dot{U}_{AB}Y\angle 120^{\circ}$$

即负载相电流是对称的，其相量图如图 2-8 所示。图中作出线电流的相量，不难看出负载相电流对称时，线电流和负载相电流的关系与线电流和电源相电流的关系一样，即线电流是对应负载相电流的 $\sqrt{3}$ 倍，而滞后于对应负载相电流 30°。假使只需计算电压、电流有效值，那么由于对称性只计算一相即可。

$$U_{P}=U_{L},\quad I_{P}=\frac{U_{P}}{|Z|},\quad I_{L}=\sqrt{3}I_{P}$$

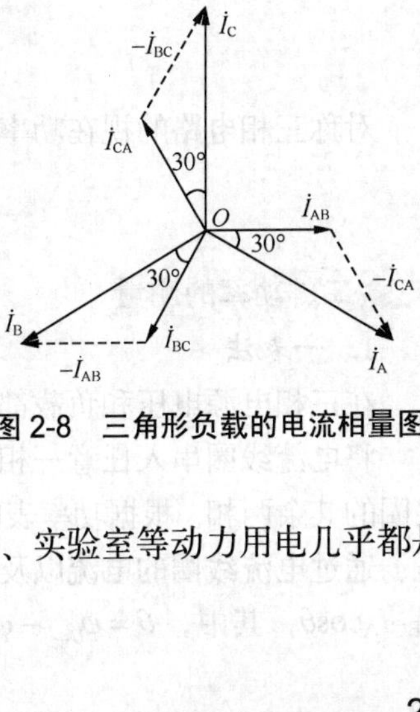

图 2-8 三角形负载的电流相量图

我国供电系统，线电压为 380V，相电压为 220V，用电负载应按额定电压要求决定其连接方式。

【讨论】

1．家用电器用的都是 220V 的单相交流电，而工厂车间、实验室等动力用电几乎都是 380V 的三相交流电，这是为什么呢?

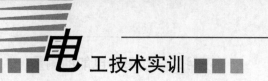

2．三相交流电是怎样产生的？三相电路的特点是什么？

3．能否在三相四线制交流电源的中线上安装熔断器和开关？

知识链接二　功率与电能的测量

一、三相电路的功率

一个三相电源发出的总有功功率等于电源每相发出的有功功率的和，一个三相负载接受的总有功功率等于每相负载接受的有功功率的和，即

$$P = P_A + P_B + P_C$$

每相负载的有功功率等于相电压乘以负载相电流及其夹角的余弦，即

$$P_P = U_P I_P \cos\varphi$$

代入即得

$$P = U_A I_A \cos\varphi_A + U_B I_B \cos\varphi_B + U_C I_C \cos\varphi_C$$

在对称三相电路中，每相有功功率相同，即

$$P = 3U_P I_P \cos\varphi$$

对于星形接法，考虑到相电流就是线电流，而相电压等于 $1/\sqrt{3}$ 的线电压，则可将上式写成

$$P = 3I_L \frac{U_L}{\sqrt{3}} \cos\varphi = \sqrt{3} I_L U_L \cos\varphi$$

对于三角形接法，相电压等于线电压，负载相电流等于 $1/\sqrt{3}$ 的线电流，则可写成

$$P = 3U_L \frac{I_L}{\sqrt{3}} \cos\varphi = \sqrt{3} I_L U_L \cos\varphi$$

由此可见，对称负载时不论何种接法，求总功率的公式都是相同的。注意，式中 φ 是负载相电压与负载相电流之间的相位差，而不是线电压与线电流之间的相位差。

三相发电机、三相电动机铭牌上标明的有功功率指的都是三相总有功功率。

对称三相电路的无功功率的代数和为

$$Q = 3U_P I_P \sin\varphi = \sqrt{3} U_L I_L \sin\varphi$$

对称三相电路的视在功率为

$$S = \sqrt{P^2 + Q^2} = \sqrt{3} U_L I_L$$

二、功率的测量

1．*一表法*

在三相电源电压和负载都对称时，可用一只功率表按图 2-9 所示连接来测无功功率。

将电流线圈串入任意一相，注意发电机端接向电源侧。电压线圈支路跨接到没接电流线圈的其余两相。根据功率表的原理，并对照图 2-9，可知它的读数是与电压线圈两端的电压、通过电流线圈的电流以及两者间的相位差角的余弦 $\cos\varphi$ 的乘积成正比例的，即 $P_Q = U_{BC} I_A \cos\theta$，其中，$\theta = \varphi_{U_{BC}} - \varphi_{I_A}$

由于 u_{BC} 与 u_A 间的相位差等于 90°（由电路理论知），故有 $\theta=90^{\circ}-\varphi$ 式中 φ 为对称三相负载每一相的功率因数角。在对称情况下，U_{BC}、I_A 可用线电压 U_L 及线电流 I_L 表示，即

$$P_Q=U_LI_L\cos(90^{\circ}-\varphi)=U_LI_L\sin\varphi$$

在对称三相电路中，三相负载总的无功功率 $Q=\sqrt{3}\,U_LI_L\sin\varphi$，即 $Q=\sqrt{3}\,P_Q$。

可知用上述方法测量三相无功功率时，将有功功率表的读数乘上 $\sqrt{3}/2$ 倍即可。

2. 三表法

三表法可用于电源电压对称而负载不对称时三相电路无功功率的测量，其接线如图 2-10 所示。当三相负载不对称时，三个线电流 I_A、I_B、I_C 不相等，三个相的功率因数角 φ_A、φ_B、φ_C 也不相同。

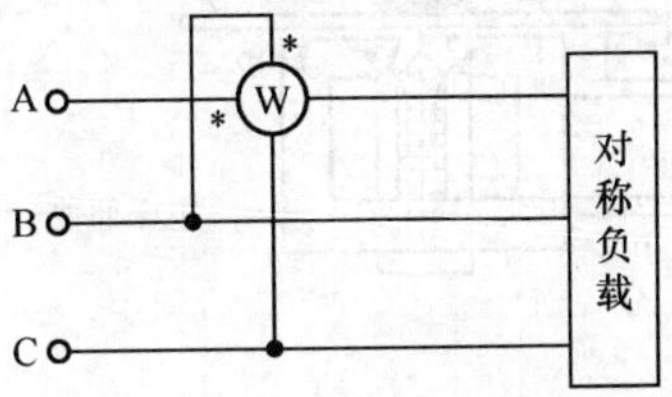

图 2-9 一表法功率测量图

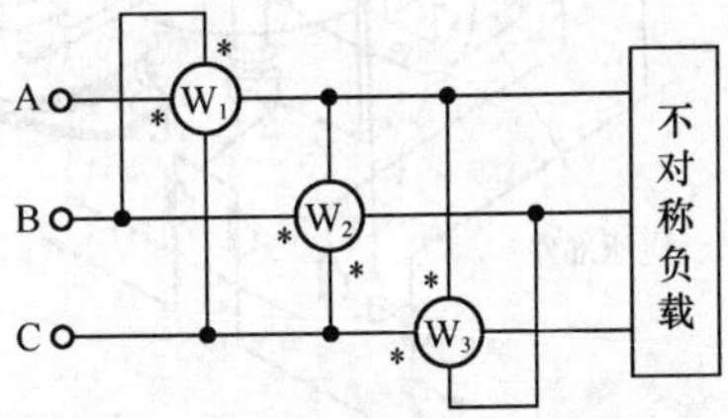

图 2-10 三表法功率测量图

因此，三只功率表的读数 P_1、P_2、P_3 也各不相同，它们分别是：

① $P_1=U_{BC}I_A\cos(90^{\circ}-\varphi_A)=\sqrt{3}\,U_AI_A\sin\varphi_A$

② $P_2=U_{CA}I_B\cos(90^{\circ}-\varphi_B)=\sqrt{3}\,U_BI_B\sin\varphi_B$

③ $P_3=U_{AB}I_C\cos(90^{\circ}-\varphi_C)=\sqrt{3}\,U_CI_C\sin\varphi_C$

式中由于电源电压对称，所以有 $U_{BC}=\sqrt{3}\,U_A$，$U_{CA}=\sqrt{3}\,U_B$ 以及 $U_{AB}=\sqrt{3}\,U_C$。3 只功率表读数之和为

$$P_1+P_2+P_3=\sqrt{3}\,(U_AI_A\sin\varphi_A+U_BI_B\sin\varphi_B+U_CI_C\sin\varphi_C)$$

因此，$Q=1/\sqrt{3}\ (P_1+P_2+P_3)$。

这就是说，三相电路的无功功率等于 3 只功率表读数的和。三表法适用于电源电压对称、负载对称或不对称的三相三线制和三相四线制电路中。

三、单相电度表

供电公司一般将用户分成几类：居民户（本地）、商业户和工业户，或者分为大、中、小耗电户。对每一类用户的收费标准和算法是不一样的。用电的多少是由装在用户屋内的电度表（千瓦小时表）来计量的。

1. 电度表的测量原理

图 2-11 中电压部件由三柱铁芯及绕在它上面的电压线圈组成，电压线圈的匝数多、导线细；电流部件由 Π 形铁芯和绕在它上面的电流线圈组成，电流线圈匝数少、导线粗；旋转铝盘固定在转轴上；永久磁铁用来产生反作用力矩。电压线圈与负载并联，电流线圈与负载串联。

电度表的铝盘转动时，计度器上的数字也相应转动，铝盘的转动与用电功率成正比，则能正确地测量出消耗电能的大小。电度表的读数就是用户用电量的多少，单位为度（1

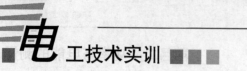

度 = 1 千瓦 · 小时），用户的电费就是用电量与电费单价的乘积。单相电度表与照明电路的接线如图 2-12 所示。

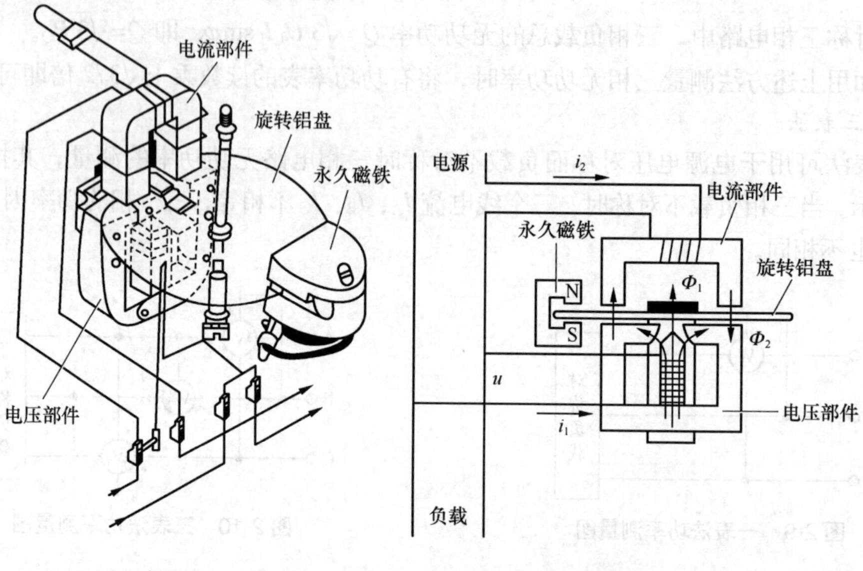

（a）结构图　　　　（b）原理图

图 2-11　单相电度表的基本结构与原理图

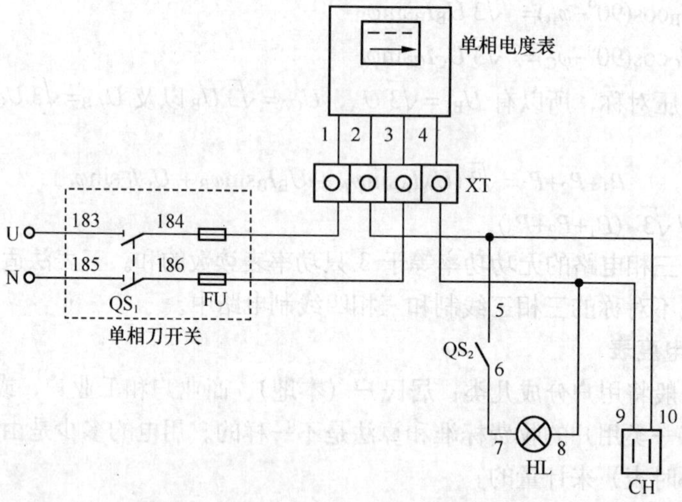

图 2-12　单相电度表与照明电路接线图

2. 单相电能表的选择

选择单向电能表时，应考虑照明灯具和其他家用电器的耗电量，单相电能表的额定电流应大于室内所有用电器具的总电流。

3. 单相电度表的接线与安装

单相电度表与照明电路的具体接线步骤如下。

（1）打开单相电度表的盒盖，背面有接线图。1、3 接电源（1 接相线，3 接中性线），2、4 接负载（其中，2 为相线，4 为中性线）。

（2）将开关、灯座、插座与单相电度表固定，按图 2-12 中所示的编号正确连线。

（3）检查确认接线正确后，合上单相刀开关 QS_1，接通电源，观察结果。

第二部分 技能实训

技能实训一 三相交流电源参数的测试

1. 实训目的

（1）掌握三相负载正确接入电源的方法。

（2）进一步了解三相电路中电压、电流的线值和相值的关系。

（3）了解中线在三相四线制电源中的作用。

2. 实训器材

（1）亚龙 YL-DG-I 型电工技术实训考核装置。

（2）挂板 SW007。

（3）交流电流表。

（4）交流电压表。

3. 任务要求

（1）负载 Y 形连接，测量表 2-1 中参数并记录。

表 2-1 Y 形连接测量表

负载情况 \ 测量值		线电压（V）			相电压（V）			线电流（相电流）（A）			中线电流（A）	中点电压（V）
		U_{AB}	U_{BC}	U_{CA}	U_{AN}	U_{BN}	U_{CN}	I_A	I_B	I_C	I_N	$U_{N'N}$
星形负载对称	有中线											—
	无中线										—	
星形负载不对称	有中线											—
	无中线										—	
实训操作人								完成时间				

(2) 负载△连接，测量表 2-2 中参数并记录。

表 2-2　△连接测量记录表

测量值 / 负载情况	线电压（相电压）(V)			相电流 (A)			线电流 (A)		
	U_{AB}	U_{BC}	U_{CA}	I_{AB}	I_{BC}	I_{CA}	I_A	I_B	I_C
负载对称									
负载不对称									
一相电源断									
实训操作人				完成时间					

4. 问题思考

(1) 根据表 2-1 数据，计算负载星形连接时有中线时的相、线电压的数值关系。

(2) 按比例画出不对称负载有中线时各电量的相量图。

(3) 中线的作用是什么？在什么情况下必须有中线，在什么情况下可不要中线？

技能实训二　三相交流电路功率的测量

1. 实训目的

(1) 了解单相功率表的结构、原理和使用方法。

(2) 学习用一表法、三表法测量三相负载功率的方法。

(3) 了解单相电度表的构造，掌握其接线方法。

2. 实训器材

(1) 亚龙 YL-DG-I 型电工技术实训考核装置。

(2) 挂板 SW007。

(3) 500 型万用表。

(4) 单相功率表 3 只。

(5) 单相电能表 1 块。

3. 任务要求

(1) 用一表法测量三相对称负载的功率。

① 实验电路如图 2-13 所示。

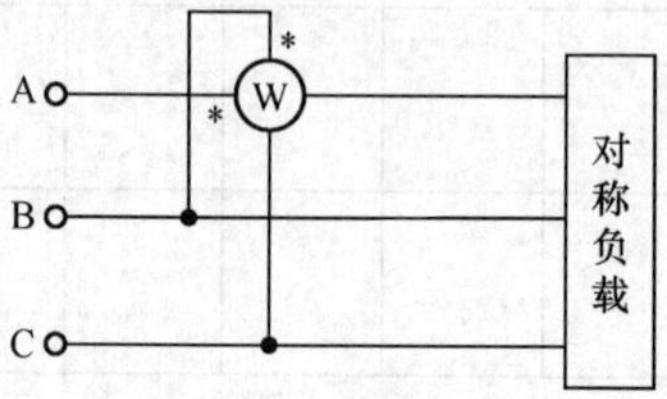

图 2-13　实验电路图

② 用一表法测量三相对称负载的功率，将结果记录在表 2-3 中。

表 2-3 测量记录表

测量方法	功率表读数 P_1	功率表读数 P_2	功率表读数 P_3	三相总功率 P
一表法				
三表法				
实训操作人			完成时间	

（2）用三表法测量三相对称负载的功率。

① 模拟图 2-13，画出三表法测量三相对称负载功率的实验电路图。

② 用三表法测量三相对称负载的功率，将结果记录表 2-3 中。

（3）电能的测量。

① 将单相电度表的接线图画在图 2-14 中。

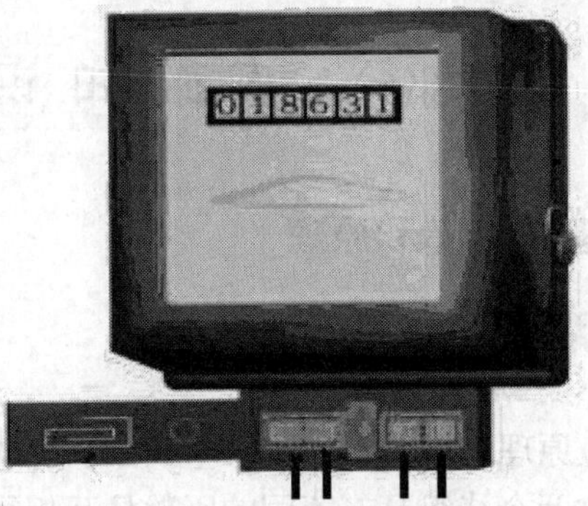

图 2-14 单相电度表接线图

② 按图接线：接线要求安全可靠，布局合理；安装符合上进下出、左零右相的原则。

③ 其他要求：假设负载是对称的，单相电能表的额定电流应大于负载的总电流。

④ 接线完毕，经检查无误后，进行通电实验。

4. 问题思考

220V 单相电度表接线共 4 条线：两条进线和两条出线。接线原则是 1 和 3 为进线，2 和 4 为出线。某单位的单相电度表发现只接了 3 条线，一种接的是接线孔 1、2 和 3，另一种接的是接线孔 1、2 和 4。这两种接法对吗？为什么？

项目三　变压器与电机的认知

电机是生产、传输、分配及应用电能的主要设备。电机是利用电磁感觉原理工作的机械，按能量转换的职能可分为发电机、电动机、变压器和控制电机 4 大类。其中，电动机的功能是将电能转换为机械能以作为拖动各种生产机械的动力，是应用最多的动力机械。变压器的作用是将一种电压等级的交流电能转换成同频率的另一种电压等级的交流电能，在电力拖动系统或自动控制系统中，变压器作为能量传递或信号传递的元件，得到了广泛应用。

第一部分　基 础 知 识

知识链接一　变压器的基本构造和原理

一、变压器的工作原理、分类及结构

1. 变压器的工作原理

变压器是利用电磁感应原理工作的，如图 3-1 所示。变压器的主要部件是一个铁芯及套在铁芯上的两个绕组。这两个绕组具有不同的匝数且互相绝缘，两绕组间只有磁的耦合而没有电的联系。其中，接于电源侧的绕组称为初级绕组，又称原绕组或原边或一次绕组；用于接负载的绕组称为次级绕组，又称副绕组、副边或二次绕组。

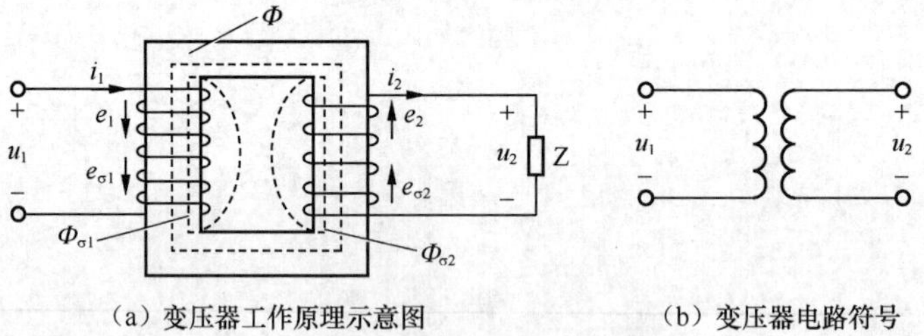

（a）变压器工作原理示意图　　（b）变压器电路符号

图 3-1　变压器工作原理及电路符号

若将一次绕组接到交流电源上，绕组中便有交流电流 i_1 流过，在铁芯中产生与外加电压 u_1 相同且与原、副绕组同时铰链的交变磁通 Φ，根据电磁感应原理，分别在两个绕组中感应出同频率的电动势 e_1 和 e_2，得

$$u_1 = -e_1 = N_1\frac{\mathrm{d}\Phi}{\mathrm{d}t},\quad u_2 = e_2 = -N_2\frac{\mathrm{d}\Phi}{\mathrm{d}t} \tag{3-1}$$

$$\frac{U_1}{U_2} = \frac{E_1}{E_2} = \frac{N_1}{N_2} = K,\quad K\text{—— 匝比} \tag{3-2}$$

忽略铁芯中的损耗，根据能量守恒定律，有：$U_1I_1=U_2I_2$。

2. 变压器的分类

变压器按用途分：电力变压器和特种变压器。

变压器按绕组数目分：单绕组（自耦）变压器、双绕组变压器、三绕组变压器和多绕组变压器。

变压器按相数分：单相变压器、三相变压器和多相变压器。

变压器按铁芯结构分：芯式变压器和壳式变压器。

变压器按冷却介质和冷却方式分：干式变压器、油浸式变压器和充气式变压器。

变压器按调压方式分：无励磁调压变压器和有载调压变压器。

3. 变压器的结构简介

变压器的基本结构部件有铁芯、绕组、油箱和冷却装置、绝缘套管和保护装置等。如图 3-2 所示。其中主要部件铁芯和绕组的装配关系如图 3-3 及图 3-4 所示。

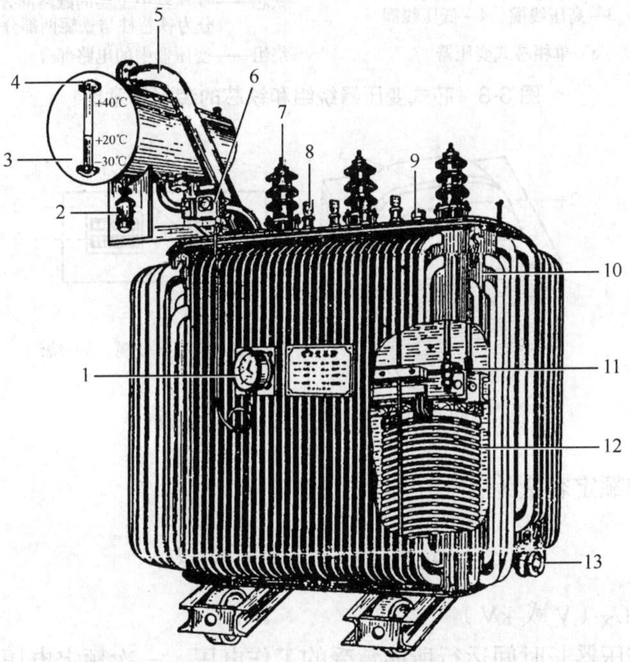

1—信号式温度计；2—吸湿器；3—储油柜；4—油位计；5—安全气道；
6—气体继电器；7—高压套管；8—低压套管；9—分接开关；10—油箱；
11—铁芯；12—线圈；13—放油阀门

图 3-2 油浸式电力变压器

二、变压器的额定值

1. 产品型号

表示变压器的结构和规格，如 SJL—500/10，其中，S 表示三相（D 表示单相），J 表示油浸自冷式，L 表示铝线（铜线无文字表示），500 表示容量为 500kVA，10 表示高压侧线电压为 10kV。

2. 额定容量 S_N（kV·A）

额定容量指铭牌规定在额定工作条件下，变压器输出的视在功率。

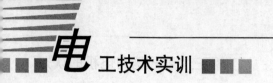

单相变压器的额定容量为

$$S_{\mathrm{N}}=U_{2\mathrm{N}}I_{2\mathrm{N}}\approx U_{1\mathrm{N}}I_{1\mathrm{N}} \tag{3-3}$$

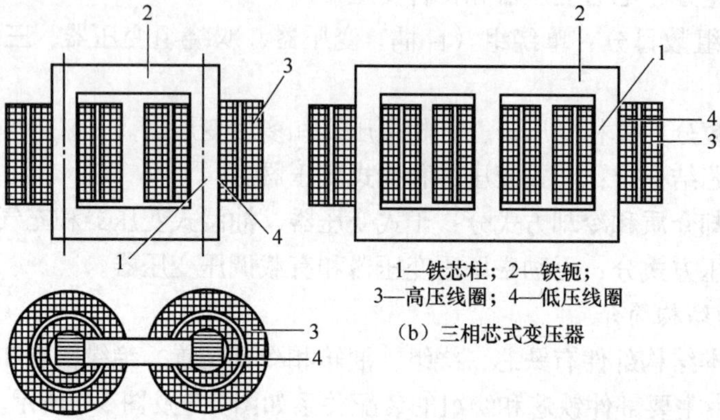

1—铁芯柱；2—铁轭；
3—高压线圈；4—低压线圈

（a）单相芯式变压器

1—铁芯柱；2—铁轭；
3—高压线圈；4—低压线圈

（b）三相芯式变压器

铁芯——变压器中主要的磁路部分，分为铁芯柱与铁轭两部分

绕组——变压器中的电路部分

图 3-3　芯式变压器绕组和铁芯的装配示意图

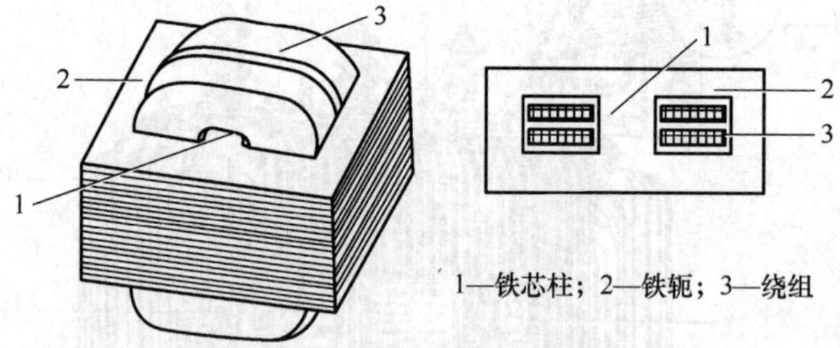

1—铁芯柱；2—铁轭；3—绕组

图 3-4　壳式变压器结构示意图

三相变压器的额定容量为：

$$S_{\mathrm{N}}=\sqrt{3}U_{2\mathrm{N}}I_{2\mathrm{N}}\approx\sqrt{3}U_{1\mathrm{N}}I_{1\mathrm{N}} \tag{3-4}$$

3. 额定电压 U_{N}（V 或 kV）

额定电压指变压器长时间运行所能承受的工作电压。一次额定电压 $U_{1\mathrm{N}}$ 指规定加到一次侧的电压；二次额定电压 $U_{2\mathrm{N}}$ 指变压器一次侧加额定电压时，二次侧空载时的端电压，对于三相变压器，额定电压指的是线电压。

4. 额定电流 I_{N}（A 或 kA）

额定电流指变压器在额定容量下，允许长期通过的电流。三相变压器的 $I_{1\mathrm{N}}$ 和 $I_{2\mathrm{N}}$ 均为线电流。

5. 额定频率 f_{N}（Hz）

我国规定标准工频为 50Hz。

三、变压器参数的测定

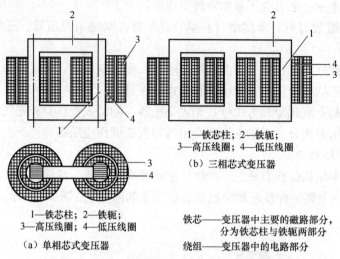

变压器的参数直接影响变压器的运行性能，设计时可根据所使用的材料及结构尺寸计

算出来，而对已制成的变压器，可用试验的方法求得。

1. 空载试验

空载试验的目的是通过测量空载电流 I_0，一、二次电压 U_1 和 U_2 及空载功率 P_0 来计算变比 k、空载电流百分比 $I_0\%$、铁芯损耗 P_{Fe} 和励磁阻抗 $Z_m=r_m+jx_m$，从而判断铁芯质量和检查绕组是否有匝间短路故障等。

单相变压器空载试验的接线图如图 3-5 所示。空载试验可以在任何一侧做，但考虑到空载试验所加电压较高（为额定电压），电流较小（为空载电流），为了试验安全及仪表选择便利，通常在低压侧加压试验，高压侧开路。电压 U_1 由零逐渐升至 $1.2U_N$（或由 $1.2U_N$ 逐渐降为零），分别测出它所对应的 U_2、I_0 及 P_0 的值。

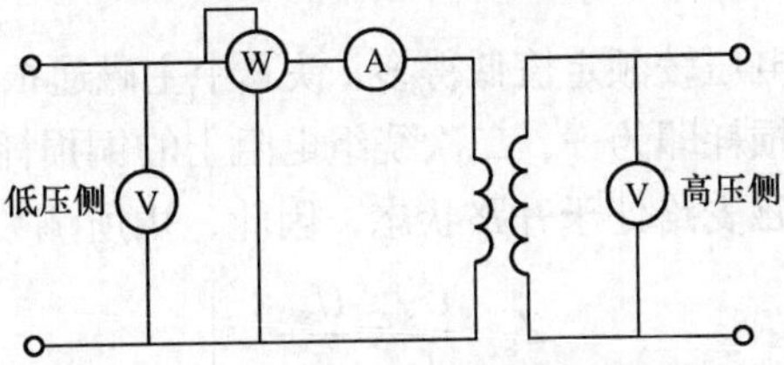

图 3-5 单相变压器空载试验接线图

由所测数据可求得

$$\left.\begin{aligned} k &= \frac{U_2(\text{高压})}{U_1(\text{低压})} \\ I_0\% &= \frac{I_0}{I_{1N}} \times 100\% \\ P_{Fe} &= P_0 \end{aligned}\right\} \tag{3-5}$$

空载试验时，变压器没有输出功率，此时输入有功功率 P_0 包含一次绕组铜损耗 $r_1I_0^2$ 和铁损耗 $P_{Fe}=r_mI_0^2$ 两部分。由于 $r_1<<r_m$，因此，$P_0\approx P_{Fe}$。

由空载等效电路，忽略 r_1、x_1 可求得

$$\left.\begin{aligned} Z_m &\approx Z_0 = \frac{U_1}{I_0} \\ r_m &\approx r_0 = \frac{P_0}{I_0} \\ x_m &\approx \sqrt{Z_m^2 - r_m^2} \end{aligned}\right\} \tag{3-6}$$

应当注意：变压器空载运行时功率因数很低（$\cos\varphi_0$ 小于 0.2），为减小误差，应采用低功率因数功率表来测量空载功率。

2. 短路试验

短路试验的目的是通过测量短路电流 I_S，短路电压 U_S 及短路功率 P_S 来计算短路电压百分值 U_S（%）、铜损耗 P_{Cu} 和短路阻抗 $Z_S=r_S+jx_S$。

单相变压器短路试验的接线图如图 3-6 所示。短路试验也可以在任何一侧做，但由于

短路试验时电流较大，可达到额定电流，而所加电压却很低，一般为额定电压 4%～5%左右。因此，一般在高压侧加压，低压侧短路。试验时，电压 U_S 由零逐渐升高，使短路电流 I_S 由零升至 $1.2I_N$，分别测出它所对应的 I_S、U_S 及 P_S 的值。

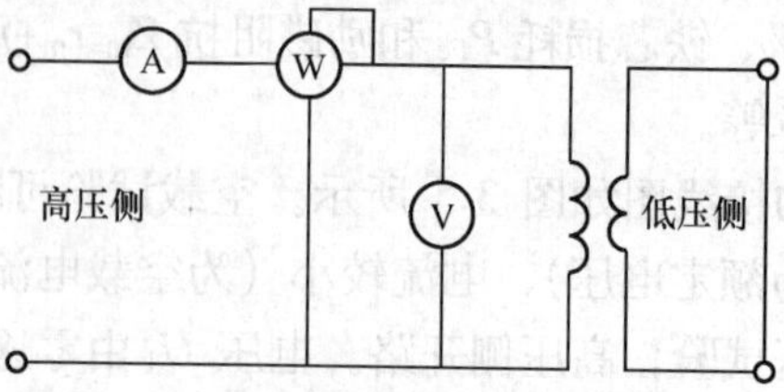

图 3-6　单相变压器短路试验接线图

由于短路试验时外加电压较额定值低得多，铁芯中主磁通很小，磁滞和涡流损耗很小，可略去不计，可认为短路损耗即为一、二次绕组电阻上的铜损耗，即 $P_S=P_{Cu}$。也就是说，可以认为等效电路中的励磁支路处于开路状态，因此，由所测数据可求得短路参数

$$\left.\begin{aligned} Z_S &= \frac{U_S}{I_S} = \frac{U_{SN}}{I_N} \\ r_S &= \frac{P_S}{I_S^2} = \frac{P_{SN}}{I_N^2} \\ x_S &= \sqrt{Z_S^2 - r_S^2} \end{aligned}\right\} \tag{3-7}$$

3. 电压变化率

当电源电压和负载的功率因数等于常数时，二次端电压随负载电流变化的规律，即 $U_2=f(I_2)$ 曲线称为变压器的外特性（曲线）。

为了表征 U_2 随负载电流 I_2 变化而变化的程度，引入电压变化率（又称电压调整率）的概念。所谓电压变化率是指变压器一次侧施以交流 50Hz 的额定电压，二次空载电压 U_{20} 与带负载后在某一功率因数下二次电压 U_2 之差，与二次额定电压 U_{2N} 的比值，用ΔU 表示，即

$$\Delta U = \frac{U_{20} - U_2}{U_{2N}} \times 100\% = \frac{U_{2N} - U_2}{U_{2N}} \times 100\% = \frac{U_{1N} - U_2'}{U_{1N}} \times 100\% \tag{3-8}$$

一般情况下，在感性负载时，额定负载的电压变化率约为 5%。

4. 变压器的效率

变压器负载运行时，二次端电压随负载大小及功率因数的变化而变化，如果电压变化过大，将对用户产生不利影响。变压器的效率反映了其运行的经济性，是一项重要的运行性能指标。由于变压器是一种静止的电器，没有机械损耗，它的效率比同容量的旋转电机要高，一般中、小型电力变压器效率在 95%以上，大型电力变压器效率可达 99%以上。

变压器在能量传递的过程中会产生损耗，因为变压器没有旋转部件，所以没有机械损耗。变压器的损耗仅包括铁损耗和铜损耗两部分，而它们则各由基本损耗与附加损耗两部分组成。基本铁损耗为铁芯中的磁滞和涡流损耗，附加铁损耗包括铁芯叠片间绝缘损伤和主磁通在结构部件中引起的涡流损耗。由于变压器空载时空载电流和绕组电阻都比较小，

因此，空载时的绕组损耗很小，可以忽略不计，所以空载损耗可以近似看做铁损耗。又由于短路试验时外加电压很低，铁芯中磁通密度很低，因此铁损耗可以忽略不计，所以短路损耗可以近似看做铜损耗。因此，变压器总的损耗为铁损耗与铜损耗之和。

变压器的效率 η 是指它的输出功率 P_2 与输入功率 P_1 之比，用百分值表示，即

$$\begin{aligned}\eta &= \frac{P_2}{p_1}\times 100\% = \frac{P_1-\Sigma p}{P_1}\times 100\% \\ &= \left(1-\frac{\Sigma p}{P_1}\right)\times 100\% = \left(1-\frac{\Sigma p}{P_2+\Sigma p}\right)\times 100\%\end{aligned} \tag{3-9}$$

式中，
$$\Sigma p = p_{\text{Fe}} + p_{\text{Cu}}$$

由于电力变压器长期接在电网上运行，总有铁损耗，而铜损耗却随负载而变化，一般变压器不可能总在额定负载下运行，因此，为提高变压器的运行效益，设计时使铁损耗相对小些。理论上当铜损耗等于铁损耗时，效率最高。

知识链接二　变压器的极性与连接组别

一、单相变压器

单相变压器的主磁通及原、副绕组的感应电动势都是交变的，无固定的极性。通常所说的极性是指某一瞬间的相对极性，即任一瞬间，高压绕组的某一端点的电位为正（高电位）时，低压绕组必有一个端点的电位也为正（高电位），这两个具有正极性或另两个具有负极性的端点，称为同极性端（又称同名端），用符号“·”表示。同名端可能在绕组的对应端，也可能在绕组的非对应端，这取决于绕组的绕向。当原、副绕组的绕向相同时，同名端在两个绕组的对应端；反之，同名端在两个绕组的非对应端。

单相变压器的首端和末端有两种不同的标法。一种是将原、副绕组的同名端都标为首端（或末端），如图 3-7（a）所示，这时原、副绕组电动势 U_{AX} 与 U_{ax} 同相位（感应电动势的参考方向均规定从末端指向首端）。另一种标法是把原、副绕组的异名端标为首端（或末端），如图 3-7（b）所示，这时 U_{AX} 与 U_{ax} 反相位。

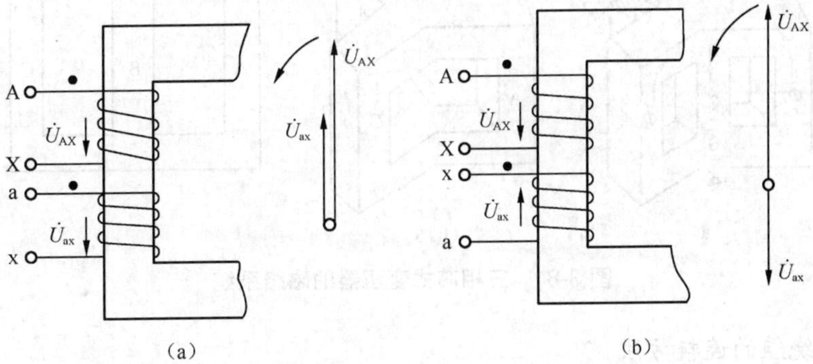

图 3-7　单相变压器原、副绕组感应电动势的相位关系

综上分析可知，在单相变压器中，原、副绕组的感应电动势之间的相位关系要么同

相位要么反相位，它取决于绕组的绕向和首末端标记，即同极性端子同样标号、电动势同相位。

为了形象地表示高、低压绕组电动势之间的相位关系，采用所谓"时钟表示法"。即把高压绕组电动势向量作为时钟的长针，并固定在"12"上，低压绕组电动势向量作为时钟的短针，其所指的数字即为单相变压器连接组的组别号，图 3-7（a）可写成"I，I0"，图 3-7（b）可写成"I，I6"；其中，I 表示高、低压线圈均为单相线圈，0 表示两线圈的电动势（电压）同相，6 表示反相。我国国家标准规定：单相变压器以"I，I0"作为标准连接组。

二、三相变压器

现代电力系统均采用三相制，因此，三相变压器的应用极为广泛。三相变压器可以用三个单变压器组成，这种三相变压器称为三相变压器组；另一种由铁轭把三个铁芯柱连在一起的三相变压器，称为三相芯式变压器。从原理上看，三相变压器在对称负载下运行时，各相电压、电流大小相等，相位上彼此相差 120°，就其一相来说，和单相变压器没有什么区别。因此，单相变压器的基本方程式、等效电路、向量图以及运行特性的分析方法与结论等完全适用于三相变压器。

1. 三相绕组的磁路系统

三相绕组的磁路系统按其铁芯结构可分为组式磁路和芯式磁路。

三相组式变压器是由三台单相变压器组成的，相应的磁路称为组式磁路。由于每相的主磁通各沿自己的磁路闭合，彼此不相关联。当一次侧外施三相对称电压时，各相的主磁通必然对称，由于磁路三相对称，显然其三相空载电流也是对称的。

三相芯式变压器每相有一个铁芯柱，三个铁芯柱用铁轭连接起来，构成三相铁芯，如图 3-8 所示。这种磁路的特点是三相磁路彼此相关。从图上可以看出，任何一相的主磁通都要通过其他两相的磁路作为自己的闭合磁路。三相芯式变压器可以看成是由三相组式变压器演变而来的。三相芯式变压器节省材料、效率高占地少、成本低、运行维护方便，故得到广泛应用。

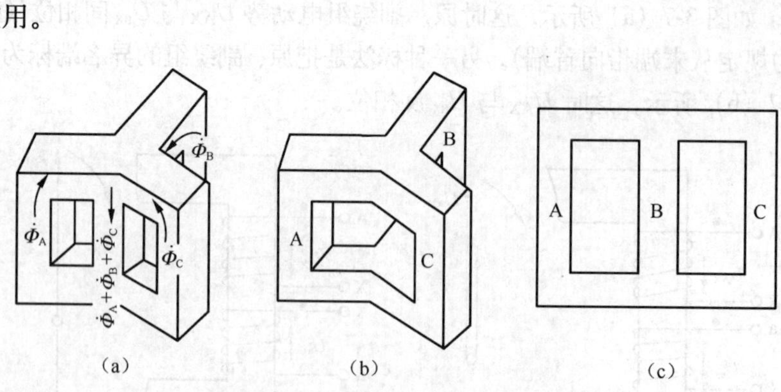

图 3-8　三相芯式变压器的磁路系统

2. 三相绕组的连接方法

为了在使用变压器时能正确连接而不发生错误，变压器绕组的每个出线端都给予一个标志，即首末端标记。在三相变压器中，不论一次绕组或二次绕组，我国主要采用星形和三角形两种连接方法。

把三相绕组的 3 个末端 X、Y、Z 连接在一起，而把它们的首端 A、B、C 引出，就是星形连接，用字母 Y 或 y 表示，如图 3-9（a）所示。把一相绕组的末端和另一相绕组的首端连在一起，顺次连接成一闭合回路，然后从首端 A、B、C 引出，如图 3-9（b）所示，便是三角形连接，用字母 D 或 d 表示。

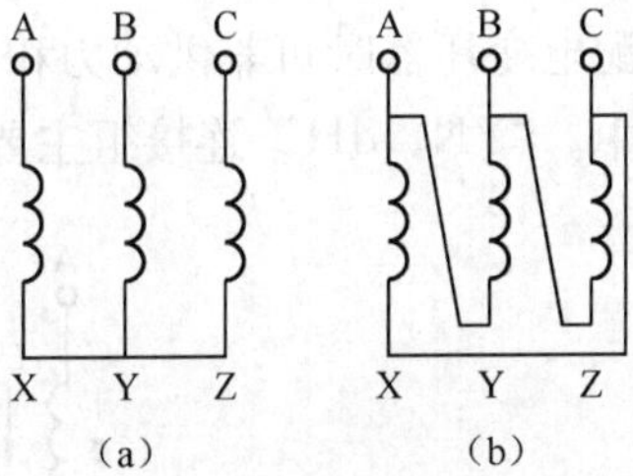

图 3-9 三相绕组连接方法

3. 三相绕组的连接组别

三相变压器原、副边三相绕组均可采用 Y（y）连接或 YN（yn）连接，也可采用 D（d）连接，括号中为低压三相绕组连接方式的表示符号。因此，三相变压器的连接方式有“Y，yn”、“Y，d”、“YN，d”、“Y，y”、“YN，y”、“D，d”等多种组合。其中前 3 种为最常见的连接，逗号前的大写字母表示高压绕组的连接，逗号后的小写字母表示低压绕组的连接，N（或 n）表示有中性点引出。

理论与实践证明，无论怎样连接，原、副边线电动势的相位差总是 30° 的整数倍。因此，仍采用时钟表示法，这时短针所指的数字即为三相变压器连接组别的标号，将该数字乘以 30° ，就是副绕组线电动势滞后于原绕组相应线电动势的相位角。

图 3-10（a）所示为三相变压器“Y，y”连接时的接线图。图中同极性端子在对应端，这时原、副边对应的相电动势同相位，同时原、副边对应的线电动势 E_{BA} 与 E_{ba} 也同相位，如图 3-10（b）所示。这时如把 E_{BA} 指向钟面的“12”上，则 E_{ba} 也指向“12”，故其连接组写成“Y，y0”。

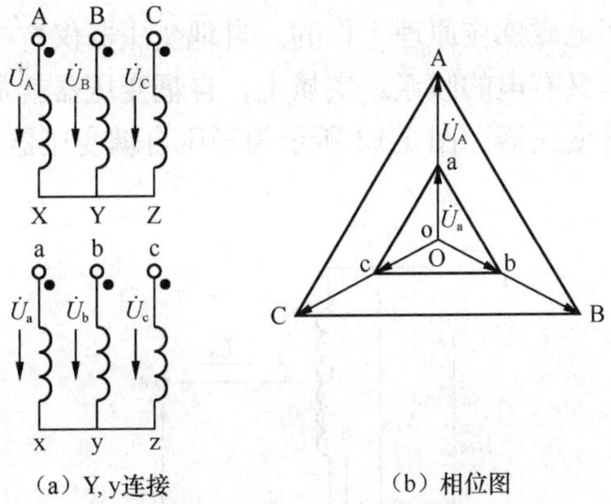

图 3-10 “Y，y0”连接

图 3-11（a）所示为三相变压器“Y，d”连接时的接线图。图中将原、副绕组的同极性端标为首端（或末端），副绕组则按 a-xc-zb-ya 顺序作三角形连接，这时原、副边对应相应的相电动势也同相位，但线电动势 E_{BA} 与 E_{ba} 的相位差为 330° ，如图 3-11（b）所示。当 E_{BA} 指向钟面的“12”时，则 E_{ba} 指向“11”，故其组号为 11，用“Y，d11”表示。

综上所述，对“Y，y”连接而言，可得 0，2，4，6，8，10 六个偶数组别；而对“Y，d”连接而言，可得 1，3，5，7，9，11 六个奇数组别。

变压器连接组别的种类很多，为便于制造和并联运行，国家标准规定“Y，yn0”、“Y，d11”、“YN，d11”、“YN，y0”和“Y，y0”五种作为三相双绕组电力变压器的标准连接组。

其中前 3 种最为常用。“Y，yn0”连接组的二次绕组可引出中性线，成为三相四线制，用作配电变压器时可兼供动力和照明负载。“Y，d11”连接组用于低压侧电压超过 400V 的线路中。“YN，d11”连接组主要用于高压输电线路中，使电力系统的高压侧可以接地。

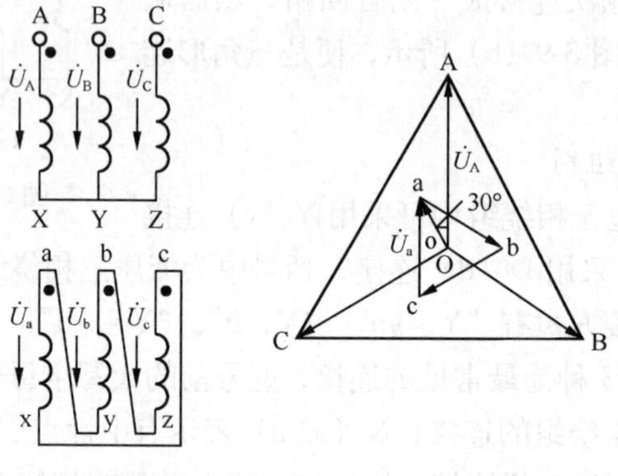

（a）Y, d连接　（b）相位图

图 3-11 “Y，d11”连接

三、其他用途变压器

在电力系统中，除大量采用双绕组变压器外，还常采用多种特殊用途的变压器，它们涉及面广，种类繁多，其中较常用的有自耦变压器、仪用互感器和整流变压器等。

1. 自耦变压器

自耦变压器也是利用电磁感应原理工作的。自耦变压器仅有一个绕组，其一次、二次绕组之间既有磁的耦合，又有电的联系；实质上，自耦变压器就是利用一个绕组抽头的办法来实现改变电压的一种变压器。图 3-12 所示为降压自耦变压器的工作原理图。

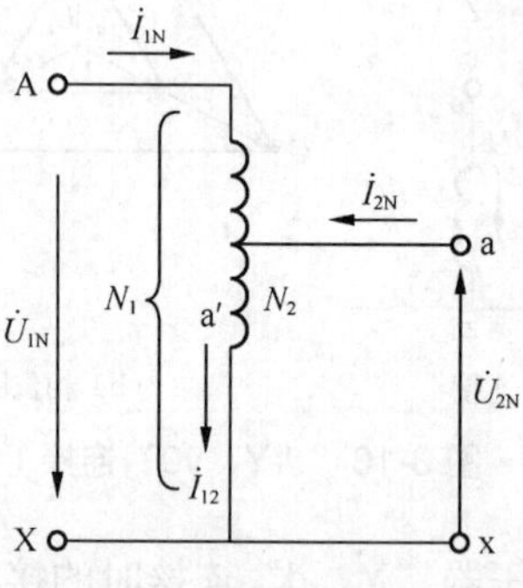

图 3-12 降压自耦变压器的工作原理图

根据原理图，忽略漏阻抗压降，则有

$$\left.\begin{aligned}&\text{额定容量：}S_N=U_{1N}I_{1N}=U_{2N}I_{2N}\\&\text{电压比：}K=N_1/N_2=E_1/E_2\approx U_{1N}/U_{2N}\\&\text{容量关系：}U_{1N}I_{1N}=U_{2N}U_{2N}=U_{2N}(I_{12}+I_{1N})=U_{2N}I_{12}+U_{2N}I_{1N}\end{aligned}\right\}\quad(3\text{-}10)$$

自耦变压器的优点是：效率高、用料省、重量轻、体积小。缺点是：当变比 K 较大时，经济效果不显著，内部绝缘和过压保护要加强。

2. 仪用互感器

仪用互感器是一种测量用的设备，分电流互感器和电压互感器两种，它们的工作原理与变压器相同。

使用互感器有两个目的：一是为了工作人员的安全，使测量回路与高压电网隔离；二是可以使用小量程的电流表、电压表分别测量大电流和高电压。互感器的规格有各种各样，但电流互感器副边额定电流都是5A或1A，电压互感器副边额定电压都是100V。

(1) 电流互感器

图3-13所示是电流互感器的原理图。

使用电流互感器时必须注意两点：一是二次侧绝对不许开路；另外，二次绕组必须可靠接地，以防止绝缘部分击穿后产生高压危及操作人员的安全。

(2) 电压互感器

图3-14所示是电压互感器的原理图。

使用电压互感器时必须注意两点：一是二次侧绝对不许短路；另外，为了安全起见，电压互感器的二次绕组连同铁芯一起，必须可靠接地。

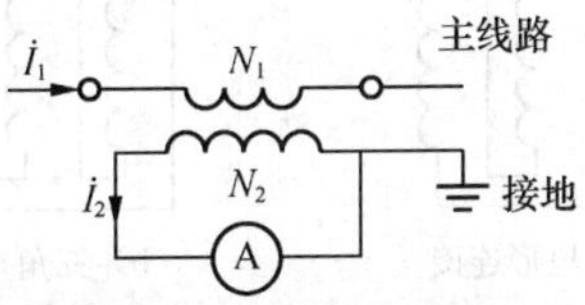

图3-13 电流互感器原理图

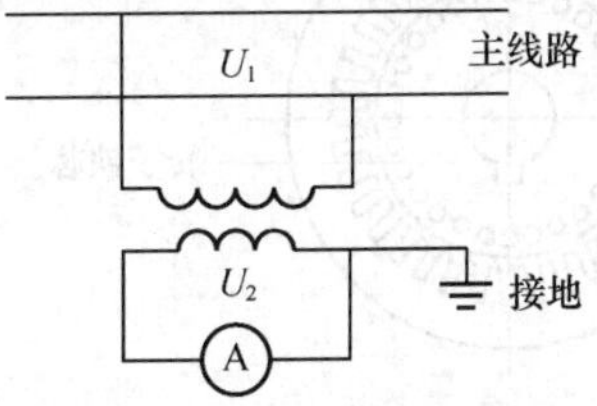

图3-14 电压互感器原理图

知识链接三 三相异步电动机的结构和工作原理

一、三相异步电动机的基本结构

异步电动机的固定部分称为定子，转动部分称为转子，定子和转子是能量传递和转换的关键部件，它的结构如图3-15所示。

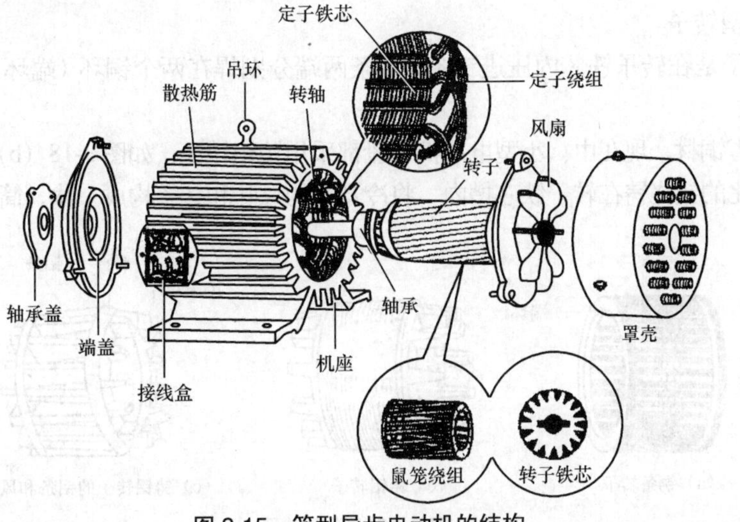

图3-15 笼型异步电动机的结构

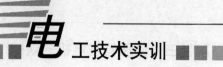

1. 定子部分

定子主要由铁芯、定子绕组和机座 3 部分组成。

定子铁芯是电动机磁路的组成部分，为了减少铁芯损耗，定子铁芯一般由表面涂有绝缘漆、厚 0.5mm 的硅纲片叠压而成。铁芯内圆周表面有槽孔，用以嵌置定子绕组，如图 3-16 所示。

定子绕组是定子中的电路部分。中、小型电动机一般采用高强度漆包线绕制。三相异步电动机的对称绕组共有 6 个出线端，每组绕组的首端 U_1、V_1、W_1 和末端 U_2、V_2、W_2 通常接到机座的接线盒上。根据电源电压和电动机绕组的电压额定值，把三相绕组接成星形[如图 3-17（a）所示]或接成三角形[如图 3-17（b）所示]。

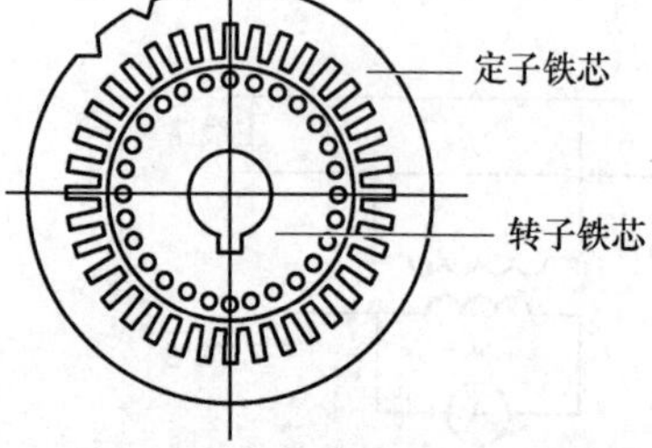

图 3-16　定子和转子的铁芯片

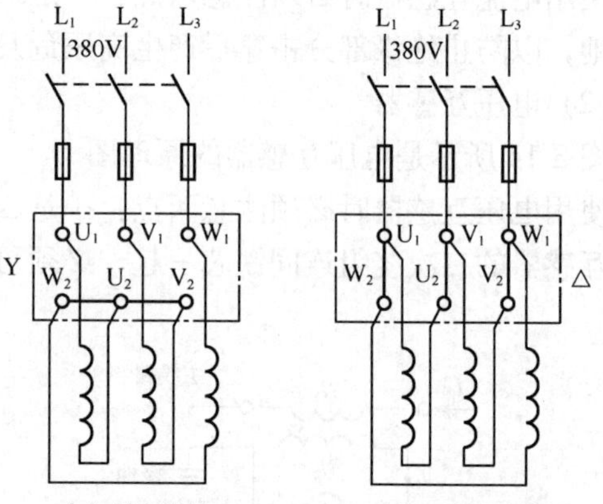

（a）星形连接　（b）三角形连接

图 3-17　定子绕组的星形和三角形连接

2. 转子部分

转子是电动机的旋转部分，由转子铁芯、转子绕组、风扇及转轴 4 部分组成。

转子铁芯是由厚 0.5 mm 的硅钢片叠压而成的圆柱体，其外圆周表面冲有槽孔，以便嵌置转子绕组，如图 3-18（a）所示。

异步电动机的转子绕组，根据构造形式分成两种：笼型转子和绕线转子。

（1）笼型转子

笼型转子是在转子铁芯内压进铜条，铜条两端分别焊在两个铜环（端环）上，如图 3-18（a）所示。

为了节省铜材，现在中、小型电动机一般都采用铸铝转子，如图 3-18（b）和图 3-18（c）所示。把熔化的铝浇铸在转子铁芯槽内，将冷却用的风叶和转子构成一体，简化了制造工艺。

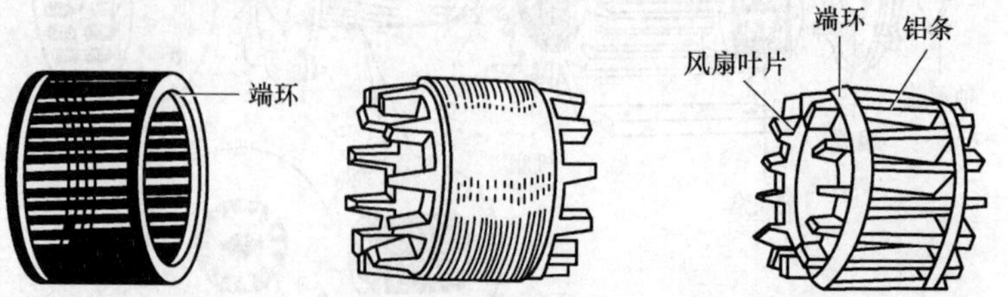

（a）铜条转子　（b）铸铝转子　（c）铸铝转子的铝条和风扇

图 3-18　笼型转子

(2) 绕线转子

绕线型转子的铁芯与笼型的相似，不同的是在转子的槽内嵌置对称的三相绕组。三相绕组接成星形，即 3 个绕组的末端连在一起，3 个绕组的首端分别接到转轴上 3 个彼此绝缘的铜制滑环上。滑环对转轴也是绝缘的。滑环通过电刷将转子绕组的 3 个首端引到机座的接线盒里，以便在转子电路中串入附加电阻，用来改善电动机的启动和调速性能。绕线型异步电动机的结构及接线图如图 3-19 所示。

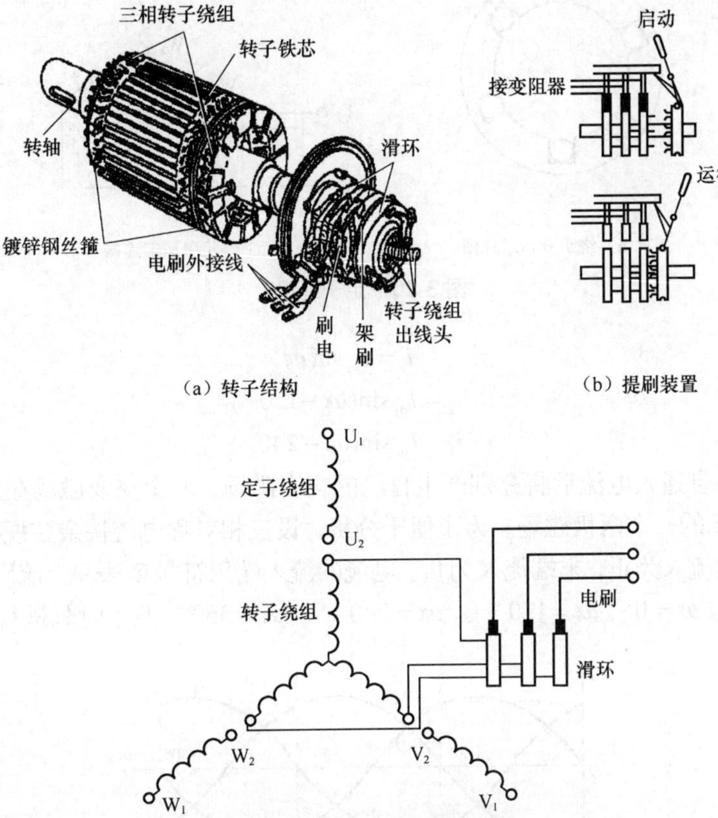

(a) 转子结构　　(b) 提刷装置

(c) 绕线转子回路接线示意图

图 3-19　绕线型异步电动机的结构及接线图

笼型电动机与绕线型电动机只是转子的构造不同，它们的基本工作原理是一样的。由于笼型电动机构造简单、价格低廉、工作可靠、使用方便，因而在实际生活中较多采用，而绕线型电动机通常只在要求大启动转矩时采用。

二、三相异步电动机的工作原理

三相异步电动机是由旋转磁场切割转子导体，在其中产生转子电流，然后旋转磁场又与转子电流相互作用，产生电磁转矩而使转子旋转的。所以旋转磁场的产生是转子转动的先决条件。

1. *旋转磁场*

(1) 旋转磁场的产生

图 3-20 所示为三相异步电动机定子绕组的示意图和接线图。三相对称绕组 U_1U_2、V_1V_2、W_1W_2 在空间相互差 120°。若将 U_2、V_2、W_2 接在一起，U_1、V_1、W_1 分别接三相电源（Y 形接法），便有对称的三相交变电流通入相应的定子绕组，即

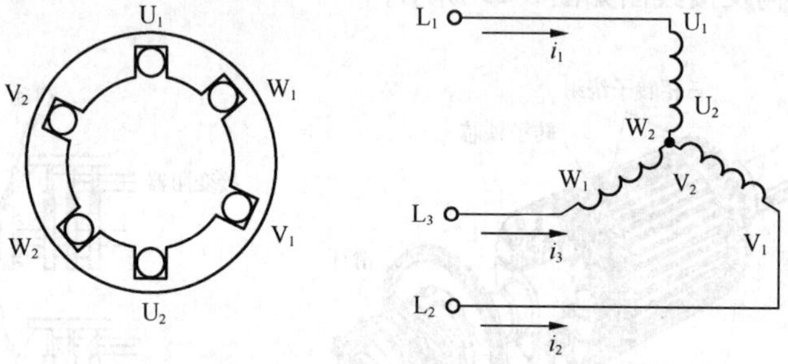

（a）绕组分布示意图　　（b）绕组呈星形连接

图 3-20　定子绕组

$$i_1 = I_m \sin \omega t$$
$$i_2 = I_m \sin(\omega t - 120^\circ)$$
$$i_3 = I_m \sin(\omega t - 240^\circ)$$

三相绕组各自通入电流后将分别产生自己的交变磁场，3 个交变磁场在定子空间汇合成如图 3-21 所示的一个两极磁场。为了便于分析，设三相对称电流按余弦规律变化，假定电流从绕组首端流入为正，末端流入为负。电流的流入端用符号⊗表示，流出端用⊙表示。在图 3-21 中，取 $\omega t = 0$、$\omega t = 120^\circ$、$\omega t = 240^\circ$、$\omega t = 360^\circ$ 四个时刻进行分析。

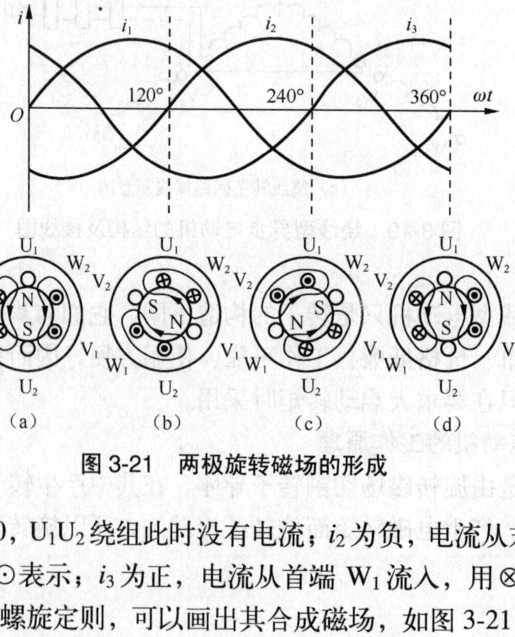

图 3-21　两极旋转磁场的形成

当 $\omega t = 0^\circ$ 时，i_1 为 0，U_1U_2 绕组此时没有电流；i_2 为负，电流从末端 V_2 流入，用⊗表示，从首端 V_1 流出，用⊙表示；i_3 为正，电流从首端 W_1 流入，用⊗表示，从末端 W_2 流出，用⊙表示。根据右手螺旋定则，可以画出其合成磁场，如图 3-21（a）所示。对定子而

言，磁力线从上方流出，故上方相当于 N 极；磁力线流入下方，故下方相当于 S 极。所以绕组产生的是两极磁场，即磁极对数 $p=1$。

当 $\omega t=120^\circ$ 时，i_2 为 0，V_1V_2 绕组没有电流；i_1 为正，电流从首端 U_1 流入，用⊗表示，从末端 U_2 流出，用⊙表示；i_3 为负，电流从末端 W_2 流入，用⊗表示，从首端 W_1 流出，用⊙表示。合成磁场如图 3-21（b）所示。可见磁场在空间顺时针转了 120°。

同理，当 $\omega t=240^\circ$ 和 $\omega t=360^\circ$ 时，可分别画出对应的合成磁场如图 3-21（c）和图 3-21（d）所示。

由上述分析可以看出，对于图 3-20 所示的定子绕组，通入三相交流电后将产生旋转磁场，且电流变化一个周期时，合成磁场在空间旋转 360°。

旋转磁场的磁极对数 p 与定子绕组的安排有关。通过适当的安排，也可以制成两对、三对或更多磁极对数的旋转磁场。

（2）旋转磁场的转速

根据上面的分析，电流在时间上变化一个周期，二极磁场在空间旋转一圈。若电流的频率为每秒变化 f 周期，旋转磁场的转速即为每秒 f 转。若以 n_0 表示旋转磁场的每分钟转速，则可得 $n_0=60f$ (r/min)

如果设法使定子的磁场为四极（极对数 $p=2$），可以证明，此时电流若变化一个周期，合成磁场在空间只旋转 180°（半圈），其转速为：$n_0=\dfrac{60f}{2}(\mathrm{r/min})$

由此可以推广到具有 p 对磁极的异步电动机，其旋转磁场的转速为

$$n_0=\frac{60f}{p}(\mathrm{r/min}) \tag{3-11}$$

所以旋转磁场的转速 n_0（也称为同步转速）取决于电源频率 f 和电动机的磁极对数 p。我国的电源频率为 50Hz，因此，不同磁极对数所对应的旋转磁场转速见表 3-1。

表 3-1　　不同极对数时的旋转磁场转速

p	1	2	3	4	5	6
n_0/(r/min)	3 000	1 500	1 000	750	600	500

（3）旋转磁场的方向

从图 3-21 可以看出，当三相电流的相序为 $L_1-L_2-L_3$ 时，旋转磁场的方向是从绕组首端 U_1 转到 V_1，然后转到 W_1，即旋转方向与电流的相序是一致的。如果把三根电源线任意对调两根（如 L_2、L_3 对调），此时 W_1W_2 绕组通入 L_2 相电流，V_1V_2 绕组通入 L_3 相电流。读者自己可以做图证明，旋转磁场改变了原来的方向，即从绕组首端 U_1 转到 W_1，然后转到 V_1。

2. 转子电流

在图 3-22 中，设转子不动，磁场以同步转速 n_0 顺时针方向旋转，转子与磁场之间有相对运动，即相当于磁场不动，转子导体以逆时针方向切割磁场的磁力线，其结果就是在导体中产生了感应电动势。感应电动势的方向用右手定则判定。图 3-22 中转子上面导体中产生的感应电动势的方向是穿出纸面向外的，而下面导体中产生的感应电动势是穿

入纸面向内的。

由于转子导体的两端由端环连通，形成闭合的转子电路，因而感应电动势将在转子电路中产生电流。如果忽略转子电路感抗，认为转子电流与感应电动势同相，那么图中所标电动势的方向（⊙表示流出，⊗表示穿入），也就是电流的方向。

3．转子转动原理

转子导体中产生电流以后，这些导体在磁场中将产生电磁力。电磁力的方向可用左手定则判定。在图 3-22 中，上面导体中电磁力 F 的方向朝右，下面导体中电磁力 F 的方向朝左，如图中箭头所示，于是对于转轴就产生一个旋转力矩，称为电磁转矩。电磁转矩将使转子沿着旋转磁场的方向旋转。综上分析可知三相异步电动机的工作原理如下：

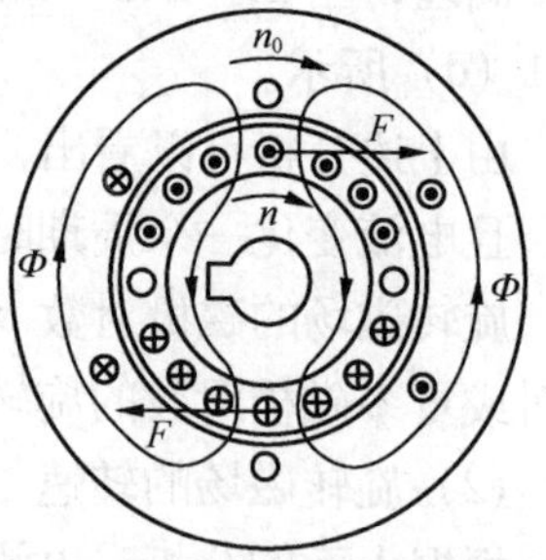

图 3-22　异步电动机的工作原理

（1）三相对称绕组中通入三相对称电流产生圆形旋转磁场；

（2）转子导体切割旋转磁场感应电动势和电流；

（3）转子载流导体在磁场中受到电磁力的作用，从而形成电磁转矩，驱使转子转动。

异步电动机的旋转方向始终与旋转磁场的旋转方向一致，而旋转磁场的方向又取决于异步电动机的三相电流相序。因此，三相异步电动机的转向与电流的相序一致。要改变转向，只需改变电流的相序即可，即任意对调电动机定子绕组 3 根相线中的两根电源线，就可使电动机反转。

设转子的转速（即电动机转速）为 n，若 n 上升到同步转速（即旋转磁场转速）n_0，则转子与旋转磁场之间没有相对运动，转子导体中也就没有感应电动势产生，当然也就没有转子电流，可见 $n<n_0$。由于电动机转速 n 与旋转磁场转速 n_0 不同步，所以这种电动机称为异步电动机；又因为转子导体的电流是由旋转磁场感应而来的（转子并不接电源），所以又称为感应电动机。

4．转差率

通常，我们把同步转速 n_0 与转子转速 n 的差值与同步转速 n_0 的比值称为异步电动机的转差率，用 s 表示，即

$$s=\frac{n_0-n}{n_0} \text{或} s=\frac{n_0-n}{n_0}\times 100\% \tag{3-12}$$

转差率 s 是异步电动机的一个基本物理量，它反映异步电动机的各种运行情况。

电动机启动瞬间：$n=0$，$s=1$，转差率最大；空载运行时，转子转速最高，转差率 s 最小；额定负载运行时，转子转速较空载要低，故转差率较空载时大。

一般情况下，额定转差率 $s_N=0.01\sim0.06$，即异步电动机的转速很接近同步转速。

知识链接四　三相异步电动机的使用

一、三相异步电动机的启动、制动和调速

1．三相异步电动机的启动

电动机从接通电源到正常运行的过程叫做启动过程。启动过程所需时间很短，一般在

几秒钟以内。电动机功率越大或负载越重，启动时间越长。生产过程中有些电动机经常需要启动与停车，其启动性能的好坏对生产有较大的影响。

异步电动机的启动性能主要是指启动转矩和启动电流。如前所述，异步电动机的启动转矩一般为额定转矩的1～1.2倍，但是启动电流却很大。这是因为刚接通电源瞬间，旋转磁场的磁力线和转子之间的相对切割速度最高（s=1），转子感应电势和转子电流都很大。根据电磁感应原理，定子电流也将很大，这时的电流称为启动电流（I_s）。异步电动机的启动电流约为额定电流的4～7倍。由于启动过程较短，启动电流对电机本身危害不大，但大的启动电流将导致供电线路的电压在电动机启动瞬间突然降落，以致影响同一线路上的其他电气设备的正常工作，如灯光的明显闪烁等，因而必须设法限制启动电流。

三相异步电动机有如下几种启动方式。

（1）全压启动（直接启动）

电动机用额定电压启动时称为全压启动或直接启动。

直接启动的异步电动机，其容量不应超过动力供电变压器容量的30%；频繁启动的异步电动机，其容量不应超过动力供电变压器的20%；在线路压降允许的前提下，10kW以下的异步电动机可以直接启动。

（2）降压启动

为了减小启动电流，电动机的定子绕组启动时采用降压措施时称为降压启动。一旦电动机到达或接近额定转速时，再改变接法使电动机在额定电压下正常运行。要注意的是异步电动机的转矩与外加电压的平方成正比，因此降压启动法仅适用于空载或轻载启动场所。降压启动分定子串接电阻或电抗降压启动、Y-△降压启动和自耦变压器降压启动。其中常用的方法是Y-△降压启动。

Y-△降压启动的方法：电动机正常工作时定子绕组若是接成△形，启动时可先接成Y形，使定子绕组相电压降低为额定电压的$1/\sqrt{3}$，等转速接近额定值时再换接△形。这种换接启动可采用Y-△启动器来实现。图3-23所示是一种Y-△启动器的接线简图。在启动时将手柄向右旋，使图中右面的动触点与静触点相连，电动机成Y形连接。当电动机接近额定转速时再将手柄向左旋，使图中左面的动触点与静触点相连，电动机成△形连接。

（3）绕线型电动机的启动

绕线型电动机的转子电路如图3-24所示，图中R_p为外接的三相变阻器。启动时若将R_p放在阻值较大的位置，转子电流将减小。根据变压器原理，随着转子电流的减小，定子电流也将减小。

2. 三相异步电动机的制动

三相异步电动机除了运行于电动状态外，还时常运行于制动状态。运行于电动状态时，电磁转矩方向与电动机转子转动方向相同，电动机从电网吸收电能并转换成机械能从轴上输出。运行于制动状态时，电磁转矩方向与转动方向相反，电动机从轴上吸收机械能并转换成电能，该电能或消耗在电机内部，或反馈回电网。

异步电动机制动的目的是使电力拖动系统快速停车或尽快减速，异步电动机制动的方法有能耗制动、反接制动和回馈制动3种。

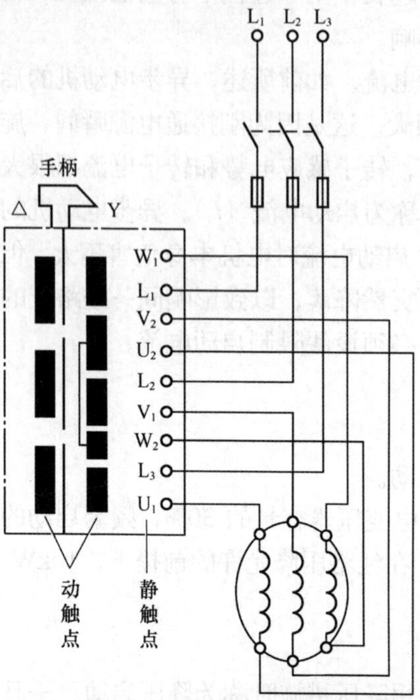

图 3-23 Y-△启动器接线图

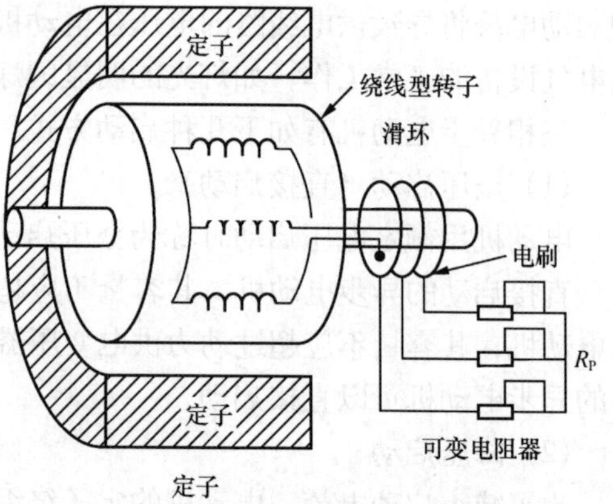

图 3-24 绕线型转子接启动变阻器

（1）能耗制动

异步电动机的能耗制动接线如图 3-25（a）所示。制动时，接触器触点 KM_1 断开，电动机脱离电网，同时触点 KM_2 闭合，在定子绕组通入直流电流，于是定子绕组便产生一个恒定的磁场。转子切割该恒定磁场，转子导体中便产生感应电动势及感应电流。由图 3-25（b）可以判定，转子感应电流与恒定磁场相互作用，产生的电磁转矩方向与电动机转子转动方向相反，起到制动作用。制动期间，转子的动能转变为电能消耗在转子回路的电阻上，故称能耗制动。其特点是制动准确、平稳，但需要额外的直流电源。

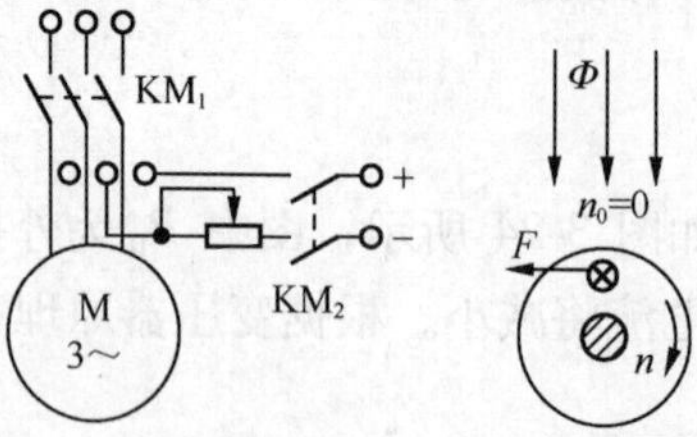

（a）接线图　　（b）制动原理

图 3-25 三相异步电动机的能耗制动

（2）反接制动

当异步电动机转子的旋转方向与定子磁场的旋转方向相反时，电动机便处于反接制动状态。因此，电动机停车时，若将三相电源中的任意两相对调，使电动机产生的旋转磁场改变方向，电磁转矩方向也随之改变，成为制动转矩，电动机就会逐渐停止。

应当注意的是：当电动机转速接近为零时，要及时断开电源防止电动机反转。反接制动的特点是简单、制动效果好，但由于反接时旋转磁场与转子间的相对运动加快，因而电流较大。对于功率较大的电动机制动时必须在定子电路（鼠笼型）或转子电路（绕线型）中接入电阻，用以限制电流。

（3）回馈制动

若异步电动机在电动状态运行时，由于某种原因，使电动机的转速超过了同步转速（转向不变），这时电动机便处于回馈制动状态。

当转子转速大于旋转磁场的转速时，有电能从电动机的定子返回给电源，实际上这时电动机已经转入发电机运行，因此，这种制动称为发电反馈制动。

3. 三相异步电动机的调速

所谓调速是指负载不变时人为地改变电动机的转速。根据式（3-12）可得

$$n=(1-s)n_0=(1-s)\frac{60f_1}{p} \tag{3-13}$$

可以看出，异步电动机可通过改变电源频率 f_1 或极对数 p 实现转速的改变。在绕线型电动机中也可以用改变转子电路电阻的方法调速。

（1）变极调速

异步电动机的三相绕组，若按特定的安排就可以通过改变定子绕组的接法而改变极对数 p，从而达到调速的目的。这种方法称为变极调速，这种电动机称为多速电动机。然而这种调速是步级式的，不能平滑调速，且只适用于笼型电动机。

（2）变频调速

变频就是改变异步电动机供电电源的频率。图 3-26 所示为变频调速器的方框图。可控整流器先将 50Hz 的交流电变换成电压可调的直流电，再由逆变器将直流电变成频率可调的三相交流电，从而实现三相异步电动机的无极调速。

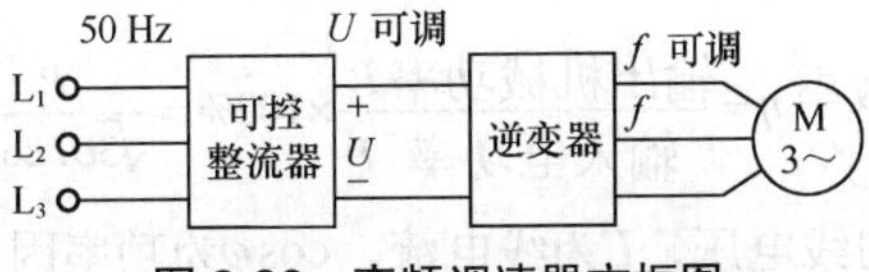

图 3-26 变频调速器方框图

（3）变转差率调速

异步电动机的变转差率调速，包括绕线转子异步电动机的转子串接电阻调速、串级调速和异步电动机的定子调压调速等。其中转子串接电阻调速方法简单、易于实现，但调速是有级的，不平滑；串级调速具有高效率、无极平滑调速等优点，但是设备复杂；调压调速主要用于风机类负载的场合，或高转差率的电动机上，同时应采用速度负反馈的闭环控制系统。

二、三相异步电动机的额定数据

电动机的额定值是制造厂对电动机在运行时所规定的电压、电流、功率、转速等数值。电动机在额定条件下的运行称为额定运行或满载运行。

异步电动机的主要额定值如下。

1. 额定电压

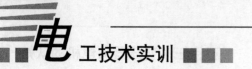

额定电压是指定子绕组上应施加的线电压。功率在3kW以下的异步电动机通常有380V和220V两种额定电压，写成380/220V，相应的接法也有两种，即Y/△。当电源线电压为380V时，定子绕组应接成Y形；当电源线电压为220V时，定子绕组应接成△形。电动机功率在3kW以上时，额定电压一般规定为380V，定子绕组工作时接成△形。

2. 额定电流

电动机额定运行时定子绕组的线电流称为额定电流。若定子绕组有Y形和△形两种接法时，相应的有两种额定电流数值。

3. 额定功率

电动机在额定电压下运行，当电流达到额定值时，轴上输出的机械功率即为额定功率。

4. 额定转速

电动机在额定运行时的转速称为额定转速，单位为转/分（r/min）。

5. 额定转矩

额定转矩是电动机在额定运行时的转矩。若已知额定功率 P_N 和额定转速 n_N，则额定转矩 T_N 可用下式求得，即

$$T_N = 9550\frac{P_{2N}}{n_N} \tag{3-14}$$

式中，P_{2N} 的单位为kW，n_N 的单位为r/min，T_N 的单位为N · m。

6. 额定功率因数

额定功率因数指的是额定运行时定子绕组每相电路的功率因数。异步电动机空载时的电流主要用于产生磁场，所以功率因数很低，约为0.2，满载时功率因数为0.7～0.9。

7. 额定效率

额定效率就是满载时的效率。电动机的效率等于输出机械功率与输入电功率的比值，即

$$\text{效率}\ \eta = \frac{\text{输出机械功率}\ P_2}{\text{输入电功率}\ P_1} \times 100\% = \frac{P_2}{\sqrt{3}UI\cos\varphi} \tag{3-15}$$

式中，U 为定子绕组的线电压，I 为线电流，$\cos\varphi$ 为功率因数。

电动机空载时效率甚低，满载时或接近满载时效率最高，一般为75%～92%。

除了上述的额定值外，还有额定频率、温升等参数。各额定值之间的关系是：当电动机在额定电压下输出额定功率时，电动机的转速、电流、效率、功率、功率因数等同时达到额定值。如为连续工作制的电动机，连续运转的最后温度不超过额定温升。

从产品目录中查得的一台异步电动机的额定数据见表3-2。

表3-2　异步电动机额定参数

型号	额定功率（kW）	额定电压（V）	满载时				启动电流/额定电流	启动转矩/额定转矩	最大转矩/额定转矩
			电流（A）	转速（r/min）	功率（kW）	功率因数			
Y180M-4	18.5	380	35.9	1470	91	0.86	7.0	2.0	2.2

第二部分 技能实训

技能实训一 变压器空载、短路及负载实验

1. 实训目的

(1) 通过空载和短路实验确定变压器参数。

(2) 通过负载实验测定变压器的运行特性。

2. 实训器材

(1) 电工常用工具 1 套。

(2) 变压器、调压器各 1 台。

(3) 万用表、功率因数表各 1 块。

3. 任务要求

变压器的运行特性有外特性和效率特性，可以用直接负载法测定，也可以用间接法即空载、短路实验来间接求取。由于变压器的效率很高，工程上常采用间接法。

(1) 空载实验

空载实验的接线图如图 3-27 所示。由于空载时变压器的功率因数很低，一般在 0.2 以下，应选用低功率因数功率表来测量功率，以减小测量误差。又因为变压器空载阻抗很大，故电压表接在电流表的外侧，以免因电压表分流引起误差。

为保护仪表，将调压器 T 输出调至起始位置时合上开关 Q，调节电压至 $1.2U_N$，然后逐次降压，在 $(1.2\sim0.5)U_N$ 范围内，每次测量 U_o、I_o 和 P_o，共读取 6～7 组数据（包括 $U_o=U_N$ 点），记录于表 3-3 中。

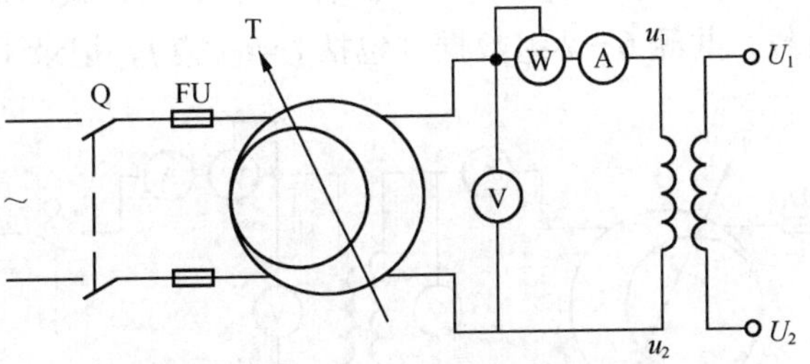

图 3-27 变压器空载实验线路图

表 3-3 空载实验测量值

序 号	U_o (V)	I_o (A)	P_o (W)
实训操作人		时间	

(2) 短路实验

短路实验的接线图如图 3-28 所示。由于短路阻抗很小，故电流表应接在电压表的外侧，

以免因电流表的内阻压降引起误差。短路时功率因数较高，故不必采用低功率因数功率表。

通电前，必须将调压器 T 调至输出电压为零的起始位置。然后合上开关 Q，调节输出电压，使短路电流升至 $1.2I_N$，随后逐步降压，在（1.2～0.5）I_N 范围内，测量 U_S、I_S 和 P_S，共测取 4～5 组数据（包括 $I_S=I_N$ 点），并测量周围的环境温度，记录于表 3-4 中。

注意实验的时间不宜过长，以免变压器的绕组发热引起电阻增大。

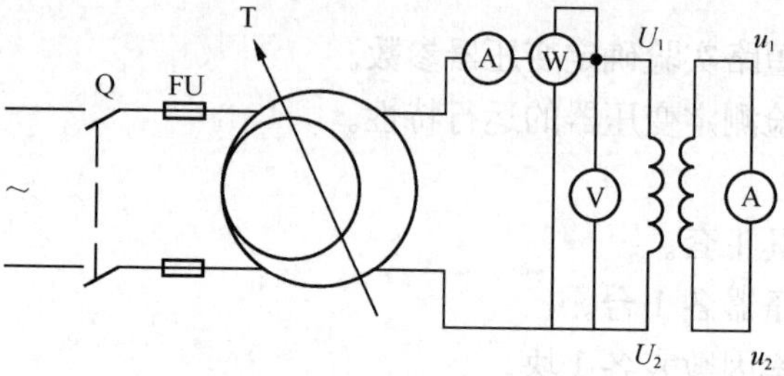

图 3-28　变压器短路实验线路图

表 3-4　　短路实验测量值　　θ=______℃

序　号	I_S(A)	U_S(V)	P_S(W)
实训操作人		时间	

（3）负载实验

负载实验的接线图如图 3-29 所示。将调压器 T 置于起始位置，并且将负载电阻置于最大位置。合上开关 Q_1，调节调压器使 $U_1=U_{1N}$。合上开关 Q_2，减小负载电阻，增大负载电流，从空载到额定负载，共测 6～7 组数据（包括 $I_2=I_{2N}$ 点），记录于表 3-5 中。

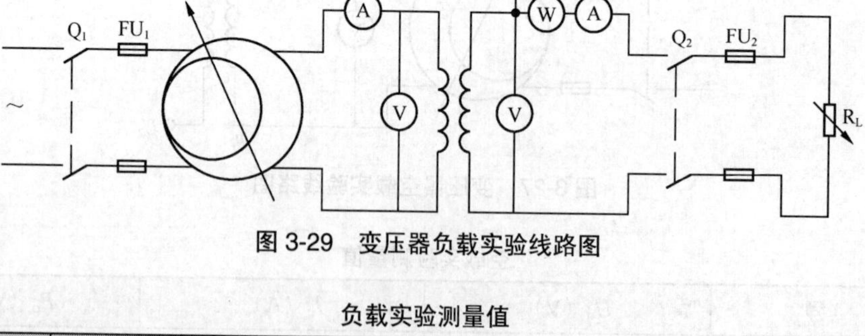

图 3-29　变压器负载实验线路图

表 3-5　　负载实验测量值

序　号	U_2（V）	I_2（A）	P_1（W）	P_2（W）	$\cos\varphi_2$
实训操作人			时间		

4. 问题思考

(1) 变压器空载实验一般在哪侧进行？为什么？

(2) 变压器短路实验一般在哪侧进行？为什么？

(3) 根据负载实验数据，试分析受试变压器的外特性和效率特性。

(4) 分别用直接法和间接法求受试变压器的电压变化率ΔU和效率η，并比较结果。

技能实训二 单相变压器的极性测定

1. 实训目的

(1) 熟悉变压器的极性定义及判别方法。

(2) 掌握用实验的方法测定单相变压器的极性。

2. 实训器材

(1) 电工常用工具1套。

(2) 单相变压器1台、导线若干。

(3) 电流表、电压表各1块。

3. 任务要求

对于已制成的变压器，如果引出线上没有标明极性，并且由于经过浸漆或其他工艺处理，从外表面无法辨认绕组的绕向，就要用实验的方法测定绕组的同极性端。

要求分别用直流法和交流法测定变压器的极性。

(1) 直流法

测定变压器极性的直流法如图 3-30 (a) 所示。将一个绕组通过开关 S 接到直流电源上，另一绕组两端接电流表。如果在接通开关 S 瞬间电流表的指针正向偏转，则 1 和 3 是同极性端；如果电流表的指针反向偏转，则 1 和 3 是异极性端。

(2) 交流法

测定变压器极性的交流法如图 3-30 (b) 所示。将两个绕组的任意两端（如 2 端和 4 端）连接在一起（串联），在其中一个绕组的两端（如 1 端和 2 端）加一比较低且便于测量的交流电压。用交流电压表测 1 端、2 端电压 U_{12}，3 端、4 端电压 U_{34}，以及 1、3 端电压 U_{13}。如果 U_{13} 等于 U_{12} 与 U_{34} 之差（$U_{13}=U_{12}-U_{34}$），则 U_{12} 与 U_{34} 是同相的，说明 1 和 3 是同极性端，2 和 4 也是同极性端。反之，如果 U_{13} 等于 U_{12} 与 U_{34} 之和（$U_{13}=U_{12}+U_{34}$），则 1 和 4 是同极性端，2 和 3 也是同极性端。

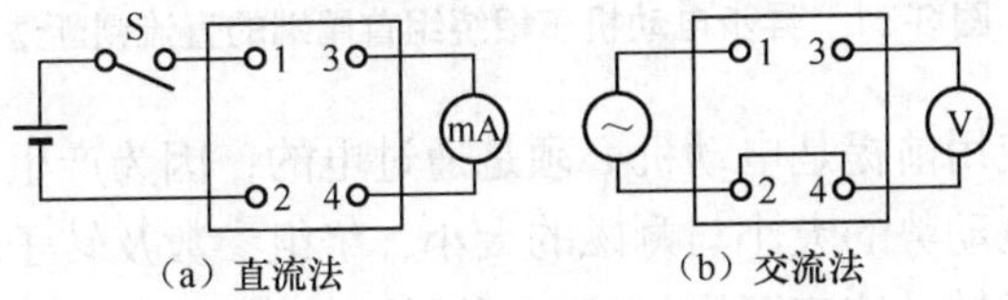

图 3-30 单相变压器极性测定接线图

4. 问题思考

(1) 试分析直流法测定单相变压器极性的原理。

(2) 试分析交流法测定单相变压器极性的原理。

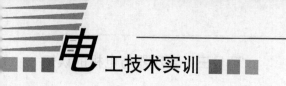

(3) 总结测定单相变压器极性的方法，并对两种实验结果进行比较。

技能实训三　三相异步电动机定子绕组首尾端的判断

1. 实训目的

(1) 熟悉三相异步电动机定子绕组首尾端的判断方法。

(2) 通过实训掌握三相异步电动机的工作原理。

2. 实训器材

(1) 电工常用工具1套。

(2) 万用表1块。

(3) 三相交流异步电动机1台。

(4) 调压器1台。

(5) 导线若干。

3. 任务要求

当三相交流异步电动机定子绕组的6个出线端不清楚时，必须正确判断才能接线，如果把3个定子绕组的首尾端接错了，则会发生电动机损坏的事故。因此，学会三相异步电动机定子绕组首尾端的判断方法十分必要。

要求分别用直流法和交流法判断电动机定子绕组的首尾端。

(1) 直流法

① 首先用万用表电阻挡找出同一绕组的两端，并贴上标号。

② 将三相绕组各取一端相连，另一端也连接起来，再将万用表的微安挡（或较小的电流挡）跨接在绕组的两端，如图3-31所示。

③ 用手转动电动机的转轴，若指针以高频小幅度摆动，则说明各相绕组的首端连在一起，尾端连在一起。若指针低频大幅度摆动，则说明其中一相绕组首尾接反。调换其中的一相接线再试，直至指针摆动幅度很小为止。

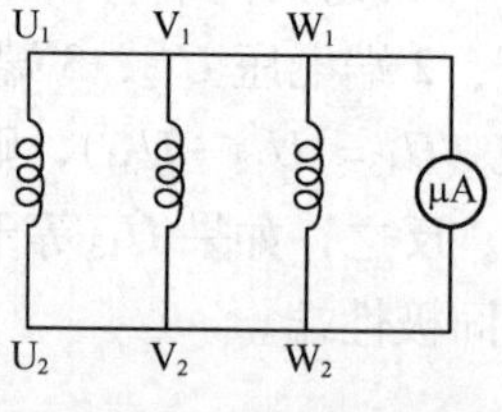

图3-31　异步电动机三相绕组首尾端的直流判断法

注意：此方法的使用前提是电动机必须是通过电的，因为产生感应电动势必须是转子中有剩磁，而且感应电动势的大小与剩磁的大小、绕组参数及转子转动快慢等因素有关，因此，在测量时，转子转动速度要均匀，不要过快，一般控制在120r/min。

(2) 交流法

① 首先用万用表电阻挡找出同一绕组的两端，并贴上标号。

② 将三相绕组接成星形，其中任意一相接上调压器提供的低压36V交流电，其余两相绕组的引出线接入万用表的10V 交流挡，如图3-32（a）所示，观察万用表有无读数。

③ 改换另外一相接 36V 交流电，如图 3-32（b）所示，观察万用表有无读数。

④ 如两次万用表均无读数，表明首尾连接正确；若两次万用表均有读数，表明两次都未接电源的那一相绕组首尾端颠倒了；若只一次有读数，另一次无读数，则表明无读数那一次接电源相的绕组首尾端颠倒了。

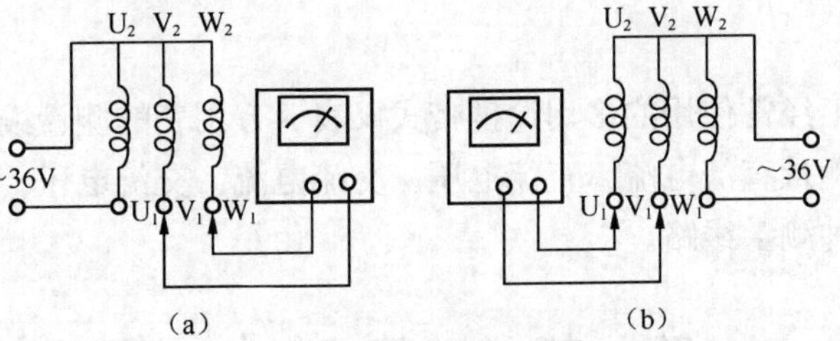

图 3-32 异步电动机三相绕组首尾端的交流判断法

4. 问题思考

(1) 试分析直流法判断三相异步电动机定子绕组首尾端的原理。

(2) 试分析交流法判断三相异步电动机定子绕组首尾端的原理。

(3) 试用其他方法判断三相异步电动机定子绕组首尾端。

项目四 MF-50D 型万用表设计与组装

万用表是电工经常使用的多用途携带式仪表。万用表的测量线路比较简单，可利用转换开关构成测量直流电流、直流电压、交流电流、交流电压、电阻、晶体三极管的放大倍数等多种测量线路。

第一部分 基础知识

知识链接一 万用表电路设计

MF-50D 型万用表实物如图 4-1 所示。

图 4-1 MF-50D 型万用表

一、MF-50D 型万用表概述

万用表主要由表头（测量机构）、测量电路和转换开关 3 部分组成。电路组成方框如图 4-2 所示。

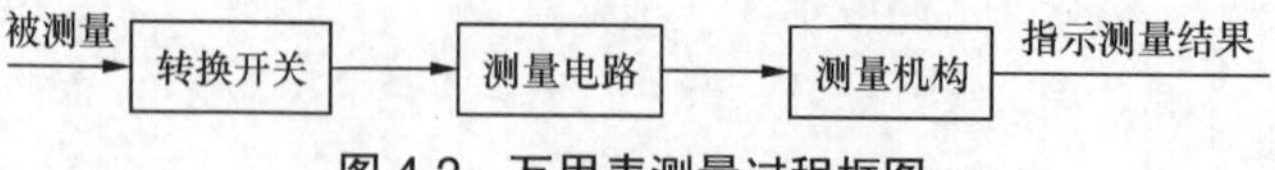

图 4-2 万用表测量过程框图

1. 表头电路

万用表表头为磁电式直流微安表，它是万用表的核心，万用表的很多重要性能，如灵敏度、准确度等级、阻尼及指针回零等大都取决于表头的性能。其结构如图 4-3 所示。

表头的基本参数包括表头内阻、灵敏度和直线性。在设计万用表前必须先知表头内阻和灵敏度。表头的灵敏度是以满刻度时的测量电流来衡量的，此电流又称满偏电流，表头的满偏电流越小，灵敏度就越高。一般万用表表头的灵敏度大多在 10～100μA 范围内。

MF-50D 型万用表表头的灵敏度是 64μA，表头回路电压降为 0.75V。

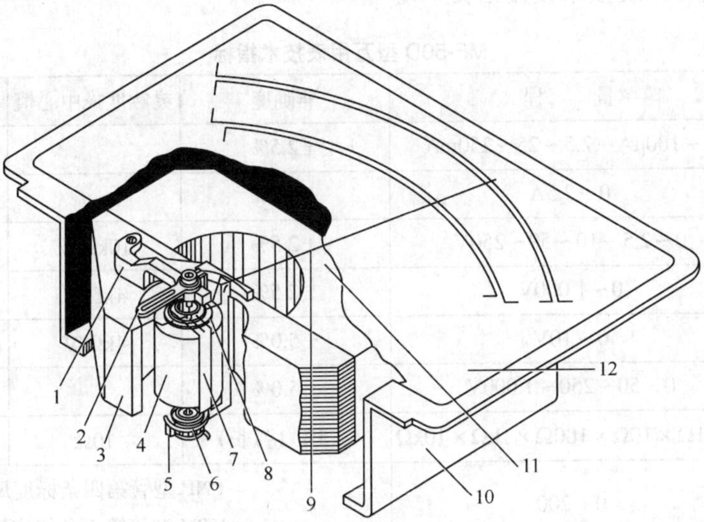

长方形表头各部分结构

1—蝴蝶形支架；2—上调零杆；3—极掌；4—圆柱形软铁；5—下调零杆；6—下游丝；7—动圈；8—上游丝；9—刀形指针；10—表托；11—磁钢；12—表盘

图 4-3 表头结构

2. 转换开关

转换开关可以用来选择所需的测量项目和同一项目中的不同量程。

转换开关由多个固定接触点和活动接触点组成，当固定接触点与活动接触点接触时，就可以接通电路。活动接触点称“刀”，固定接触点称“掷”，选择刀的位置就可以使某些活动触点与固定接点接触，从而达到选择不同量程的目的。MF-50D 型万用表转换开关如图 4-4 所示。

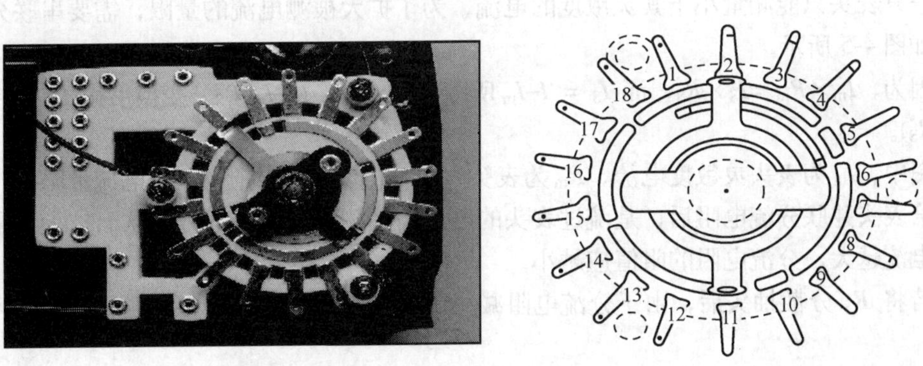

图 4-4 转换开关

选用转换开关要求：触点接触紧密、“刀”定位正确，导电良好，旋动时轻松且具弹力，定位时能听到“嗒”声，不会出现左右摇晃，旋转时不会停在二挡之间。多挡式开关可使项目和量限的选择一次完成。

3. 技术参数

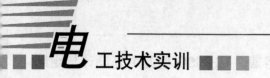

MF-50D 型万用表技术参数见表 4-1。

表 4-1　　MF-50D 型万用表技术指标

功　能	量　　程	准确度	灵敏度或中心值	标度尺
直流电流	0～100μA～2.5～25～250mA	±2.5%		第二条标度尺
	0～2.5A	±5.0%		
直流电压	0～2.5～10～50～250V	±2.5%	10kΩ/V	第二条标度尺
	0～1 000V	±2.5%	4kΩ/V	
交流电压	0～10V	±5.0%	4kΩ/V	第三条标度尺
	0～50～250～1 000V	±5.0%		第二条标度尺
电阻	Ω×1Ω×10Ω×100Ω×1kΩ×10kΩ	±2.5%（弧长）	10Ω	第一条标度尺
h_{FE}	0～200	PNP 型管第四条标度尺 NPN 型管第五条标度尺		
L_i	0～145 mA（Ω×1）　0～14.5 mA（Ω×10） 0～1.45 mA（Ω×100）　0～145 μ（Ω×1k）			第六条标度尺
L_v	1.5～0V（Ω×1 Ω×10 Ω×100 Ω×1k）			第七条
dB	−10～+22～+36～+50～+62 dB			第八条
C	0～0.03～0.1～0.5μF			
L	2～200～2 000H			

二、直流电流挡测量电路原理分析

1. 设计原理

一只表头只能测量小于其灵敏度的电流，为了扩大被测电流的量限，需要串联分流电阻，如图 4-5 所示。

因为，$I_m \times R_m = I_S \times R_S$，而 $I_S = I - I_m$ 所以，$I_m \times R_m = (I - I_m)R_S$，变换后得 $I \times R_S = I_m \times (R_m + R_S)$。

图中，I_m 为表头灵敏度电流，R_m 为表头内阻，R_S 为分流电阻，I 为电流量限。

给表头并联分流电阻后，是流过表头的电流为被测电流的一部分，从而扩大了量限。被测电流越大，分流电阻的阻值应越小。

若将 R_S 分散抽头后，由于分流电阻减小，表头内阻增加，量限即被扩大，如图 4-6 所示。

因为，$I \times R_S = I_m \times (R_m + R_S - R_{S1})$，所以，$(I_1 - I_m) \times R_{S1} = I_m \times (R_m + R_S - R_{S1})$

$$I_1 \times R_{S1} = I_m \times (R_m + R_S) = C。$$

上式说明，电流量限和分流电阻乘积是个常数，数值等于 $I_m \times (R_m + R_S)$，称为测量直流电流的最大电压降。

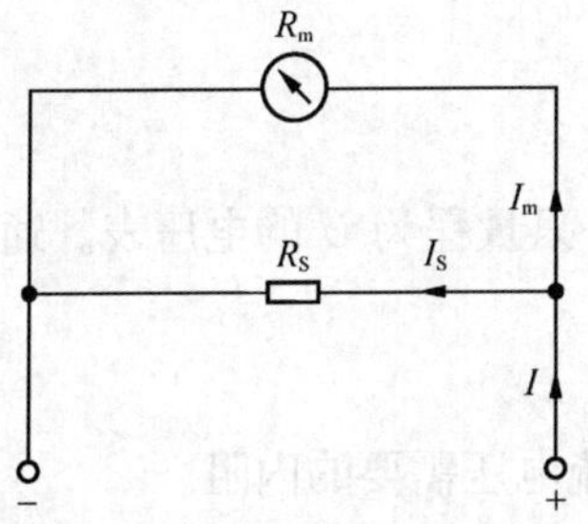

图 4-5 串联分流电阻测试电路图

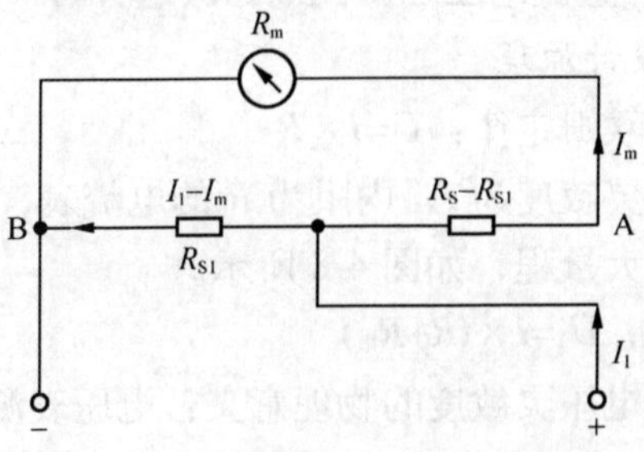

图 4-6 并联分流电阻测试电路图

2. 直流电流挡电路设计方法

(1) 首先计算出分流总电阻 $R_S=\dfrac{R'_m\times I'_m}{18\mu A}=8.3k\Omega$。

(2) 计算直流电流的电压降 $I_m\times(R_m+R_S)$。

(3) 计算各量限的分流电阻 R_n=直流电流电压降/I_n。

(4) 计算等效后的内阻和电流灵敏度 $U_M=I_M\times R_M=64\mu A\times 2.344k\Omega\approx 0.15V$，则通过 R_8、R_9、R_{10} 支路的电流为：$0.15/18.75k\Omega=8\mu A$。

R'_m：$R'_m=18.75//2.344k\Omega=2.08k\Omega$。

I'_m：$I'_m=64\mu A+8\mu A=72\mu A$。

3. 应用举例

第一步，直流电流挡测试电路如图 4-7 所示。

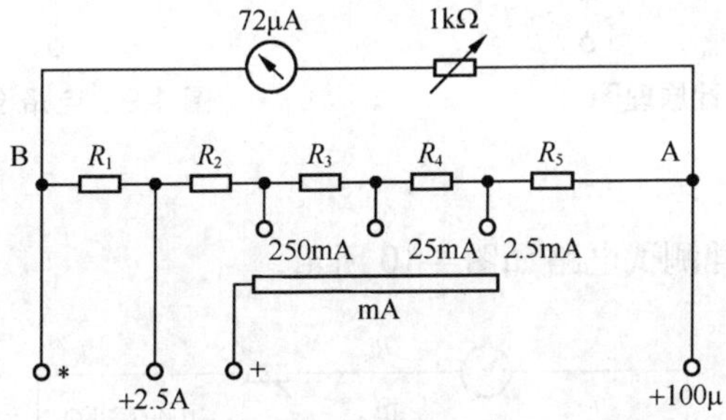

图 4-7 MF-50D 型万用表直流电流挡测试电路

第二步，因为，$R_S=\dfrac{R'_m\times I'_m}{18\mu A}=8.3k\Omega$，所以，直流电流的电压降=$I'_m$（$R_S+R'_m$）= 72×10^{-6}（8.3+2.08）$\times10^3\approx0.75V$。

第三步，各量程电阻参数计算如下：

R_1（2.5A）= 0.75V/2.5A =0.3Ω

R_2（250mA）= 0.75V/250mA−（0.3）=2.7Ω

R_3（25mA）= 0.75V/25mA−（0.3+2.7）=27Ω

R_4（2.5mA）= 0.75V/2.5mA−（0.3+ 2.7+ 27）=270Ω

R_5（100μA）= 0.75V/0.1mA−（0.3+ 2.7+ 27+270）= 7 200Ω

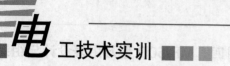

三、直流电压挡测试电路原理分析

1. 设计原理

根据欧姆定律：$U=I\times R$

一只灵敏度为 I，内阻为 R 的电流表，本身就是一只量程为 U 的电压表。通过串接电阻可以扩大量程，如图 4-8 所示。

此时，$U_1=I\times(R+R_{串})$

直流电压灵敏度的物理意义：电压表测量每伏直流电压需要的内阻。

直流电压灵敏度=电流表灵敏度的倒数

直流电压灵敏度越高，测量直流电压分去的电流（接入点电流）越少，测量结果越准确。

2. 直流电压各挡电路设计方法

（1）首先决定接入点（如图 4-9 所示）。

（2）计算直流电压灵敏度=1/I 极限。

（3）计算各量限串联电阻。

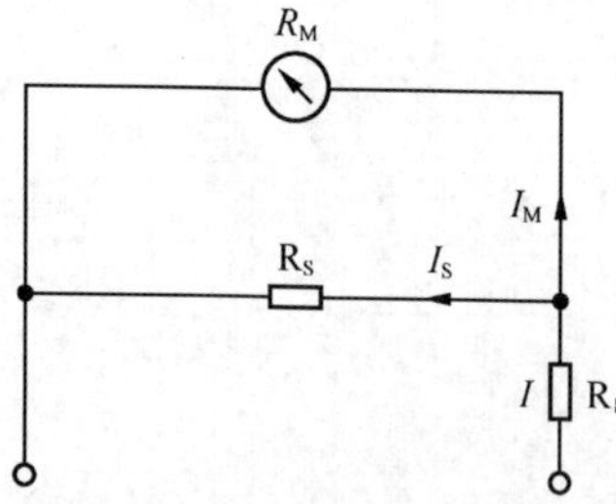

图 4-8　电路设计原理图

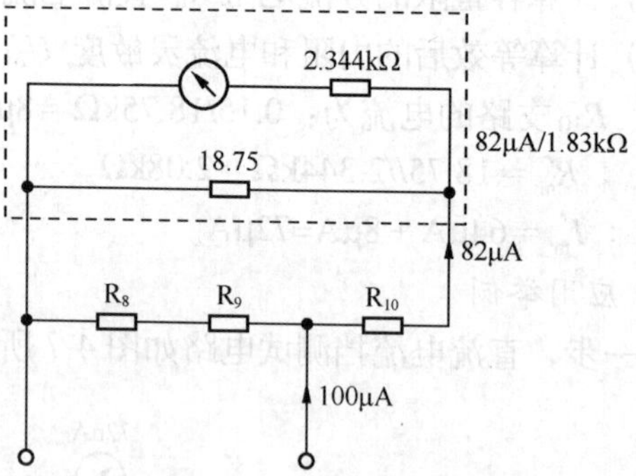

图 4-9　电路设计方法

3. 应用举例

第一步，直流电压挡测试电路如图 4-10 所示。

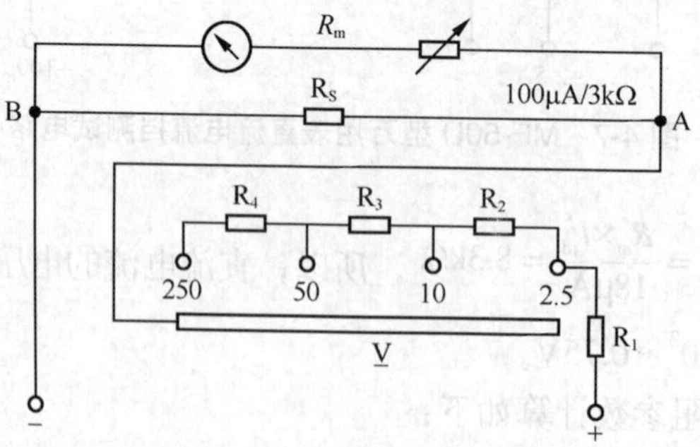

图 4-10　MF-50D 型万用表直流电压挡测试电路

第二步，若接入点为 100μA 处。

直流电压灵敏度=$I''_m=\dfrac{1}{10k\Omega/V}=100\mu A$

各挡串联电阻表头与第一支路并联电阻 R_S =8.3//2.344kΩ=1.83kΩ

电压挡表头等效电阻 R''_m = ((8.3//2.344)+1.9) //16.85=3kΩ

第三步，各量程电阻参数计算如下：

R_1（2.5V）= 2.5V × 10kΩ/V−3kΩ =22kΩ

R_2（10V）= 10V × 10kΩ/V−(22+3)=75kΩ

R_3（50V）= 50V × 10kΩ/V−(22+3+75)=400kΩ

R_4（250V）= 250V × 10kΩ/V−(22+3+75+400)=2MΩ

为了兼顾交流电压测量电路，直流 1 000V 测量电路与交流电压挡共用，因此忽略表头等效电阻时，R_5（1 000V）：接入点电流为 I=1 000V/4MΩ=250μA（4MΩ电阻为交流电压挡分压电阻），根据直流电流测量原理

$$R_5=0.75V/250μA-(0.3+2.7+27+270)=2.7kΩ$$

电阻挡电池最高电压为 12V（9V、1.5V 串联），故电流最大值为 I=12V/100kΩ(10k 挡中心值)=120μA。

$$R_6=0.75V/120μA-(0.3+2.7+27+270+2.7)=3.3kΩ$$

电阻挡电池最低电压为 9V（9V、1.5V 串联），故电流最大值为 I=9V/100kΩ(10k 挡中心值)=90μA。

$$R_7=0.75V/90μA-(0.3+2.7+27+270+2.7+3.3)=2kΩ$$

四、交流电压挡测量电路原理分析

1. 设计原理

万用表交流电压挡多采用半波串并联式整流电路，正半周电流通过表头，负半周电流不通过表头，如图 4-11 所示。

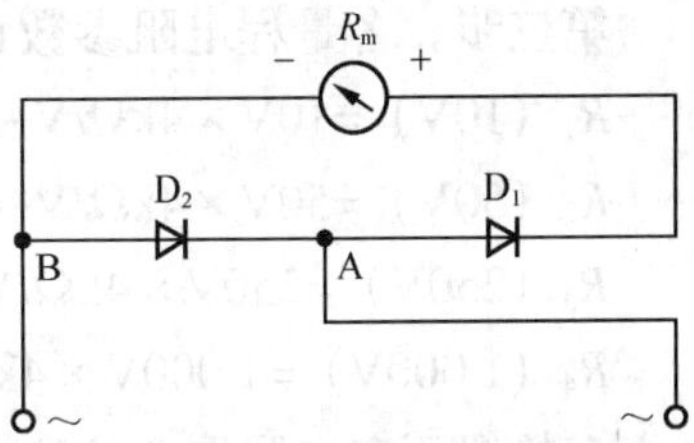

图 4-11 电路设计原理

整流后的电流是平均值，而电表的刻度是有效值，因此计算交流电路时应考虑电路的工作效率。

$$K_0=P\times\eta\times K$$

式中，P——整流系数，全波为 1，半波为 0.5；

η——整流效率，一般为 96%～98%；

K——系数，正弦交流电平均值与有效值比为 0.9。

对于半波整流电路

$$K_0=P\times\eta\times K=0.5\times98\%\times0.9\approx0.44$$

2. 交流电压挡电路设计方法

(1) 计算整流电路效率。

(2) 计算交流电压灵敏度=直流电压灵敏度 × K_0。

(3) 计算各挡串联电阻。

3. 应用举例

第一步，交流电压挡测试电路如图 4-12 所示。

第二步，因为交流电压灵敏度=10kΩ/V × 0.45=4.5kΩ/V，交流电流灵敏度=1/4kΩ=250μA，$K_0=0.5\times98\%\times0.9\approx0.44$

整流后的直流电流= 250μA × 0.45 =112.5μA

接入点电流为 112.5μA 时的分流电阻，如图 4-13 所示。

由 82μA（R_9+R_{10}+1.83kΩ）=30.5μA × R_8

即 82μA（1.87kΩ +1.9kΩ + 1.83kΩ）= 30.5μA × R_8，取 R_8=15kΩ，

表头等效电阻：

$$R_{AC}= R_8 // (R_9+R_{10}+1.83k\Omega) =4.08k\Omega$$

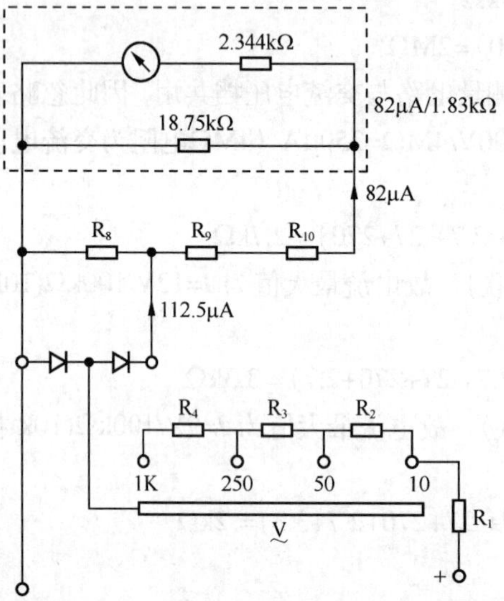

图 4-12　MF-50D 型万用表交流电压挡测试电路

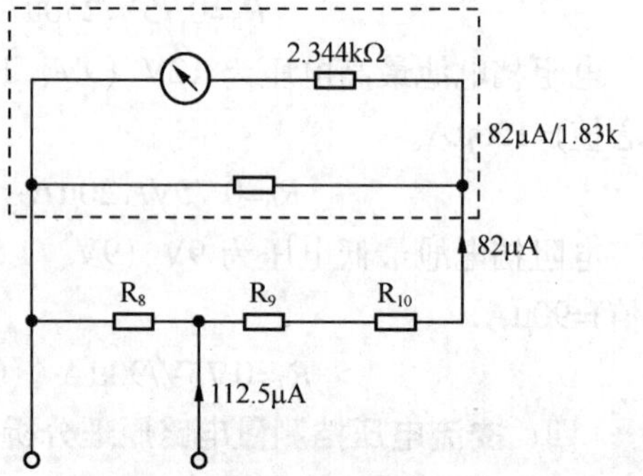

图 4-13　整流电路

第三步，各量程电阻参数计算如下：

R_1（10V）=10V × 4kΩ/V−R_{AC}−R_D=40kΩ−4.08kΩ−2.1kΩ = 33.82kΩ

R_2（50V）=50V × 4kΩ/V−40kΩ =160kΩ

R_3（250V）=250V × 4kΩ/V−40kΩ−160kΩ =800kΩ

R_4（1 000V）=1 000V × 4kΩ/V−40kΩ−160kΩ−800kΩ=3 000kΩ=3MΩ

二极管正向电阻取 2.1kΩ。

五、电阻挡电路原理分析

1. 设计原理

在电压不变的情况下，若回路电阻增加一倍，则电流减为一半。根据此原理可制作欧姆表。

若将欧姆表输入端短路，如图 4-14 所示。调节限流电阻使表针满标度，则满标电流为

$$I=E/R_Z,\quad R_Z=r+R_d+R_m \times R_S/ (R_m+R_S)$$

若去掉短路线，在输入端接上被测电阻 R_X，如图 4-15 所示。则电流下降为 I'，此时，$I'= E/ (R_Z+R_X)$

当 R_X=0 时，$I'=I$（短路调零）

$R_X= R_Z$时，$I'=(1/2) I$（中心位置）

$R_X= 2R_Z$时，$I'=(1/3) I$

$R_X=\infty$时，$I'=0$（开路状态）

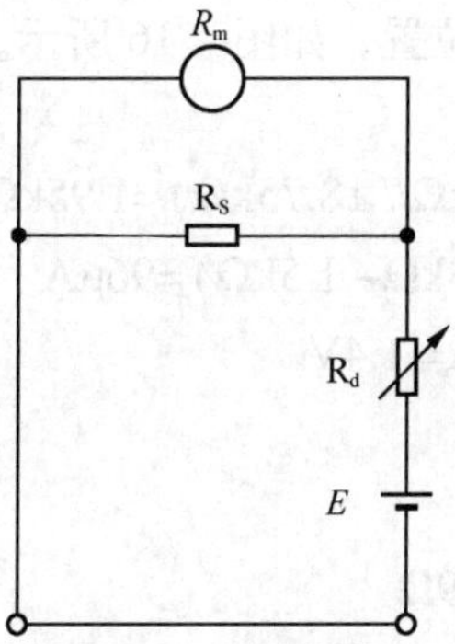

图 4-14　调零原理

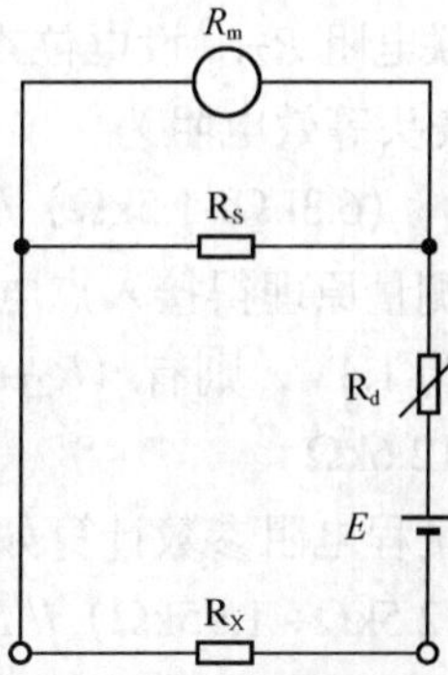

图 4-15　电阻测量原理

2. 电阻挡电路设计方法

(1) 欧姆表为不等分的倒标刻度。

(2) 当被测电阻等于欧姆表综合内阻时（R_X=R_Z），指针指在表盘的中心位置，此时，R_Z 的数值称为中心阻值。欧姆表某挡的中心阻值就是它的综合内阻值。MF-50D 型万用表的表盘中心标度为 10Ω，即是 R×1 挡的中心阻值。

(3) 其余各挡的中心阻值=表盘中心标度值×该挡的倍率

① R×1k 挡：综合电阻（中心阻值）为 10 000Ω，中心标度值为 10Ω、倍率为 R×1k

② R×100 挡：综合电阻（中心阻值）为 1 000Ω，中心标度值为 10Ω、倍率为 R×100

③ R×10 挡：综合电阻（中心阻值）为 100Ω，中心标度值为 10Ω、倍率为 R×10

④ R×1 挡：综合电阻（中心阻值）为 10Ω，中心标度值为 10Ω、倍率为 R×1

欧姆表的表盘中心标度值是一个重要的参数，其大小不仅与电流表的灵敏度有关，还与所用电池有关，计算时以 1.4V 为标准，一节电池内阻平均以 1Ω计算。

3. 应用举例

第一步，直流电阻挡测试电路如图 4-16 所示。

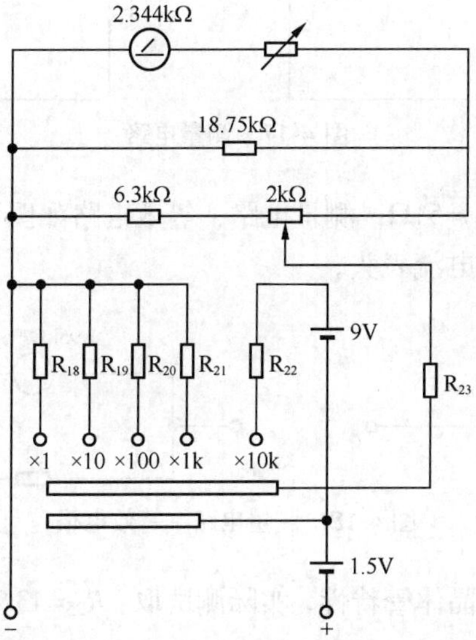

图 4-16　MF-50D 型万用表欧姆挡测试电路

第二步，串联电阻 R_{23}。设电位器 R_7 的中心抽头位置，如图 4-16 所示。左边取 1.5kΩ，右边取 0.5kΩ，表头等效电阻为

$$(6.3\text{k}\Omega+1.5\text{k}\Omega) // (0.5\text{k}\Omega+2.344\text{k}\Omega // 18.75\text{k}\Omega)=1.95\text{k}\Omega$$

由直流电流测量原理得接入点电流为 0.75V/（6.3kΩ+ 1.5kΩ）=96μA

设电源电压为 1.4V，则有（R_{23}+ 1.95kΩ）× 96μA= 1.4V

解之得 R_{23}=12.6kΩ。

第三步，各量程电阻参数计算如下：

R × 1 挡：（12.5kΩ+ 1.95kΩ）// $R_{18}-r$=10Ω，R_{18}=9Ω

R × 10 挡：（12.5kΩ+ 1.95kΩ）// R_{19}=100Ω，R_{19}=100Ω

R × 100 挡：（12.5kΩ+ 1.95kΩ）// R_{20}=1kΩ，R_{20}=1.07kΩ

R × 1k 挡：（12.5kΩ+ 1.95kΩ）// R_{21}=10kΩ，R_{21}=32.5kΩ

R × 10k 挡：（12.5kΩ+ 1.95kΩ）//R_{22}=100kΩ，R_{22}=88.5kΩ

六、h_{FE} 测量电路原理分析

1. 设计原理

MF-50D 型万用表对三极管 h_{FE} 的测量除利用了三极管基本放大电路外，基本原理同电阻的测量相同。

由于 MF-50D 型万用表在面板上将 e、b、c 三个插孔排在一条线上，在实际使用中，当三极管的引脚排列顺序与之不相同时，测量三极管的 h_{FE} 就显得不太方便。

2. 应用举例

第一步，测量电路如图 4-17 所示。

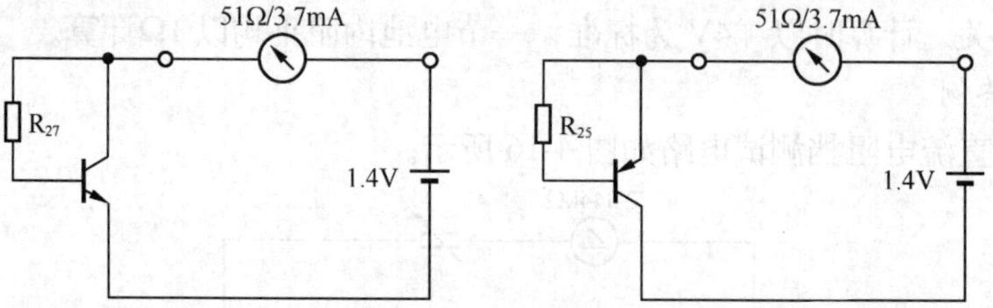

图 4-17 测量电路

第二步，取并联电阻 R_{27}=51Ω，测量电路、等效电路如图 4-18 所示，最终等效为一只电流 3.7mA、内阻为 51Ω的电流表头。

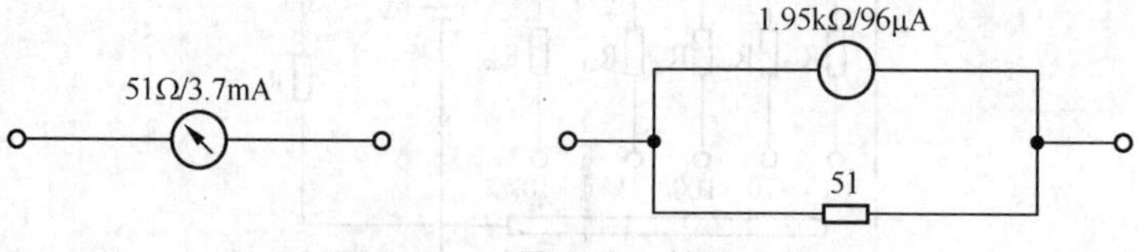

图 4-18 测量电路、等效电路

根据近似理论计算以及晶体管特性，实际测试取：R_{25}=43.2kΩ，R_{27}=20.5kΩ，如图 4-19 所示。

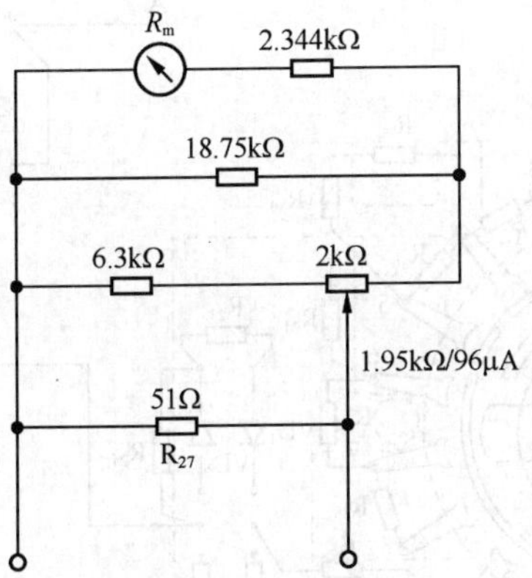

图 4-19 测量电路

将以上各测量电路结合在一起，即是 MF-50D 型万用表的整机电原理图。

七、MF-50D 型万用表整机电路、装配电路图

整机原理电路如图 4-20 所示。图中的 R_{17}（51Ω）、R_{25}（43.2kΩ）和 R_{27}（20.5kΩ）为测量三极管放大倍数及判定管脚所用，表头的两个二极管的作用是保护表头的，电容 C 的作用是用来滤去交流成分同时且有缓冲指针偏转速度的作用。装配电路如图 4-21 和图 4-22 所示。

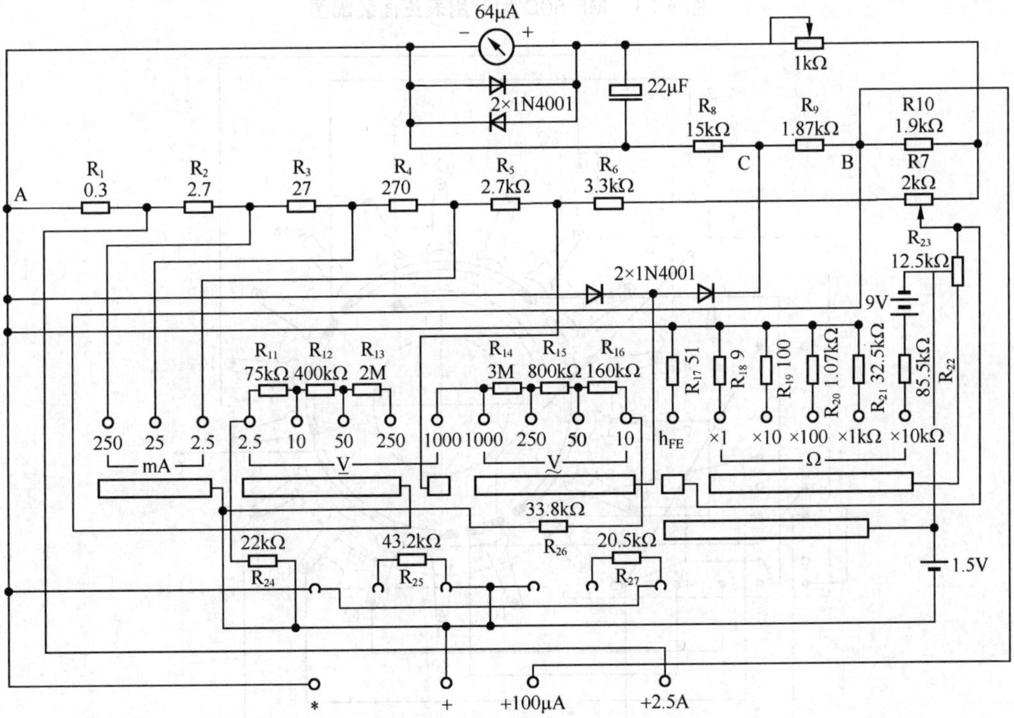

图 4-20 MF-50D 型万用表的整机图

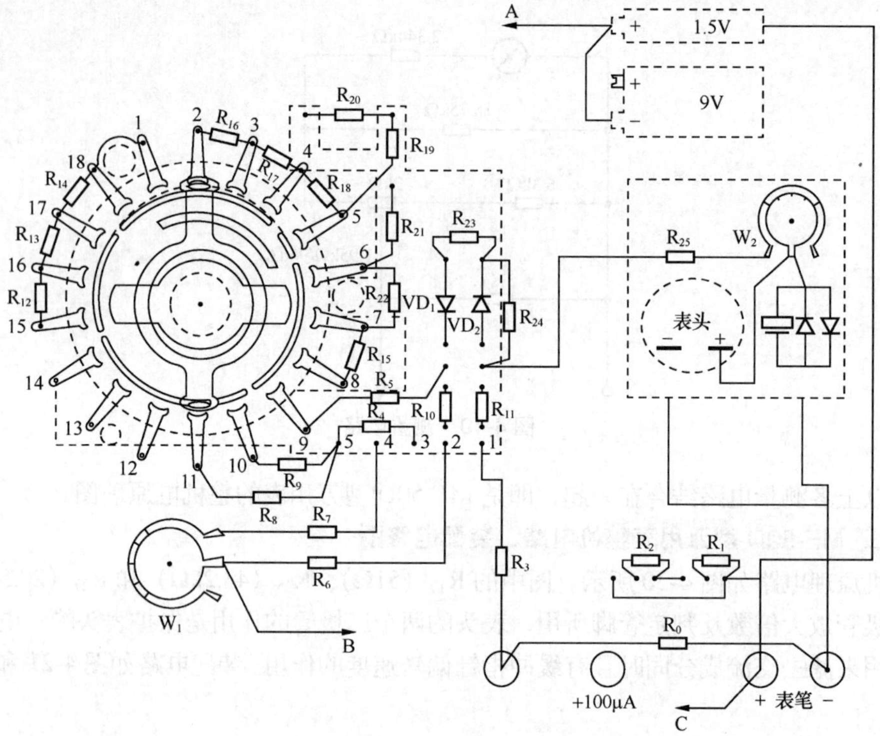

图 4-21　MF-50D 型万用表正面装配图

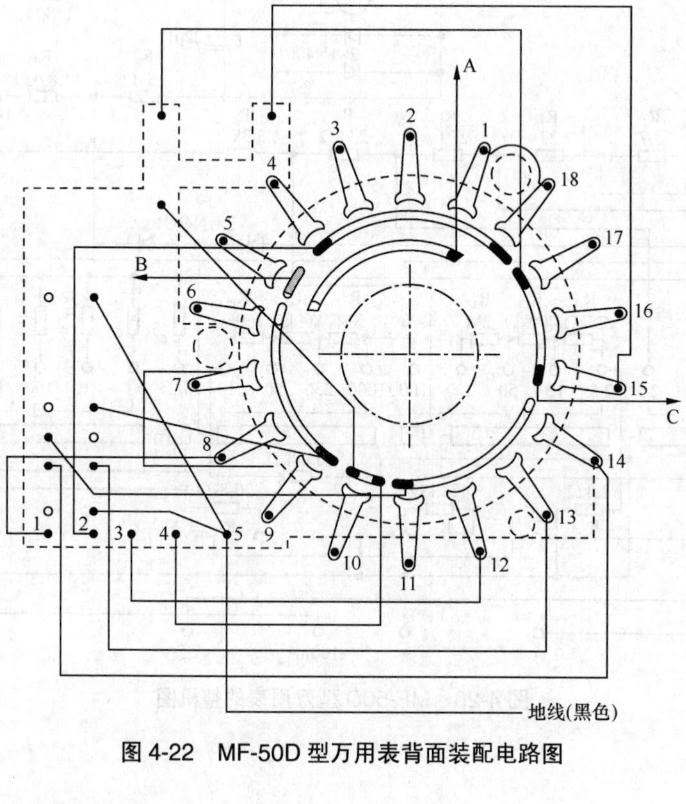

图 4-22　MF-50D 型万用表背面装配电路图

知识链接二 电阻、电容、二极管的识别与检测

一、色环电阻的识读与检测

色环标示主要应用圆柱形的电阻器上，如碳膜电阻、金属膜电阻、金属氧化膜电阻、保险丝电阻、绕线电阻。一般当电阻的表面不足以用数字表示时，就会用色环标示法来表示电阻的阻值、误差，如图 4-23 所示。

色环标注是在电阻体上用四道色环或者五道色环来表示电阻标称阻值，可以从任意角度一次性地读取代表电阻值的颜色信息。色环电阻器的单位一律为Ω。

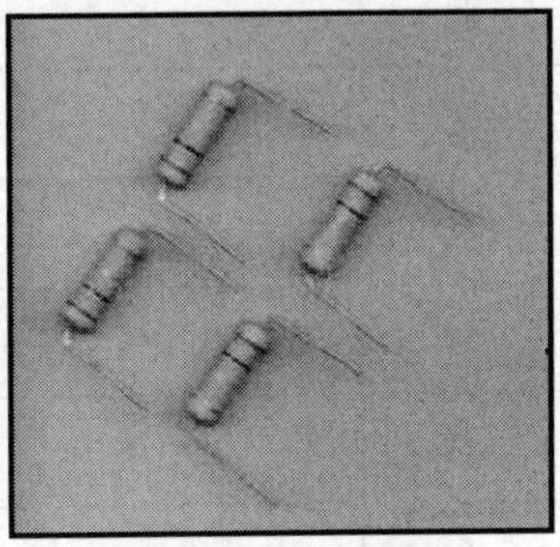

图 4-23 插件电阻

1. 识读电阻

(1) 识别顺序

色环电阻是应用于各种电子设备的最多的电阻类型，无论怎样安装，维修者都能方便地读出其阻值，便于检测和更换。但在实践中发现，有些色环电阻的排列顺序不甚分明，往往容易读错，在识别时，可运用如下技巧加以判断。

① 先找标志误差的色环，从而排定色环顺序。最常用的表示电阻误差的颜色是：金、银、棕，尤其是金环和银环，一般不会用做电阻色环的第一环，所以在电阻上只要有金环和银环，就可以基本认定这是色环电阻的最末一环。

② 棕色环是否是误差标志的判别。棕色环既常用做误差环，又常作为有效数字环，且常常在第一环和最末一环中同时出现，使人很难识别谁是第一环。在实践中，可以按照色环之间的间隔加以判别。比如，对于一个五道色环的电阻而言，第五环和第四环之间的间隔比第一环和第二环之间的间隔要宽一些，据此可判定色环的排列顺序。

③ 在仅靠色环间距还无法判定色环顺序的情况下，还可以利用电阻的生产序列值来加以判别。如有一个电阻的色环读序是棕、黑、黑、黄、棕，其值为 100×10 000=1MΩ，误差为 1%，属于正常的电阻系列值，若是反顺序读棕、黄、黑、黑、棕，其值为 140×100Ω=14kΩ，误差为 1%。显然按照后一种排序所读出的电阻值，在电阻的生产系列中是没有的，故后一种色环顺序是不对的。

(2) 识别大小

色环电阻用色环来表示电阻的阻值和误差，普通的为四色环，高精密的用五色环表示，另外还有六色环表示的（此种产品只用于高科技产品且价格十分昂贵）。表 4-2 所示为色环电阻对照关系表，其识别方法如下。

表 4-2 色环电阻对照关系表

颜色	数值	倍乘数	误差（%）	温度关系/（×10/℃）
棕	1	10^1	±1	100
红	2	10^2	±2	50
橙	3	10^3	—	15

续表

颜色	数值	倍乘数	误差（%）	温度关系/（×10/℃）
黄	4	10^4	—	25
绿	5	10^5	±0.5	
蓝	6	10^6	±0.25	10
紫	7	10^7	±0.1	5
灰	8	10^8	±0.05	
白	9	10^9	—	1
黑	0	10^0	—	—
金	—	10^{-1}	±5	—
银	—	10^{-2}	±10	
无色			±20	

① 四色环电阻的识读

第一色环表示有效数字，代表十位数。

第二色环表示有效数字，代表个位数。

第三色环表示倍乘，代表 0 的个数。

第四色环表示误差率。

举例： 棕 红 红 金

其阻值为 12×102=1.2kΩ，误差为±5%。

② 五色环电阻的识读

第一色环表示有效数字，代表百位数。

第二色环表示有效数字，代表十位数。

第三色环表示有效数字，代表个位数。

第四色环表示倍乘，代表 0 的个数。

第五色环表示误差率。

举例：红 红 黑 棕 棕

其阻值为 220×10^1=2.2kΩ，误差为±1%。

2. 检测电阻的方法

(1) 识读标称阻值

根据电阻器上的色环标识或文字标识，读出该电阻器的标称阻值。图 4-24 所示为待测普通电阻器。

① 识读色标：红 黄 棕 金

② 识读标称阻值大小

$$24 \times 10^2=2\ 400\Omega=2.4k\Omega$$

③ 识读误差：±5%

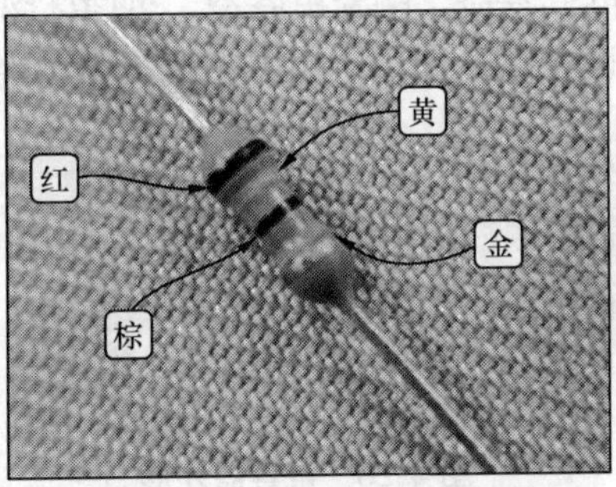

图 4-24 为待测普通电阻器

(2) 数字万用表检测电阻操作演示

具体操作如图 4-25 所示。

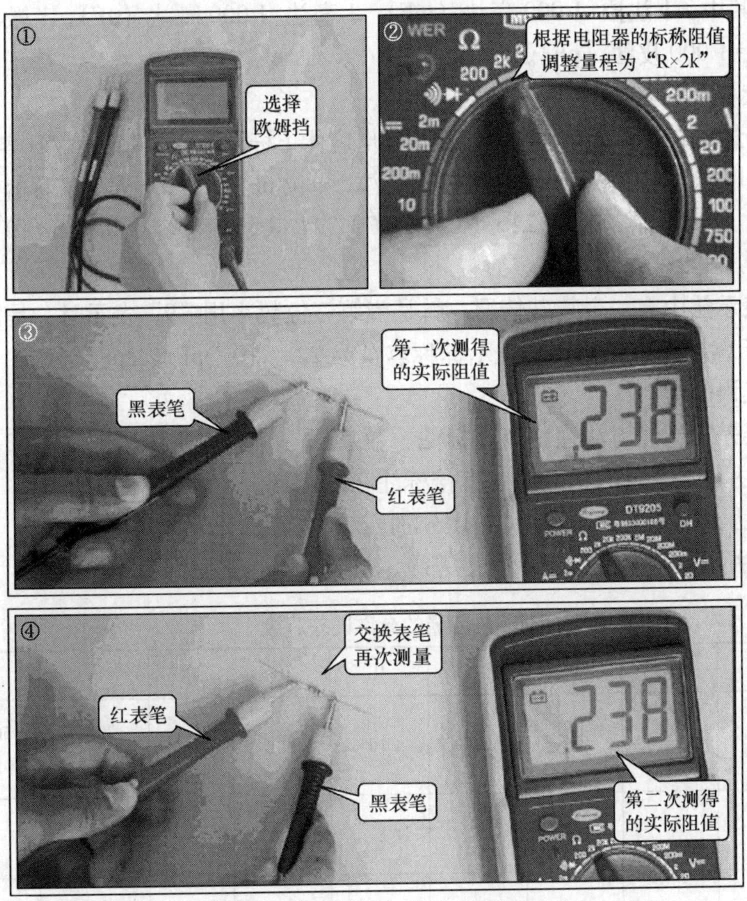

图 4-25 数字万用表检测电阻方法

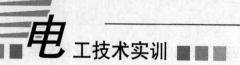

二、电容器的识读与检测

电容器包括固定电容器和可变电容器两大类，如图 4-26 所示。其中固定电容器又可根据所使用的介质材料分为云母电容器、陶瓷电容器、纸/塑料薄膜电容器、电解电容器和玻璃釉电容器等；可变电容器也可以是玻璃、空气或陶瓷介质结构。

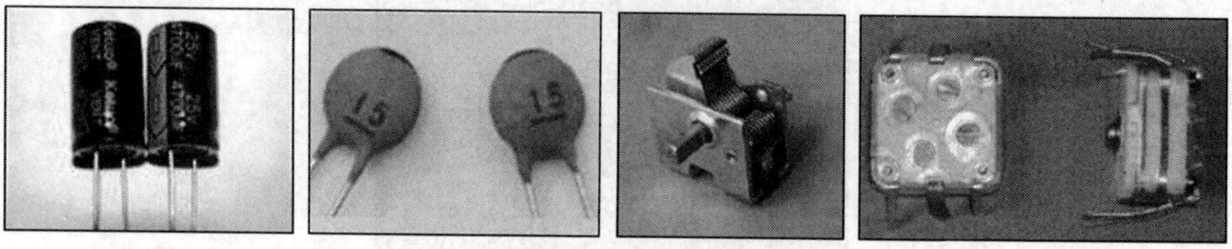

图 4-26　电容器外形

1. 识读电容

电容的识别方法与电阻的识别方法基本相同，有直标法、色环标注法和数字标注法 3 种。电容的基本单位用法拉（F）表示，其他单位还有：毫法（mF）、微法（μF）、纳法（nF）、皮法（pF）。其中：1 法拉=1 000 毫法（mF），1 毫法=1 000 微法（μF），1 微法=1 000 纳法（nF），1 纳法=1 000 皮法（pF）。

（1）识读标称容量

通常，容量大的电容其标称容量值直接在电容体上标注，如 10μF/16V；容量小的电容其标称容量值在电容上用色标法标注或数字法标注，单位 pF。如：102 表示标称容量为 10×10^2=1 000pF；221 表示标称容量为 22×10^1=220pF；224 表示标称容量为 22×10^4= 220 000pF=220nF=0.22μF。

在数字表示法中有一个特殊情况，就是当第三位数字用“9”表示时，是用有效数字乘上 10^{-1} 来表示容量大小。如 229 表示标称容量为 $22\times(10^{-1})$pF=2.2pF。

（2）识读误差

电容器误差的标注方法通常有直标法、数字法、字母法 3 种。

① 直标法：将容量的允许误差直接标注在电容器上。

② 数字法：用罗马数字 I、II、III 分别表示±5%、±10%、±20%。

③ 字母法：用英文字母表示误差等级，见表 4-3。

表 4-3　电容器的允许误差等级

级别		01	02	I	II	III		IV	V	VI
误差等级		±1%	±2%	±5%	±10%	±20%		+20%～-30%	+50%～-20%	+100%～-10%
字母表示	D	F	G	J	K	M	N	P	S	Z
误差等级	±0.5%	±1%	±2%	±5%	±10%	±20%	±30%	±100%～0%	±50%～20%	±80%～20%

例如，一瓷片电容标注为 104J，表示标称容量为 0.1μF、误差为±5%。

(3) 识读额定耐压

电容器的额定耐压通常有直标法、色标法两种，直接标注在电容体上。

① 直标法：一般直接在电容器上。常用固定电容器的额定耐压系列，见表 4-4。

表 4-4 常用固定电容器的额定耐压系列

固定式电容器的耐压系列值	6.3	10	16	25	50	63	100	400	500	1 000	2 500

② 色标法：一般在电解电容上靠近正极引出线的根部标出，表 4-5。

表 4-5 颜色与耐压的对应值

颜色	黑	棕	红	橙	黄	绿	蓝	紫	灰
耐压	4V	6.3V	10V	16V	25V	32V	40V	50V	63V

2. 检测电容器

(1) 用万用表检测电容器质量，最好选用 R×100 或 R×1k 挡。

(2) 电容器放电方法。用一支表笔的金属部分同时碰接电容器的正、负极。

(3) 电解电容的检测方法。用万用表欧姆挡选择合适的量程检测。

① 容量的估测

用万用表欧姆挡测量电容，电容器有充、放电现象即正常，否则电容器内电解液干涸，失去电容量。

② 漏电流的检测

将万用表黑表笔接电容器“+”极，红表笔接电容器“−”极，观察万用表指针向右摆动后慢慢退回并停留在某一位置，停留处的电阻值越大，电容器漏电流越小。

③ 电解电容极性的判断

将万用表的黑表笔接假设的电容器“+”极，红表笔接“−”极。观察表针向右摆动的幅度。将电容器放电后，交换万用表表笔再次测量。比较两次测量中，哪一次指针停留的幅度小，则这时的电容器的正、负极假设是正确的。

三、二极管识读与检测

二极管种类有很多，按照所用的半导体材料，可分为锗二极管（Ge 管）和硅二极管（Si 管）。根据其不同用途，可分为检波二极管、整流二极管、稳压二极管、开关二极管、隔离二极管、肖特基二极管、发光二极管、硅功率开关二极管、旋转二极管等。按照管芯结构，又可分为点接触型二极管、面接触型二极管及平面型二极管，如图 4-27 所示。

1. 识读二极管

小功率二极管的 N 极（负极），在二极管外表大多采用一种色圈标出来，有些二极管也用二极管专用符号来表示 P 极（正极）或 N 极（负极），也有采用符号标志为“P”、“N”来确定二极管极性的。如图 4-28 所示。

二极管的型号命名由 5 个部分组成，如图 4-29 所示。

【举例】2AP9：锗材料 NPN 型普通二极管，产品序号 9。

2CZ81：硅材料 NPN 型整流二极管，产品序号 81。

2CW56：硅材料 NPN 型稳压二极管，产品序号 56。

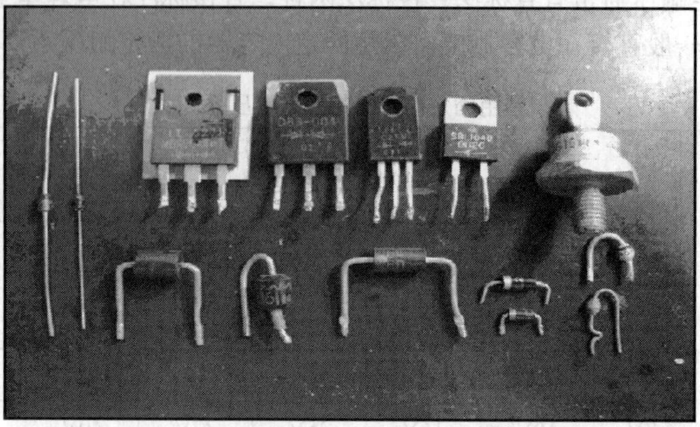

图 4-27　二极管外形

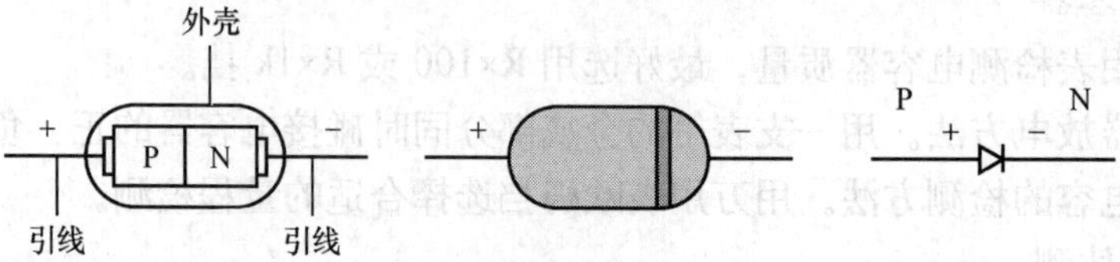

图 4-28　二极管结构、符号

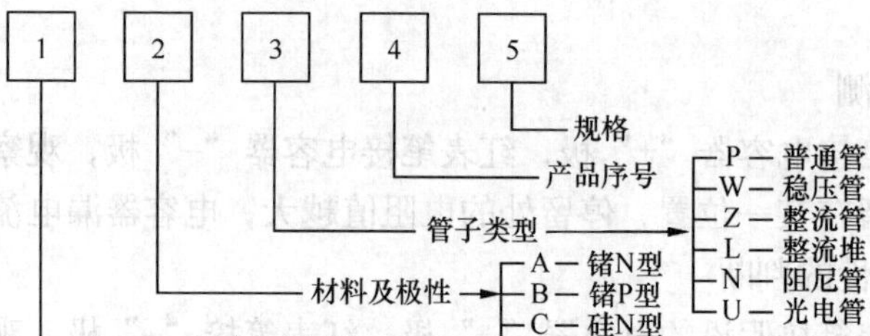

图 4-29　二极管命名规则

2. 检测二极管

使用万用表测试二极管性能的好坏。测试前先把万用表的转换开关拨到欧姆挡的 R×10 挡位（注意不要使用 R×1 挡，以免电流过大烧坏二极管），再将红、黑两根表笔短路，进行欧姆调零。

（1）正向电阻测试

把万用表的黑表笔（表内正极）搭触二极管的正极，红表笔（表内负极）搭触二极管的负极。若表针不摆到 0 值而是停在标度盘的中间，这时的阻值就是二极管的正向电阻，一般正向电阻越小越好。若正向电阻为 0 值，说明管芯短路损坏，若正向电阻接近无穷大值，说明管芯断路。短路和断路的管子都不能使用。

（2）反向电阻测试

把万用表的红表笔搭触二极管的正极，黑表笔搭触二极管的负极，若表针指在无穷大值或接近无穷大值，二极管就是合格的。

第二部分 技能实训

技能实训一 万用表电路识图

1. 实训目的

(1) 能读懂整机电路图。

(2) 能分析各单元测试电路中工作电流的流动路径。

(3) 能看懂装配电路图。

2. 实训器材

(1) 万用表套件。

(2) 万用表整机电路原理图。

(3) 万用表装配电路图。

3. 任务要求

(1) 识读万用表整机电路原理图

① 看懂整机电路原理图，画出其结构组成框图。

② 从整机电路原理图中分解出并画出各单元测试电路原理图。

③ 分析并写出各单元测试电路工作电流的流动路径。

(2) 识读万用表装配电路图

① 知道定子绝缘定片上18个"位"在万用表整机电路原理图中的对应位置。

② 标出装配图中的A、B、C三根线在整机电路原理图中分别连接的单元电路。

③ 在装配图中找到并着色标出：直流电流测试电路的分流电阻；直流电压/交流电压测试电路的串联电阻，它们的公共电阻；电阻挡测试电路量程电阻。

4. 问题思考

(1) D_1、D_2的作用是什么，若二极管方向焊接反了，表头指针会怎样偏转？

(2) R_6（12.5kΩ）、R_{19}（22kΩ）、R_{20}（33.8kΩ）开路时对电路有什么影响？

(3) 简述D_3、D_4的作用及工作原理。

(4) 电容的作用是什么？

技能实训二 万用表检测电阻、电容、二极管

1. 实训目的

(1) 认识电阻、电容、二极管，能读出型号参数。

(2) 会用万用表检测电阻、电容、二极管，判断质量好坏。

2. 实训器材

(1) 500型万用表。

(2) MF-50D型万用表套件。

3. 任务要求

(1) MF-50D 型万用表套件中元器件的检测。要求设计表格，记录检测数据。

① 读识电阻、电容、二极管，核查并记录结果。

② 用 500 型万用表测量电阻、电容、二极管，检查其质量好坏，记录结果。

(2) MF-50D 型万用表表头检查。

① 水平方向转动表头，指针应无卡轧现象。停止转动后回到原来的位置。若原来在零位上，基本上应回到零位，偏离勿超过半格。

② 水平方向使指针针尖点头，点头幅度太大表示轴承螺丝太松，一点儿不点头表示轴承螺丝太紧。稍微有些点头表示松紧适度。

③ 将表头竖立、斜立、倒立，看指针是否偏离原来的位置。若偏离一格以上，则平衡性能较差，必须加以调整或更换。

(3) 记录并分析数据，得出结论。

4. 问题思考

(1) 为什么电阻用色环表示阻值？黑、棕、红、绿分别代表的阻值的数字是几？

(2) 若二极管、电解电容体上标志模糊，怎样判断它们的极性？

(3) 电位器的作用是什么？

技能实训三 MF-50D 型万用表组装与调试

1. 实训目的

(1) 通过组装调试万用表，培养学生认识和检测常用电子元器件的能力。

(2) 通过组装调试万用表，培养学生对结构件的拆下装上和焊接的能力。

(3) 通过实物制作进一步加深学生对欧姆定律、分压公式、分流公式、整流电路的理解。

(4) 熟悉万用表的工作原理、结构和使用方法，初步掌握万用表的装配、调试工艺。

2. 实训器材

(1) MF-50D 型万用表套件，其中：电阻____只，电容____只，二极管 4 只，表壳____套。

(2) 装配工具 1 套。

(3) 调试用电阻 4 只：10Ω、100Ω、1kΩ、10kΩ。

(4) 直流稳压电源 1 台，调试仪器 1 套。

(5) 500 型万用表。

(6) 焊锡丝、辅助焊料。

3. 任务要求

(1) 装配原则

① 读懂整机电路原理图、装配图。

② 各元件布局要合理，排列要整齐。电阻、电容、二极管的标识要向外，便于检查与修理。

③ 布线要合理、美观、整齐，长度适中，引线沿底壳尽量走直线，拐直角。不能妨碍其转换开关的转动。

④ 焊点大小要适中、光亮、美观，不允许有毛刺、虚焊、漏焊、连焊。

(2) 万用表的安装步骤与工艺

① 定子绝缘板安装

第一步，电阻预制。如图 4-30 所示，将待焊接在定子绝缘板正面。电阻 R_{12}～R_{18} 按图示方法进行预制。

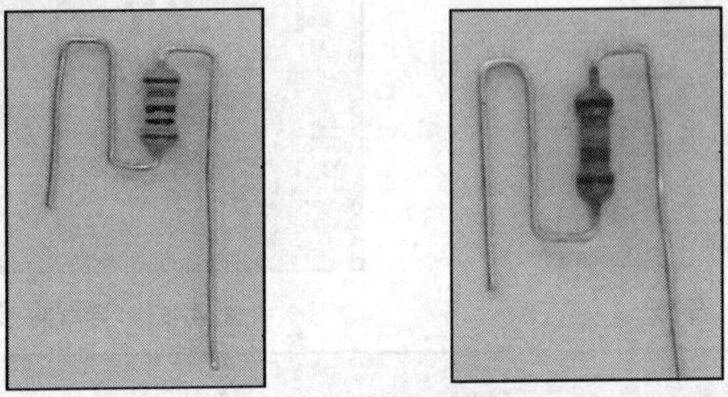

图 4-30 电阻预制

第二步，定子绝缘板正面元件安装。如图 4-31 所示。除已预制电阻外，电阻尽量平卧安装，也可采用挂接安装。

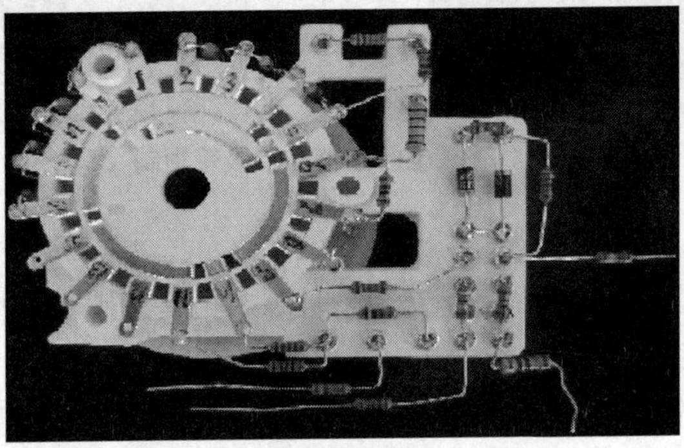

图 4-31 定子绝缘板正面元件安装

- 预制电阻直接在定子绝缘板定片上安装。
- 卧式焊接，按照装配位置，将电阻脚剪断，电阻紧贴底板焊接。
- 电阻挂接，电阻脚不剪断，一端焊接在定子绝缘板上，另一端暂时不焊接。

第三步，绝缘板背面导线焊接。导线的选择要根据图纸所标识的颜色及长短，剥开导线头的长度要适中，一般以 1.5～2mm 为宜。焊点大小要适中、光亮、美观，不允许有毛刺、虚焊、漏焊、碰焊。

- 选择合适的导线，如图 4-32 所示。
- 除总装导线外，其余连接导线均焊接在定子绝缘板的背面，如图 4-33 所示。
- 特殊连接线：将电阻引脚剪断，作为连接线使用，电池正、负引线用红、黑两色。

② 表头电路安装

将万用表外壳上两个晶体管插座的两个电阻与表头上的电阻、二极管、电容焊好。注意插座上脚与表头上的焊接点都要上锡，否则很容易虚焊。

第一步，表头电路中电解电容和二极管预制，如图 4-34 所示。

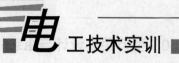

第二步，焊接电容、电池焊片、二极管。

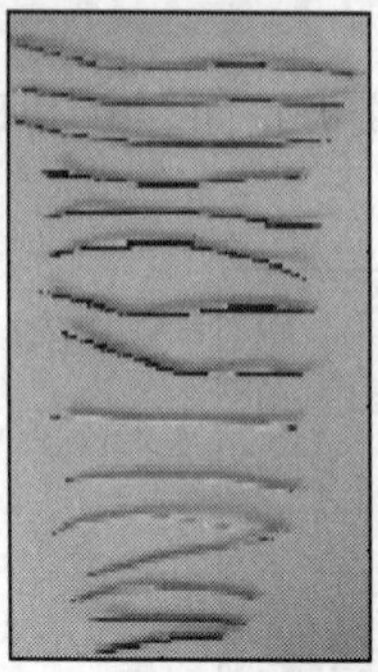

图 4-32　导线

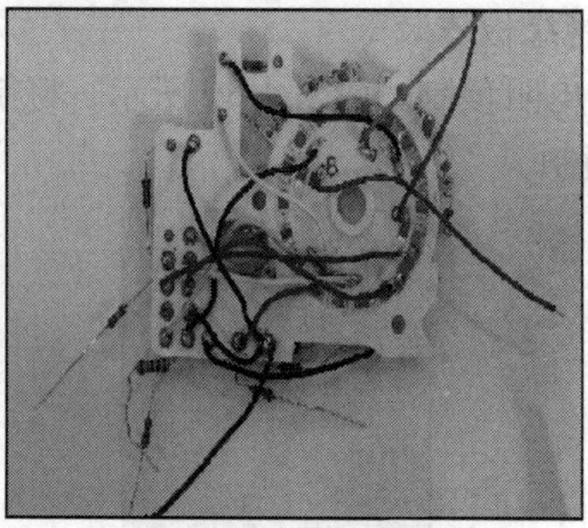

图 4-33　导线焊接

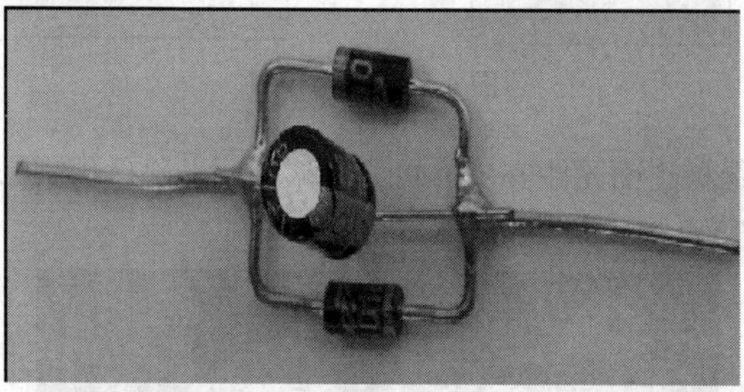

图 4-34　电解电容和二极管预制

③ 总装

第一步，定子安装固定于表内。固定定子时，要把它的圆心对准换挡键的轴心，再将 3 个 2.5mm 定位螺丝旋紧。

第二步，安装换挡键转子。先放一只平垫圈，然后将转子按照原理图的要求位置装好，注意不要安装反，然后上齿轮垫圈，最后将 4mm 螺母旋紧。

第三步，调试、拨动换挡键。检查一下每挡接触是否良好，多旋动几次是否有松动，以免将来多次使用后接触不良。

第四步，辅助件安装。电池盒的导线按图纸要求连接好，布线时要注意布局合理、美观、整齐、导线的长度适中，引线沿底壳尽量走直线拐直角。

④ 电路检查

对照原理图及安装图认真核对检查，在确保正确的情况下进行调试。

（3）调试程序

万用表装好后必须经过调试才能使用。下面介绍直流电流、直流/交流电压挡与欧姆挡的调试方法。

① 直流电流挡调试

直流电流挡调试电路如图 4-35 所示。

首先从最小电流挡校起，先取 100μA 挡，限流电阻一般可取几百欧姆，U 取 3V 左右。调节 R′，使标准表 100μA 挡满度，看被校表是否满度，若偏小或偏大，可调节与表串联的可变电位器使其恰好满度。100μA 挡校正后，其他 2.5mA、25mA、250mA 等挡只要检查一下即可，若指标在误差范围之外的，则要调换对应挡的分配电阻。如 250mA 不准，则要调正 R_2（2.7Ω）电阻。然后检查线性，分别取左（1/3 左右）、中、右（1/3 左右）3 点校正，MF-50D 型电表的直流误差为 2.5%，若在误差外，则说明表头质量有问题。

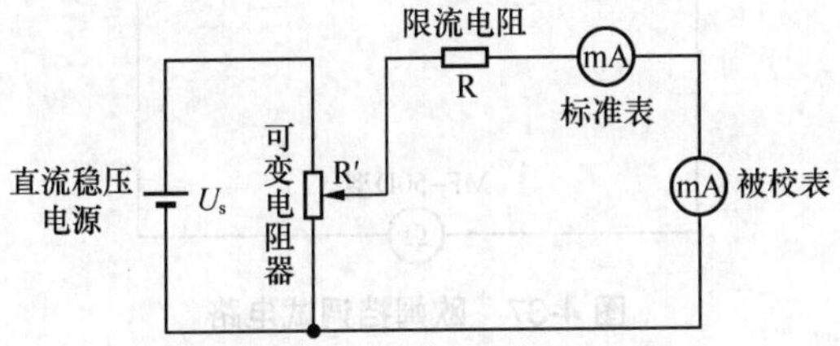

图 4-35　直流电流挡调试电路

② 直流电压挡调试

直流电压挡调试电路如图 4-36 所示。

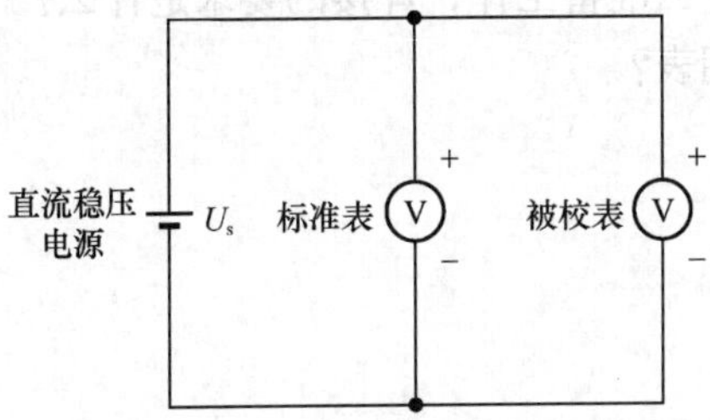

图 4-36　直流电压挡调试电路

直流电压挡调试也是从最低挡开始校起。MF-50D 型电表可先校 2.5V 挡，调节直流稳压电源电压，使标准表 2.5V 挡满度，再看被校表 2.5V 挡是否满度。一般应满度，若不对，且超过误差范围，则要调换 R_{25}（23.75kΩ）电阻使之满度。由于直流电流与直流电压用同一刻度，故电压值线性一般可以不校。再检查一下其他各直流电压挡满度情况即可。

③ 交流电压挡调试

按图 4-36 接线，把直流电源改成交流电源，从最低挡校起，MF-50D 型电表可先调交流 10V 挡。调节交流电源电压，使标准表交流 10V 挡满度。看被校表交流 10V 挡是否满度，若有偏差可初调 R_{26}（3.3kΩ）可变电阻使其满度。再拨到第二挡交流 50V 挡，调节电源电压，看 50V 时是否满度，若不对则调换 R_{13} 电阻使其满度，再返回到 10V，验看 10V 挡是否满度，若产生偏差，再调 3.3kΩ 使其正确。对其他交流电压挡的调试法以此类推。

满度校正后，再对线性进行检查，可采用前面所讲的三点法，若线性不对，则要调换整流二极管。

④ 电阻挡调试

MF-50D 型电表电阻挡调试，要首先从 R×1k 挡开始。首先检查电阻各挡值能否调零，在电池电压额定情况下，若不能调零，不是接线错误，就是调零电位器（2 000Ω）有故障。然后按图 4-37 接线，分别取 R×10、R×100、R×1kΩ 挡标准电阻箱，电阻分别取 100Ω、2kΩ 和 10kΩ，使之恰好为电表的中心值，看被校表的中心值与之是否一致，若不一致，则要调换对应的电阻 R×100 挡为 1.1k、R×10 挡为 100Ω 等。

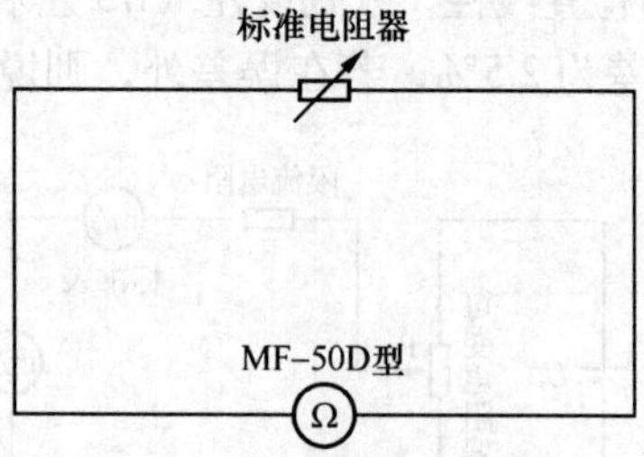

图 4-37 欧姆挡调试电路

（4）经过以上调试，若万用表各挡值在误差范围之内，则说明已调好，可以使用了。

4. 问题思考

（1）如何用万用表本身判别 R_3（27Ω）电阻开路？

（2）元件焊接前要做什么准备工作，焊接的要求是什么？

（3）如何正确使用万用表？

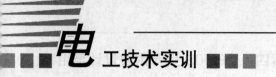

项目五 安全用电与安全供电

不难理解，由于电本身是看不见、摸不着的，从而具有潜在的危险性。但是当掌握了用电的基本规律，懂得了用电的基本常识，按操作规程办事，电就能很好地为我们服务。

第一部分 基础知识

知识链接一 人体触电与救护

一、人体触电及其影响因素

1. 电击和电伤

电流对人体的伤害是多方面的，但根据人体触电的严重程度，大致可以分为电击和电伤两类。电击是指电流通过人体内部器官，使其受到伤害。当电流作用于人体中枢神经，使心脏和呼吸器官的正常功能受到破坏，血液循环减弱，人体发生抽搐、痉挛、失去知觉甚至假死，若救护不及时，则会造成死亡。

电伤是指电流的热效应、化学效应和机械效应对人体外部器官造成的局部伤害，包括电弧引起的灼伤，电流长时间作用于人体，由其化学效应及机械效应在接触电流的皮肤表面形成肿块——电烙印及在电弧的高温作用下熔化的金属渗入人皮肤表层，造成皮肤金属化等。电伤是人体触电事故中危害较轻的一种。

2. 电流对人体的伤害

电流对人体的伤害程度与电流的强弱、流经的途径、电流的频率、触电的持续时间、触电者健康状况及人体的电阻等因素有关，见表5-1。

表5-1 影响人体触电伤害程度的因素

项　目	成年男性	成年女性
感知电流（mA）	1.1	0.7
摆脱电流（mA）	9～16	6～10.5
致命电流（mA）	DC：30～300；AC：30左右	DC：30～200；AC：<30
危及生命的触电持续时间	1s	0.7s
电流流经路径	流经人体胸腔，则心脏机能紊乱；流经中枢神经，则神经中枢严重失调而造成死亡	
人体健康状况	女性比男性对电流的敏感程度高，承受能力为男性的2/3；小孩比成年人受电击的伤害程度严重；过度疲劳，措手不及的人比有思想准备的人受伤程度高；病人受害程度比健康人严重	

续表

项　目	成 年 男 性	成 年 女 性
电流频率	25～300Hz 的电流对人体伤害最严重，低于或高于该频率的电流对人体伤害显著减轻	
人体电阻	皮肤在干燥、洁净、无破损的情况下电阻可达数十千欧，潮湿破损的皮肤可降至 1kΩ以下	

二、人体触电的方式

1. 直接触电

人体任何部位直接触及处于正常运行条件下的电气设备的带电部分（包括中性导体）而形成的触电，称为直接触电。它又分为单相触电和两相触电两种情况。

（1）单相触电

当人体站在大地上或其他接地体上不绝缘的情况下，身体的某一部分直接接触到带电体的一相而形成的触电，称为单相触电，如图 5-1 所示。单相触电的危害程度与电压的高低、电网中性点的接地情况及每相对地绝缘阻抗的大小因素等有关。在高电压系统中，人体虽未直接接触带电体，但因安全距离不够，高压系统经电弧对人体放电，也会形成单相触电。图 5-1（a）所示中性点接地系统中，通过人体的电流达到 $\frac{220\text{V}}{1\times10^3\Omega}=220\text{mA}$，远远超过人体的摆脱电流。人体若发生单相触电，将产生严重后果。图 5-1（b）所示的中性点不接地系统中，若线路绝缘不良，则绝缘阻抗降低，触电时流过人体的电流相对增大，增加了人体触电的危险性。

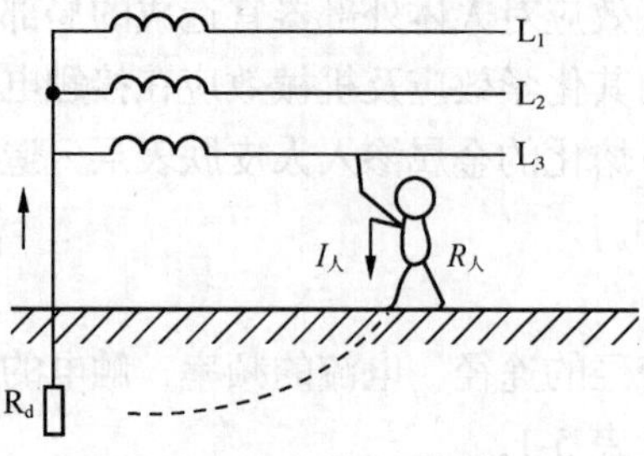

（a）中性点接地系统的单相触电

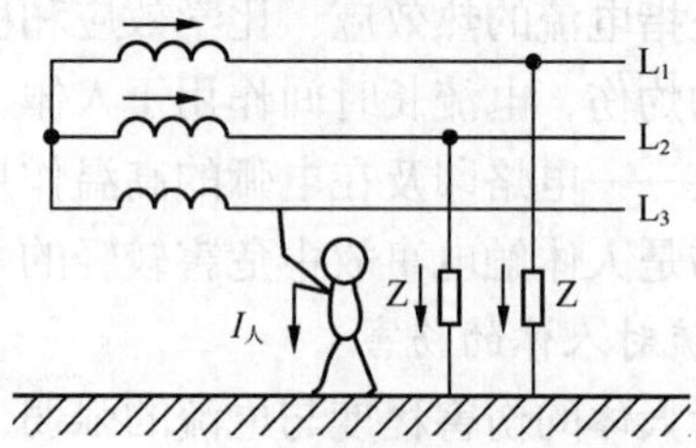

（b）中性点不接地系统的单相触电

图 5-1　单相触电

（2）两相触电

人体同时触及带电设备或线路不同电位的两个带电体所形成的触电，称为两相触电，如图 5-2 所示。当发生两相触电时，人体承受电网的线电压，线电压为相电压的 $\sqrt{3}$ 倍，比单相触电有更大的危险性。

2. 间接触电

电气设备在故障情况下，使正常工作时本来不带电的金属外壳处于带电状态，当人体任何部位触及带电的设备外壳时所造成的触电，称为间接触电。

（1）跨步电压触电

当电气设备因绝缘损坏而发生接地故障或线路一相带电导线断线落于地面时，地面各点会出现如图 5-3 所示的电位分布，当人体进入到具有电位分布的区域内行走时，人体两脚分别处于不同的电位点，两脚之间（人的跨步距离按 0.8m 考虑）就会因地面电位不同而承受电压作用，这一电压叫跨步电压，如图 5-4 所示。由跨步电压引起的触电，称为跨步电压触电。跨步电压的大小与电位分布区域内的位置有关，越靠近接地体处，跨步电压越大，触电危险性也越大。

图 5-2 两相触电

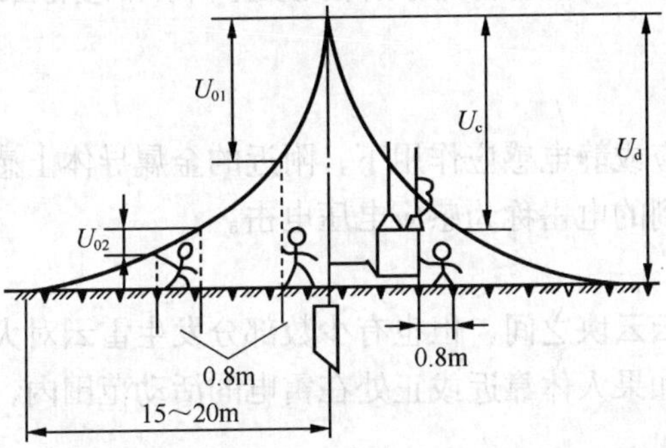

图 5-3 一相线绝缘损坏碰设备外壳时外壳对地电位分布示意图

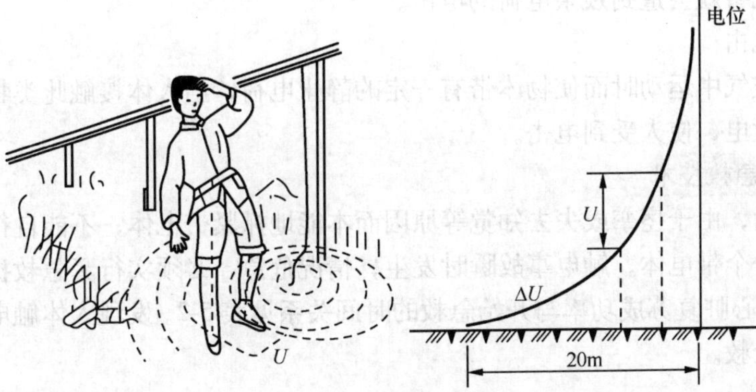

图 5-4 跨步电压触电

（2）接触电压触电

用电设备因一相电源线绝缘损坏碰壳时，有接地电流自设备金属外壳通过接地体向四周大地形成半球状流散。接地体中心处电位最高，从接地向半径为 20m 左右处的零电位呈如图 5-3 所示曲线分布。此时，当人体触及漏电设备外壳时，因人体与脚处于不同的电位点，就有电位差值作用于人体，此电位差称为接触电压。人体因接触电压而引起的触电称为接触电压触电。人体距接地体位置不同，接触电压ΔU的大小也不同，接触电压随位置不同的变化曲线如图 5-5 所示。

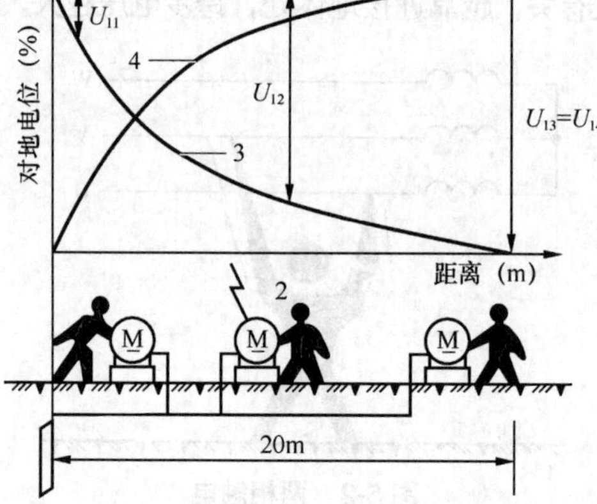

图 5-5 接触电压随人体接地位置不同时的变化曲线

3. 其他触电

（1）感应电压电击

带电设备在电磁感应或静电感应作用下，附近的金属导体上感应出一定的电压，人体接触到此类带电体而遭到的电击称为感应电压电击。

（2）雷电电击

雷电多数发生在雷云云块之间，但也有少数部分发生雷云对大地或建筑物之间。在这种剧烈的雷电活动中，如果人体靠近或正处在雷电的活动范围内，将会受到雷电的电击。

（3）残余电荷电击

电气设备由于电容效应，在断开电源的一段时间内可能还保留着一定的残余电荷，而人接触到此类设备就会遭到残余电荷的电击。

（4）静电电击

当物体在空气中运动时而使物体带有一定的静止电荷，当人体接触此类物体时，静电场将通过人体放电，使人受到电击。

三、触电急救技术

人体触电后，由于痉挛或失去知觉等原因而本能地抓紧带电体，不能自行摆脱电源，使触电者成为一个带电体。触电事故瞬时发生，情况危急，必须实行紧急救护。统计资料表明，触电急救心脏复苏成功率与开始急救的时间关系见表 5-2。发现人体触电务必争分夺秒地进行紧急抢救。

表 5-2 触电急救心脏复苏成功率与开始急救的时间关系

施救开始时间（s）	心脏复苏成功率（%）
<1	60～90
1～2	45
2～4	27
6	10～20
>6	<10

1. 急救处理的基本原则

(1) 发现有人触电，尽快断开与触电人接触的导体，使触电人脱离电源，这是减轻电伤害和实施救护的关键和首要工作。

(2) 当触电者脱离电源后，应根据其临床表现，实施人工呼吸或在胸腔处施行心脏挤压法急救，按动作要领操作，以获得救治效果。同时应迅速拨打 120，联系专业医护人员来现场抢救。

(3) 抢救生命垂危者，一定要在现场或附近就地进行，切忌长途护送到医院，以免延误抢救时间。

(4) 紧急抢救要有信心和耐心，不要因一时抢救无效而轻易放弃抢救。

(5) 救护人员在救护触电者时，必须注意自身和周围的安全。当触电者尚未脱离电源，救护者也未采取必要的安全措施前，严禁直接接触触电者。

(6) 当触电者所处位置较高时，应采取相应措施，以防止触电者脱离电源时从高处落下摔伤。

(7) 当触电事故发生在夜间时，应该考虑好临时照明，以方便切断电源时保持临时照明，便于救护。

2. 触电者脱离低压电源的方法

(1) 切断电源

若电源开关或插座就在附近，救护人员应尽快拉下开关或拔掉插头，如图 5-6 所示。

(2) 割断电源线

若电源线为明线，且电源开关或插座离触电者较远时，则可用带绝缘柄的电工钳剪断电线或用带有干燥木柄的斧头、锄头等利器砍断电线。注意割断的导线位置，不能造成其他人触电。

(3) 拉、挑开电源线

如导线断落在触电者身上，且电源开关又远离触电地点，救护人员可用干燥的木棒、竹竿等将掉下的电源线挑开，如图 5-7 所示。

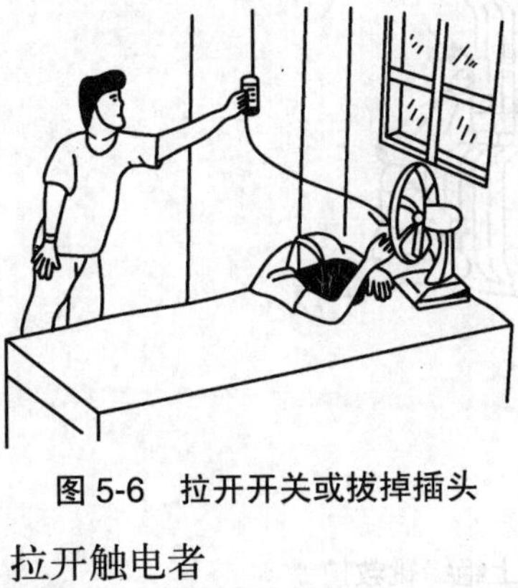
图 5-6 拉开开关或拔掉插头

图 5-7 用干燥木棒挑开电源线

(4) 拉开触电者

发生触电时，若身边没有上述工具，救护者可用干燥的衣服、帽子、围巾等把手包好，或者戴上绝缘手套，去拉触电者干燥的衣服，使其脱离电源。若附近有干燥的木板或木板凳等，救护人员可将其垫在脚下，去拉触电者则更加安全。注意救护时只用一只手拉，切勿触及触电者的身躯或金属物体，如图 5-8（a）所示。

（5）设法使触电者与大地隔离

若触电者紧握电源线，救护者身边又无合适的工具，则可以用干燥的木板塞至触电者身体下方，使其与大地隔离，然后再设法将电源线断开。救护过程中，救护者应尽可能地站在干燥的木板上进行操作，如图 5-8（b）所示。

（a）戴上绝缘手套等去拉触电者干燥的衣服

（b）将干燥的木板塞到触电者身体下方，使其隔离大地

图 5-8　触电急救措施

3. 使触电者脱离高压电源的方法

（1）当发现有人在高压带电设备上触电时，救护人员应戴上绝缘手套，穿上绝缘靴，拉开电源开关，或用相应电压等级的绝缘工具拉开高压跌落保险，以切断电源，如图 5-9 所示。在操作过程中，救护人员必须保持自身与周围带电体的安全距离。

图 5-9　戴上绝缘手套，穿上绝缘靴救护

（2）当有人在架空线路上触电时，救护人员应尽快用电话通知当地电力部门迅速停电，以利抢救。若不能迅速与变电站联系，可采取应急措施，即抛掷足够截面、适当长度的金

属导线，使电源线短路，迫使保护装置动作，断开电源开关。抛掷导线前，应先将导线一端牢牢固定在铁塔或接地引线上，另一端系上重物。抛掷时，应防止电弧伤人或断线危及他人安全。抛掷点应距离触电现场尽可能远一点，如图 5-10 所示。

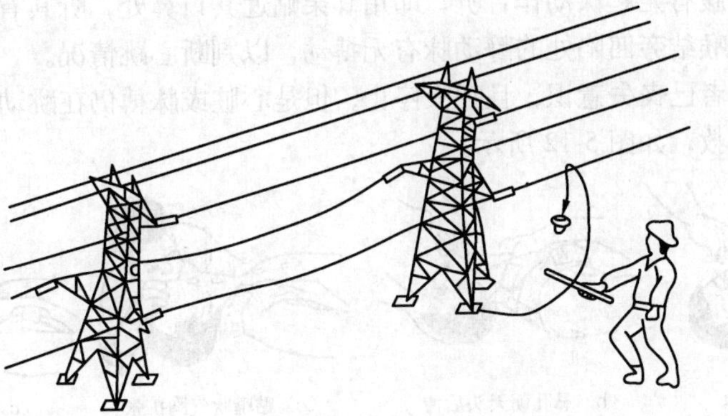

图 5-10 抛掷裸金属导线使电源短路

(3) 若触电者触及落在地面的高压导线，当尚未确认断落导线无电时，在未采取安全措施前，救护人员不得接近断线点 8～10m 的范围内，以防跨步电压伤人。此时，救护人必须戴好绝缘手套，穿好绝缘靴后，用与触电电压相符的绝缘杆挑开电线，如图 5-11 所示。

图 5-11 未采取安全措施前不能接近断线区

4. 触电急救措施

(1) 若触电者神智清醒，只是感觉心慌，四肢麻木、乏力，或者一度昏迷，但未失去知觉，此时只需将触电者安放在通风处安静平躺休息，让其慢慢恢复正常即可。但是恢复过程中，要注意观察其呼吸和脉搏的变化，切不可让触电者站立或行走，以减轻心脏负担。

(2) 若触电者神智不清，首先应将其就地平躺，确保呼吸通畅，呼叫其名字并轻拍肩部，观察反应，以判断触电者是否丧失意识。但要注意，切勿用摇动其头部的办法呼叫。

(3) 若触电者神智丧失，应及时采取看、听、试等方法来判断触电者的呼吸及心跳情况。看，即看胸腹有无起伏动作；听，即用耳朵贴近其口鼻处，听其有无呼气声；试，即用手指轻试一侧喉结旁凹陷处的静动脉有无搏动，以判断心跳情况。

(4) 若触电者已丧失意识，且呼吸停止，但是心脏或脉搏仍在跳动，应采用口对口人工呼吸法予以抢救，如图 5-12 所示。

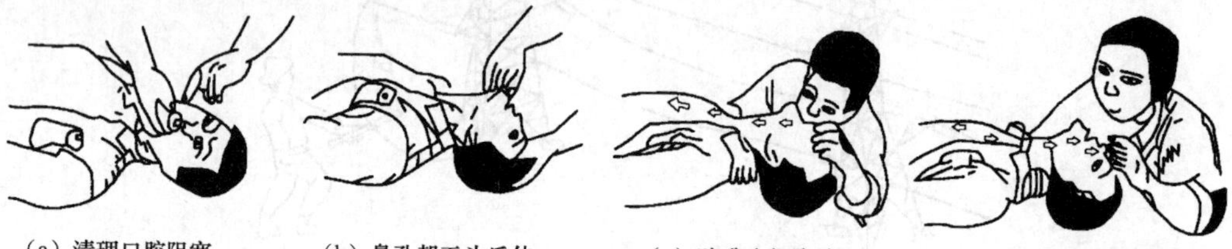

(a) 清理口腔阻塞　(b) 鼻孔朝天头后伸　(c) 贴嘴吹气胸扩张　(d) 放开嘴鼻好换气

图 5-12　口对口人工呼吸法

口对口人工呼吸法如下。

① 迅速解开触电人的衣服、裤带，松开上身衣服、护胸罩和围巾等，使其胸部能自由扩张，不妨碍呼吸。

② 使触电人仰卧，不垫枕头，头先侧向一边，清除其口腔内的血块、假牙及其他异物等。

③ 救护人员位于触电人头部的左边或右边，用一只手捏紧其鼻孔，不使漏气，另一只手将其下巴拉向前下方，使其嘴巴张开，嘴巴可盖上一层纱布，准备接受吹气。

④ 救护人员做深呼吸后，紧贴触电人的嘴巴，向他大口吹气。同时观察触电人胸部隆起程度，一般应以胸部略有起伏为宜。

⑤ 救护人员吹气至需换气时，应立即离开触电人的嘴巴，并放松触电人的鼻子，让其自由排气。这时应观察触电人的胸部复原情况，倾听口鼻处有无呼吸声，从而检查呼吸是否受阻塞。

口诀：张口捏鼻手抬颌，深吸缓吹口对紧；
　　　张口困难吹鼻孔，五秒一次坚持吹。

(5) 若触电者尚有呼吸，但是心脏和脉搏均已停止跳动，应采取胸外心脏挤压法抢救，如图 5-13 所示。

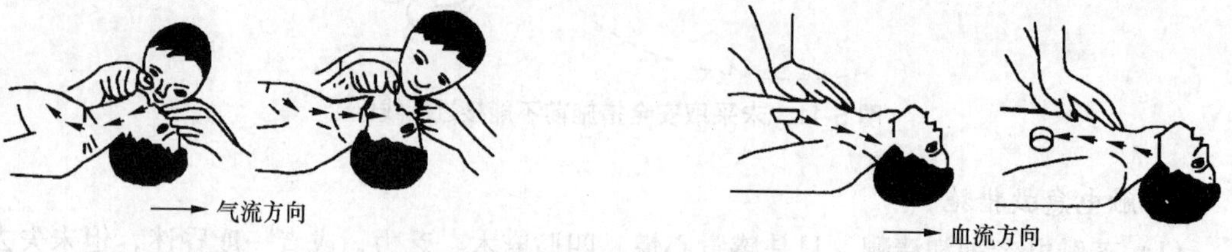

图 5-13　人工胸外心脏挤压法

人工胸外心脏挤压法如下。

① 解开触电人的衣裤，清除口腔内异物，使其胸部能自由扩张。

② 使触电人仰卧，姿势与口对口吹气法相同，但是背部着地处的地面必须牢固。

③ 救护人员位于触电人一边，最好是跨跪在触电人的腰部，将一只手的掌根放在心窝稍高一点的地方（掌根放在胸骨的下1/3部位），中指指尖对准锁骨间凹陷处边缘，另一只手压在那只手上，呈两手交叠状。

④ 救护人员找到触电人的正确压点，自上而下，垂直均衡地用力挤压，压出心脏里面的血液，注意用力适当。

⑤ 挤压后，掌根迅速放松（但手掌不要离开胸部），使触电人胸部自动复原，心脏扩张，血液又回到心脏。

口诀：掌根下压不冲击，突然放松手不离；

手腕略弯压一寸，一秒一次较适宜。

(6) 若触电者呼吸和心跳均已停止，应视为假死，应立即采取心肺复苏法的3项基本措施（通畅气道、口对口人工呼吸、胸外心脏按压）就地进行抢救，以支持生命。

还应注意，在进行抢救的同时，应尽快通知医务人员赶至现场急救，同时做好送往医院的准备工作。

知识链接二 电气安全技术

一、允许电流和安全电压

1. 人体允许电流

触电时，流过人体使人能够承受的极限电流称人体允许电流。此电流不致使触电者心室颤动。一般，人体承受的极限电流30mA作为允许电流（直流80mA）。当触电电源不能自行切除的情况下，一般以摆脱电流（交流6mA，直流50mA）作为允许电流。

2. 安全电压

为防止触电事故采取的由特定电源供电的电压系列。该电压系列在任何情况下不会危及人身安全。我国目前安全电压有42V、36V、24V、12V、6V五种。

二、电气安全距离

使带电体与大地、带电体与其他设备及带电体与带电体之间保持一定的电气安全距离，是防止直接触电和电气事故的重要措施。这种措施叫安全距离。有关线路安全距离、设备间的安全距离、检修安全距离我们可以去查阅资料了解。见表5-3、表5-4和表5-5。

表5-3 各种不同电压等级的安全电压

设备额定电压（kV）		1~3	6	10	35	60	110	220	330	500
带电部分到接地部分的距离（mm）	屋内	75	100	125	300	550	850	1 800	2 600	3 800
	屋外	200	200	200	400	650	900	1 800	2 600	3 800
不同相带电部分之间	屋内	75	100	125	300	550	900	—	—	—
	屋外	200	200	200	400	650	1 000	2 000	2 800	4 200

注：中性点直接接地系统。

表 5-4 设备带电部分到各种遮栏间的安全距离

设备额定电压（kV）		1～3	6	10	35	60	110	220	330	500
带电部分到遮栏的距离（mm）	屋内	825	850	875	1 050	1 300	1 600	—	—	—
	屋外	950	950	950	1 150	1 350	1 650	2 550	3 350	4 500
带电部分到网状遮栏的距离（mm）	屋内	175	200	225	400	650	950	—	—	—
	屋外	300	300	300	500	700	1 000	1 900	2 700	5 000
带电部分到板状遮栏的距离（mm）	屋内	105	130	155	330	580	880	—	—	—

注：中性点直接接地系统。

表 5-5 无遮栏裸导体到地面间的安全距离

设备额定电压（kV）		1～3	6	10	35	60	110	220	330	500
无遮栏裸导体到地面间的安全距离（mm）	屋内	2 375	2 400	2 425	2 600	2 850	3 150	—	—	—
	屋外	2 700	2 700	2 700	2 900	3 100	3 400	4 300	5 100	7 500

注：中性点直接接地系统。

三、接地和接零

1. 接地和接地电阻

接地有工作接地和保护接地之分。工作接地是将电气设备的某一部分通过接地线与埋在地下的接地体连接起来。三相发电机或变压器的中性点接地属于工作接地；保护接地是将可能出现对地危险电压的设备外壳与地下的接地体相连，如图 5-14 所示。

电流自地下接地体向大地流散过程中的全部电阻叫流散电阻。接地电阻是流散电阻与接地体连接导线电阻的总和，但主要是流散电阻。一般要求接地电阻为 4～10Ω。

2. 保护接地

保护接地只适用于中性点不接地的供电系统。对于中性点接地的三相四线制供电的线路，电气设备的金属外壳若采用保护接地，不能保证安全，其原因如图 5-15 所示。

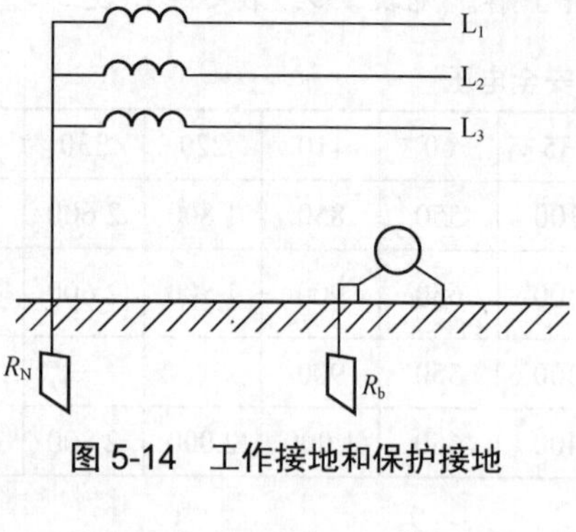

图 5-14 工作接地和保护接地

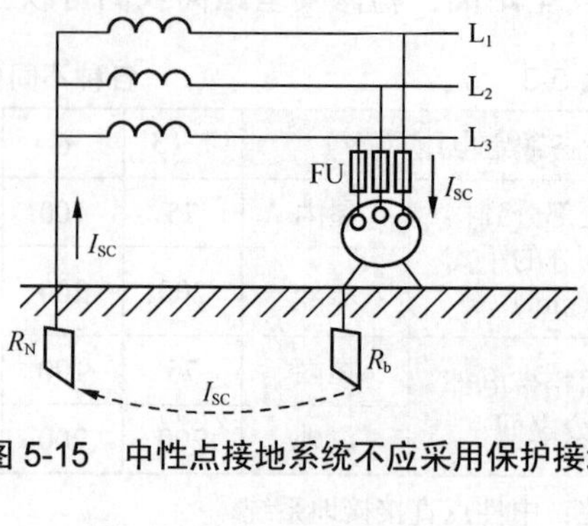

图 5-15 中性点接地系统不应采用保护接地

电气设备如电动机、台风扇等若因内部绝缘损坏而使金属外壳意外接触相线（称为碰壳短路）时，会出现短路电流，如图 5-15 所示。设接地电阻 R_N 和 R_b 均为 4Ω，电源相电压为 220V，则短路电流

$$I_{SC}=\frac{220}{4+4}\text{A}=27.5\text{A}$$

对于功率较大的电气设备来说，此电流或许不足以使熔断器 FU 烧断，从而使设备外壳带电。若 R_b 与 R_N 相等，按照分压原理，熔丝不断时设备外壳对地的电压为相电压的一半，即 110V，显然这是不安全的。

3. 保护接零

对于中性点接地、线电压为 380V 的三相四线制供电线路应采用保护接零，也就是将电气设备的金属外壳与电源的零线（即中性线）相连接，如图 5-16 所示。

如果由于绝缘损坏而使相线与设备的金属部分发生碰壳短路时，因为相线与零线组成的回路阻抗很小，在一般情况下，短路电流远远超过熔断器和自动保护装置所需要的动作电流，从而使设备迅速停电。

4. 重复接地

在中性点接地系统中，除了采用保护接零以外，还要采用重复接地。重复接地是将零线相隔一定距离多处进行接地，如图 5-17 所示。

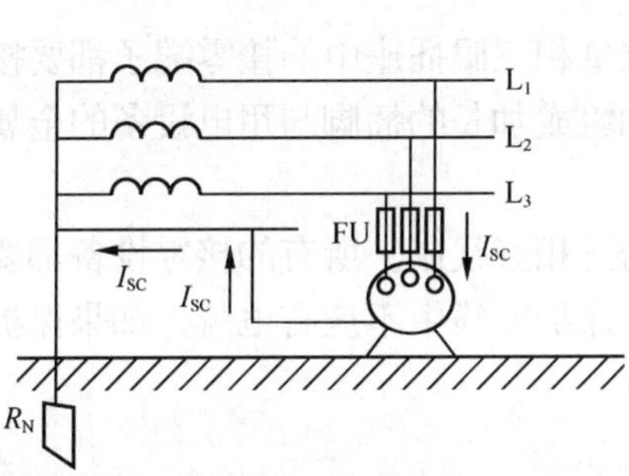

图 5-16 中性点接地系统应采用保护接零

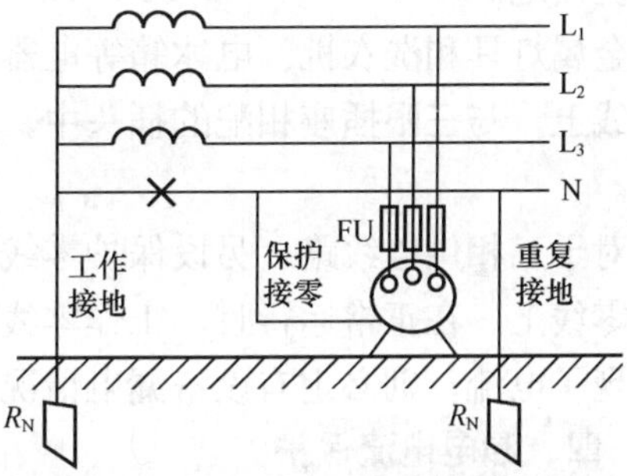

图 5-17 工作接地、保护接零和重复接地

如果没有重复接地，当发生碰壳短路时，在熔断丝烧断或自动保护装置动作以前，设备外壳对地仍有危险电压，使操作人员有触电危险。采用重复接地可以降低漏电设备的对地电压。此外，如果零线因故在图中“×”处断开时设备仍有接地保护，可以减轻触电的危险性。

5. 工作接零和保护接零

在中性点接地的供电线路中，如果设备外壳采用接零保护，则零线必须连接可靠。因为一旦零线断开，所有接在零线上的设备外壳，都有可能通过设备的内部线路而与相线接通。这样，设备外壳的对地电压就是相电压，这是十分危险的。所以零线上不设熔断器和开关，如图 5-18、图 5-19 所示。

对于住宅和办公场所的照明支线，一般都装有双极开关，往往在相线和零线上都有熔断器，以有利于发生短路时增加熔丝烧断的机会。在这种情况下，除了工作接零以外，必须另行设置保护零线，如图 5-20 所示。

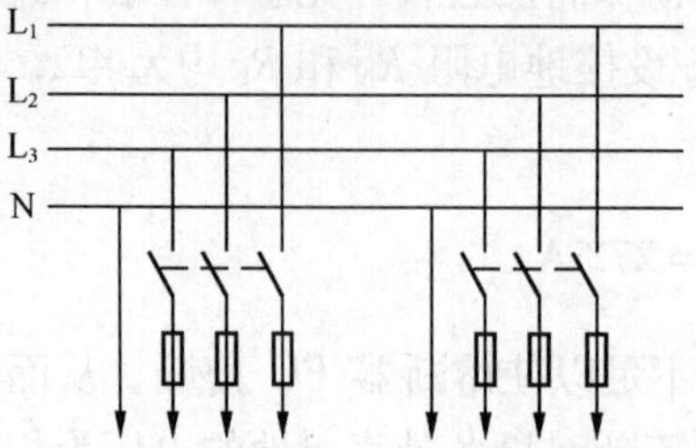

图 5-18　中性点接地系统中三相四线制照明线路

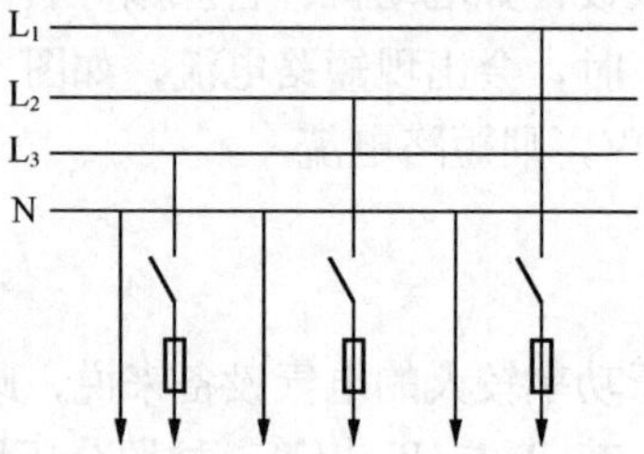

图 5-19　中性点接地系统中双线照明线路

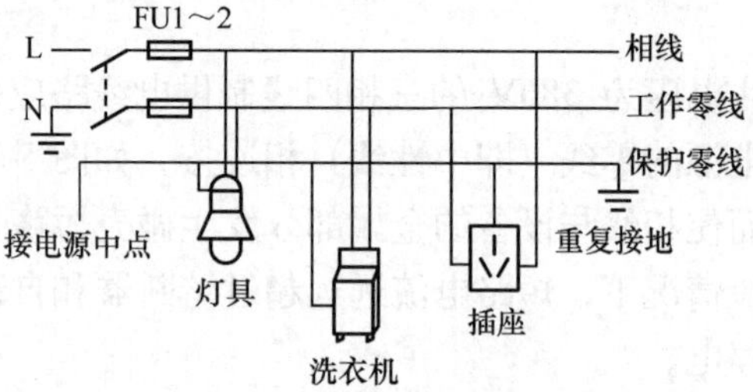

图 5-20　工作接零和保护接零

保护零线一端接电源变压器的中点，另一端接各个用电器的金属外壳，同时还应有多处重复接地。

金属灯具和洗衣机、电冰箱等电器的外壳以及单相三眼插座中的接零端子都要接在保护零线上。与三眼插座相配的插头中，应有一个加粗或加长的插脚与用电设备的金属外壳相连。

对于三相供电线路，另设保护零线以后就成为三相五线制。所有的接零设备都要接在保护零线上。在正常运行时，工作零线中有电流，保护零线中不应有电流。如果保护零线中出现了电流，则必定有设备漏电情况发生了。

四、漏电电流保护

漏电电流保护又叫剩余电流动作保护或电保安装置。其主要作用是对低压电网中的单相直接接触或因设备漏电而引起的间接触电及电火灾进行有效保护。漏电电流保护在低压电网中得到广泛的应用。

漏电电流保护装置反映的是系统中的剩余电流（零序电流），系统正常时，剩余电流几乎为零，只有当系统中发生单相触电或漏电事故时才出现。一般为 mA 级，最小为 6mA。

1. 保护原理

漏电电流保护器由检测元件、比较元件、执行元件、辅助电源及试验装置构成，其原理框图如图 5-21 所示。

测试元件：反映漏电电流信号。

比较元件：将接收的漏电电流信号与保护动作整定值比较，判断系统运行状况。

执行元件：接收比较元件动作信号，执行开关跳闸。

试验装置：用以试验漏电保护器完好性。

辅助电源：为比较元件提供所需电压。

2. 应用举例

电压动作型漏电保护器的应用电路如图 5-22 所示。

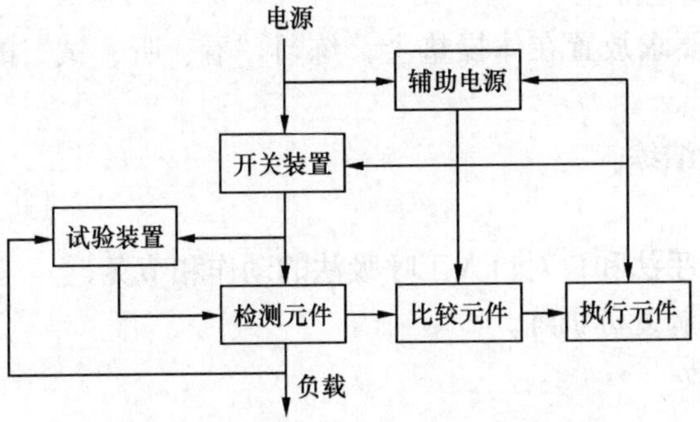

图 5-21 电流动作型漏电保护原理方框图

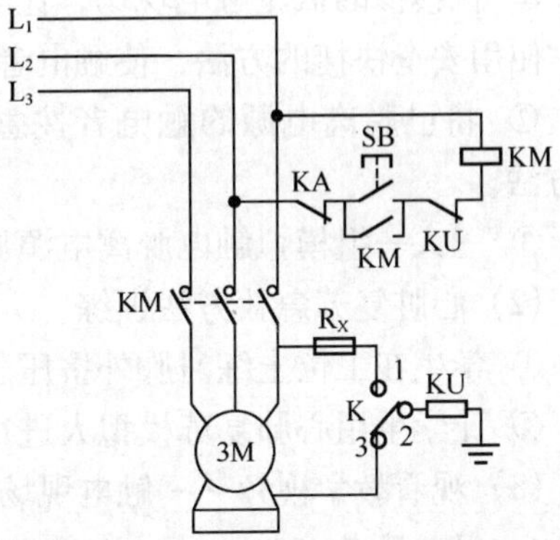

图 5-22 电压动作型漏电保护装置电路图

图 5-22 中，KU 为测量元件和比较元件，一端接地，另一端接设备外壳。当设备漏电时，外壳对地电压升高，当外壳电压达到电压继电器动作电压时，KU 动作，常闭接点断开，切断交流接触器 KM 的启动回路，KM 的主触点断开，使漏电设备与电源隔离。

R_x 为试验装置限流电阻，当开关 K 置 1 时，用以检查保护器的动作可靠性。检查工作在每天交班时进行。

3. 常用的漏电保护装置

(1) 漏电继电器由检测元件、判断元件、输出元件构成。

(2) 漏电开关由零序电流互感器、漏电脱扣器和自动开关构成。

(3) 漏电保护插座由漏电开关与漏电插座构成。

第二部分 技能实训

技能实训一 模拟触电现场急救

1. 实训目的

(1) 了解安全用电相关知识。

(2) 学会触电急救的方法。

(3) 学习用电安全操作技术。

2. 实训器材

(1) 模拟低压触电现场。

(2) 绝缘钳、绝缘垫、绝缘杆。

(3) 干燥木棒、木凳、竹竿。

(4) 万用表、低压验电器。

(5) 心脏复苏模拟人、医用纱布、体操垫。

3. 任务要求

（1）模拟触电现场施救演练

① 在模拟的低压触电现场，让学生模拟被触电的各种情境，学生选择正确的绝缘工具，使用安全快捷的方法，使触电者脱离电源。

② 将已脱离电源的触电者按急救要求放置在体操垫上，练习“看、听、试”的判断方法。

③ 三人一组模拟触电脱离电源施救演练。

（2）心脏复苏急救方法训练

① 学生在工位上练习胸外挤压急救手法和口对口人工呼吸法的动作和节奏。

② 让学生用心肺复苏模拟人进行心肺复苏训练。

（3）观看教学视频——触电现场急救

4. 问题思考

（1）生活中我们怎样做到安全用电？

（2）发生触电事故的原因是什么？

（3）家庭安全用电有哪些措施？

项目六 电工接线训练

电气安装工程中，导线的连接是一种基本的操作工艺，追溯许多电气事故的原因，往往是由于导线连接质量不高引起的。因此，电工接线训练对新入职电工必不可少。

第一部分 基础知识

知识链接一 电工工具的使用

正确使用与妥善保养电工常用工具，维护电工常用工具、设备维修工具和防护用具，对提高生产效率和施工质量、减轻操作者的劳动强度、保证操作安全和延长工具的使用寿命都是非常有益的。掌握常用电工工具、防护用具（低压验电笔、旋具、钢丝钳、断线钳、电工刀、电烙铁等）的名称、型号、规格、用途、使用规则和维护保养方法，是国家初、中级电工职业技能鉴定的基本要求。

一、电工通用工具

电工通用工具是指一般的电工岗位都要使用的工具，有验电器、螺钉旋具、钢丝钳、尖嘴钳、电工刀、剥线钳、断线钳和活动扳手等。

1．低压验电器

低压验电器又称为验电笔，有钢笔式和螺丝刀式两种。它是检验低压导线和电器设备是否带电的一种常用工具。

（1）外形与结构

低压验电器由氖光管、电阻、弹簧、笔尖（或金属螺丝刀）和笔身（或螺丝刀柄）等几部分构成，如图 6-1（a）、图 6-1（b）所示。

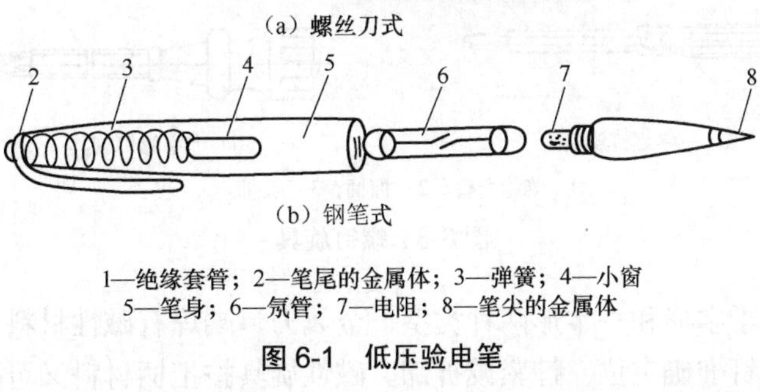

（a）螺丝刀式

（b）钢笔式

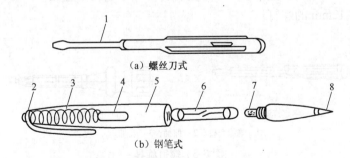

1—绝缘套管；2—笔尾的金属体；3—弹簧；4—小窗
5—笔身；6—氖管；7—电阻；8—笔尖的金属体

图 6-1 低压验电笔

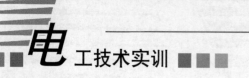

(2) 使用方法

使用低压验电器时，必须按图 6-2 所示的方法正确握笔，一手指触及笔尾的金属体，使氖管背光面向自己，以便于观察。要防止螺丝刀式验电笔笔尖金属触及人手，以避免触电，因此，在其金属杆上必须装有绝缘套管，仅留出螺丝刀口部分供测试需要。当用验电笔测量带电体时，电流经带电导体、验电笔、人体和大地形成回路，只要带电体与大地之间的电位差达到 60V，验电笔中的氖管就会发光。低压验电器的电压测试范围为 60～500V。

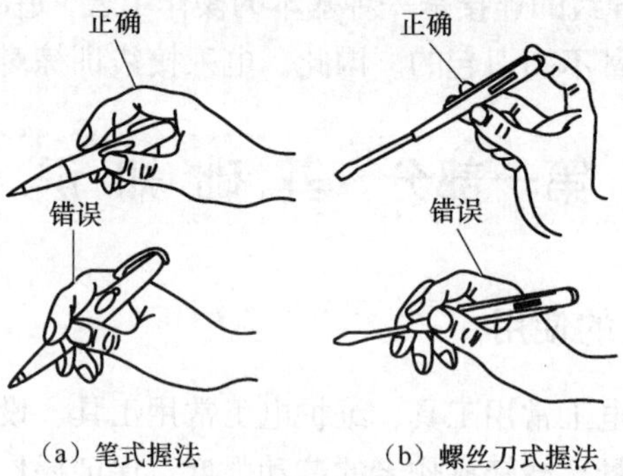

图 6-2　低压验电器的使用方法

(3) 注意事项

① 低压验电器应在已知带电体上使用，证明验电器确实良好后方可使用。

② 使用时，验电器应保持干燥，使其逐渐靠近被测物体，直至氖管发亮。

③ 只有确定氖管不发亮时，人体才可与被测物体接触。

2. 螺钉旋具

螺钉旋具又称为起子、螺丝刀或旋凿，是一种紧固或拆卸螺钉的工具。

(1) 外形和结构

螺钉旋具按其头部形状，可分为一字旋具和十字旋具两种，分别用来紧固或拆卸一字槽和十字槽的螺钉，如图 6-3 (a)、图 6-3 (b) 所示。一字形螺钉旋具常用规格有 50mm、100mm、150mm 和 200mm 四种。十字螺钉旋具常用的规格有 4 种：Ⅰ号适用于直径 2～2.5mm 的螺钉，Ⅱ号适用于直径 3～5mm 的螺钉，Ⅲ号适用于直径 6～8mm 的螺钉，Ⅳ号适用于直径 10～12mm 的螺钉。

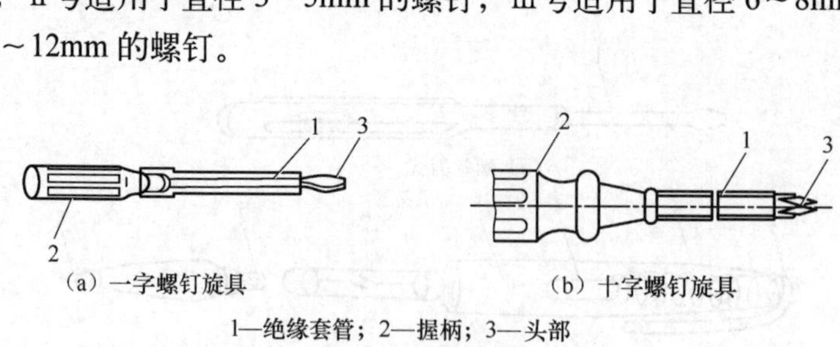

1—绝缘套管；2—握柄；3—头部

图 6-3　螺钉旋具

磁性旋具也分十字形和一字形两种类型，金属刀口端焊有磁性材料，可以吸住待拧动的螺钉，便于将螺钉准确定位、拧紧或拆卸。磁性旋具按把柄材料又可分为塑料绝缘柄和木质绝缘柄两种类型。

（2）使用方法

① 大螺钉旋具用来紧固或拆卸较大的螺钉。使用时，用大拇指、食指和中指夹住握柄，手掌还要顶住柄的末端，这样可以防止旋具转动时滑动，如图 6-4（a）所示。

② 小螺钉旋具用来紧固或拆卸电气设备接线柱上的小螺钉，使用时用食指顶住握柄的顶端捻旋，如图 6-4（b）所示。

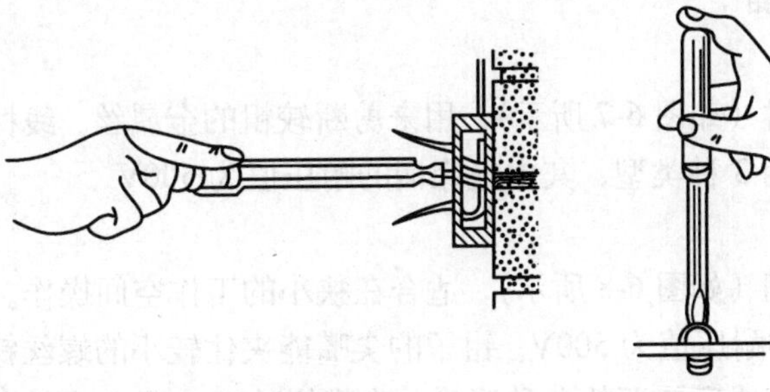

（a）大螺钉旋具　　（b）小螺钉旋具

图 6-4　螺钉旋具的使用

（3）注意事项

① 在使用螺钉旋具紧固或拆卸带电的螺钉时，一般应断电操作，手不允许触及旋具的金属杆，以免发生触电事故。

② 为避免螺钉旋具的金属杆触及人体或邻近的带电体，要求在金属杆上套上绝缘套管。

3. 钢丝钳

钢丝钳俗称老虎钳，是钳夹和剪切的工具，常用的规格有 150mm、175mm 和 200mm 三种。

（1）结构和功能

钢丝钳由钳柄和钳头两部分组成，如图 6-5 所示。钳柄上必须套有耐交流电压不低于 500V 的绝缘管。钳头由钳口、齿口、刀口和测口 4 部分组成。钳口用来钳夹和弯绞导线头，齿口用来松开或紧固螺母，刀口用来剪切导线或剖削软导线的绝缘层，铡口用来铡切电线线芯、钢丝或铅芯等较硬的金属线材。

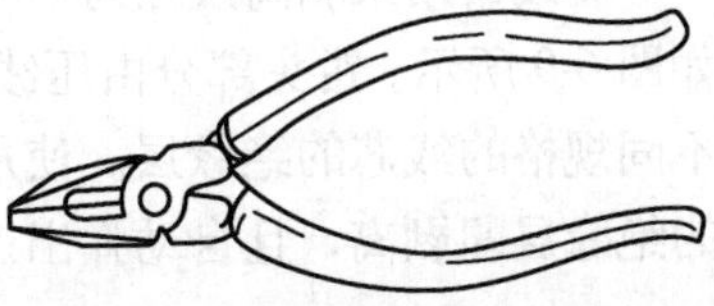

图 6-5　钢丝钳的结构和功能

（2）使用方法

使用钢丝钳时采用拳握法，其用法如图 6-6 所示。

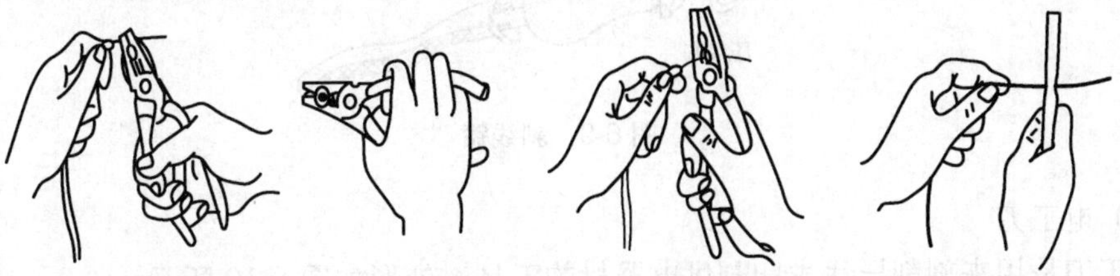

（a）变绞导线　　（b）紧固螺母　　（c）剪切导线　　（d）铡切铜丝

图 6-6　钢丝钳的用法

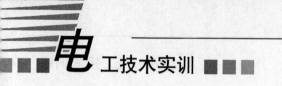

(3) 注意事项

① 剪切带电导线时，应单根剪切，不允许用刀口同时剪切相线和零线或同时剪切两根相线，以免造成短路事故。

② 使用时必须检查绝缘柄上的绝缘套管是否完好。破损的绝缘套管应及时更换，不能勉强使用。

③ 钳头不能当敲打的锤子来使用，钳头的轴销上应经常加机油润滑。

4. 断线钳和尖嘴钳

(1) 断线钳

断线钳又称斜口钳（如图 6-7 所示），用来剪断较粗的金属丝、线材及导线电缆。钳柄有绝缘柄、铁柄和管柄 3 种类型，其中绝缘柄的耐压值为 500V。

(2) 尖嘴钳

尖嘴钳的钳头尖细（如图 6-8 所示），适合在狭小的工作空间操作。钳柄有铁柄和绝缘柄两种，其中绝缘柄的耐压值为 500V。钳子的尖嘴能夹住较小的螺丝钉、垫圈和导线等元件，还能将单股导线弯成所需要的各种形状，尖嘴钳的刀口用来剪断小的金属丝。

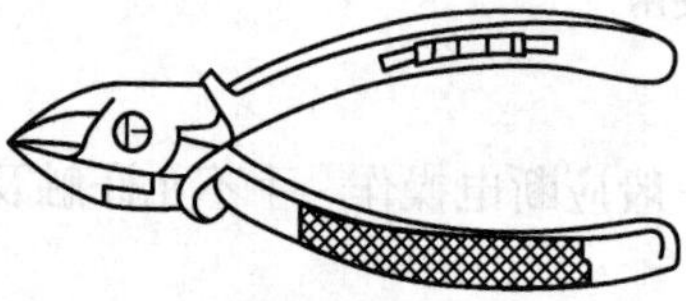

图 6-7 断线钳

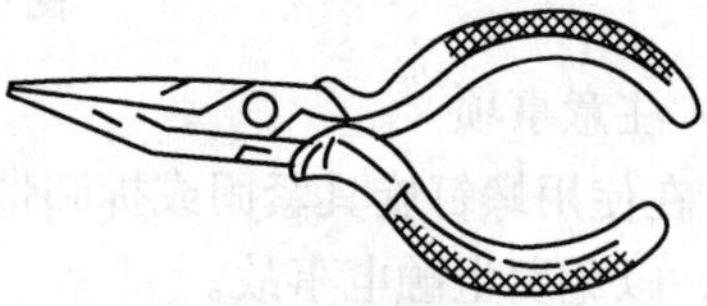

图 6-8 尖嘴钳

5. 剥线钳和电工刀

(1) 剥线钳

剥线钳用来剥离线径为 6mm 以下塑料橡皮电线的绝缘层，由钳头和手柄两部分组成，如图 6-9 所示。钳头部分由压线口和钳口构成，有规格为 0.5～3mm 的 4 个切口，用来剥离不同规格的线芯的绝缘层。使用时将待剥离的绝缘层长度标尺定好，然后压拢钳柄，导线的绝缘层即剥离，且自动弹出。

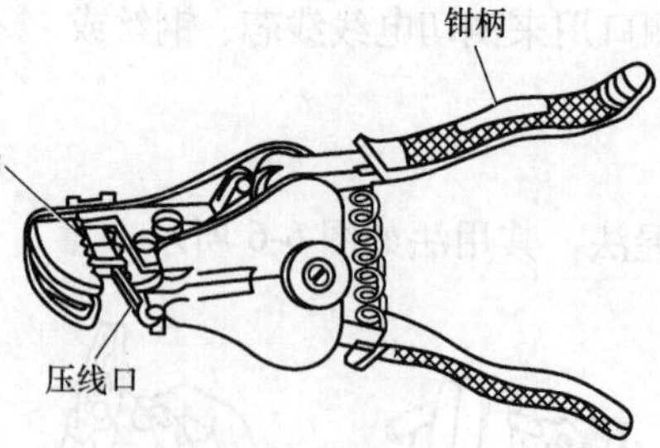

图 6-9 剥线钳

(2) 电工刀

电工刀是用来剖削导线或切割供电器材的工具，外形如图 6-10 所示。

图 6-10 电工刀

电工刀刀柄无绝缘保护，不能用于带电作业，以免造成触电的后果。电工刀用于切削导线绝缘层时，应使刀面贴近导线，以免割伤线芯。使用电工刀时应该注意避免伤手，不得传递刀身未折进刀柄的电工刀。在切削时，刀口应朝外进行操作。电工刀操作完毕，应将刀身折进刀柄。

知识链接二 导线的连接

导线连接是维修电工重要的基本功，是线路安装及维修中经常用到的技能。导线连接的基本要求：电气接触好，即接触电阻小；连接处要有足够的机械强度；连接处的绝缘强度不低于导线本身的绝缘强度。

一、导线绝缘层的去除

1. 导线的剖削

将导线的线径与导线的绝缘层进行剥除。常有电工刀剖削、钢丝钳剖削两种方法。电工刀用来剥削较大线径或剥削外层护套；钢丝钳则剥削较小线径的护套。无论采取何种方法，剖削导线不能损伤导线的线芯。

2. 用电工刀剖削导线绝缘层的方法

用电工刀剖削导线的正确操作方法如图 6-11 所示。

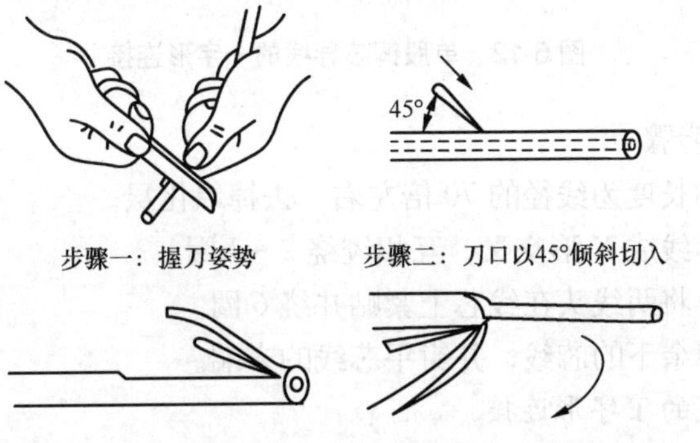

步骤一：握刀姿势　步骤二：刀口以45°倾斜切入

步骤三：刀口以45°倾斜推削　步骤四：扳转塑料层并在根部切入

（a）用电工刀剖削单股铜芯线

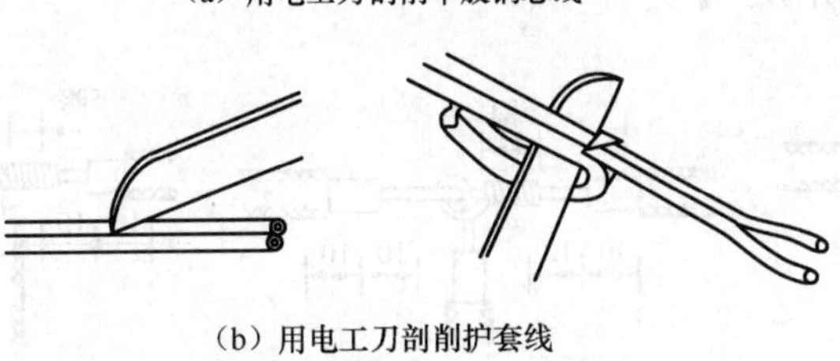

（b）用电工刀剖削护套线

图 6-11 用电工刀剖削导线绝缘层

二、导线的连接

导线的种类很多，连接时根据导线的材料、规格、种类等采取不同的连接方法。铜芯导线通常可以直接连接；而铝芯导线由于常温下极易氧化，其氧化铝的电阻率较高，一般采用压接的方式连接。铜芯导线与铝芯导线不能直接连接，原因之一是铜、铝的热膨胀率不同，在连接处容易产生松动；原因之二是铜、铝线直接连接会产生电化腐蚀现象，若要铜、铝线连接需要采用铜芯线上锡、铝线去掉氧化层的方法。

工程上单股线连接常有单股、7股、19股之分。单股铜芯导线直接连接，仅适用 $2.5mm^2$ 以下的单股铜芯导线，而 $2.5mm^2$ 以上的单股铜芯导线通常采用绑扎的方法。

1. 单股铜芯导线的一字形连接

（1）连接图例

一字形连接如图6-12所示。

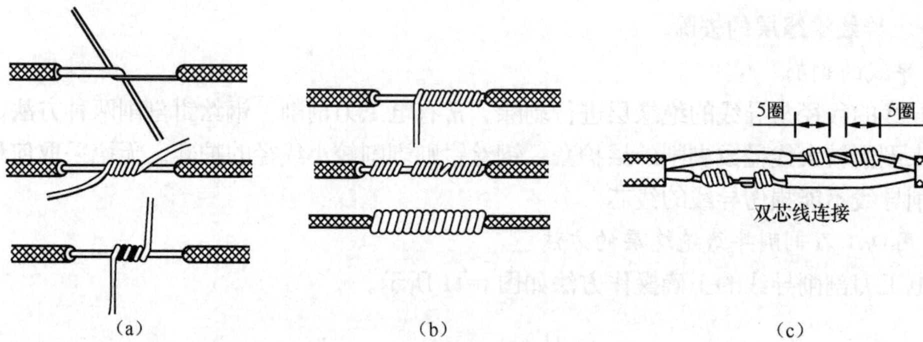

图6-12 单股铜芯导线的一字形连接

（2）连接方法、步骤

① 绝缘层剥削的长度为线径的70倍左右，去掉氧化层。

② 把两线头的芯线成X形交叉，互相绞绕2～3圈。

③ 板直两线头，将两线头在线芯上紧贴并绕6圈。

④ 用钢丝钳剪掉余下的芯线，并钳平芯线的末端。

2. 单股铜芯导线的T字形连接

（1）连接图例

T形连接如图6-13所示。

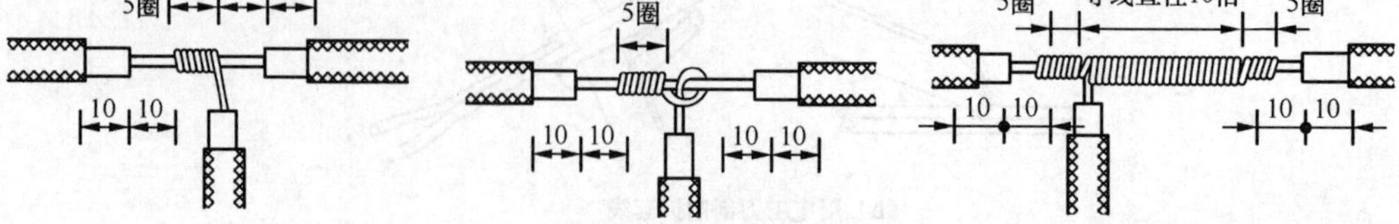

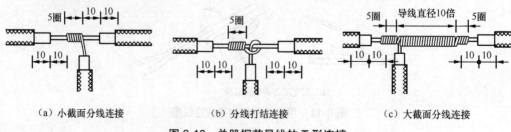

（a）小截面分线连接 （b）分线打结连接 （c）大截面分线连接

图6-13 单股铜芯导线的T形连接

(2) 连接方法、步骤

① 将支路芯线的线头与干路芯线十字相交。

② 在支路芯线根部留出3～5mm，按顺时针方向缠绕支路芯线6～8圈。

③ 用钢丝钳剪掉余下的芯线，并钳平芯线末端。

(3) 较小（2.5mm^{2}以下）截面芯线的T形分支连接方法、步骤

① 先将分支导线在主线上环绕成结状，如图6-13（b）所示。

② 再把支路芯线线头抽紧板直，紧密缠绕6～8圈。

③ 剪去多余线芯，钳平切口毛刺。

3. 单股铜芯导线的十字形连接

(1) 连接图例

十字形连接如图6-14所示。

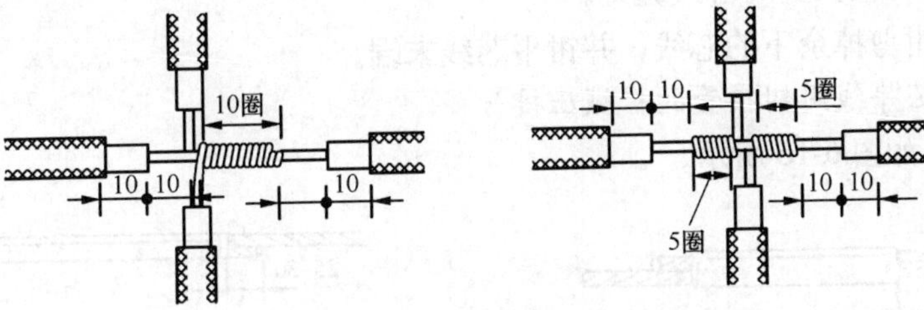

图6-14 单股铜芯导线的十字形连接

(2) 连接方法、步骤

① 将一端支路芯线的线头与干路芯线十字相交。

② 在支路芯线根部留出3～5mm，按顺时针方向缠绕支路芯线6～8圈。

③ 用钢丝钳剪掉余下的芯线，并钳平芯线末端。

④ 再将另一端支路芯线的线头与干路芯线十字相交。

⑤ 在支路芯线根部留出3～5mm，按顺时针方向缠绕支路芯线6～8圈。

⑥ 用钢丝钳剪掉余下的芯线，并钳平芯线末端。

4. 7股铜芯导线的直接连接

(1) 连接图例

多股导线的一字形连接如图6-15所示。

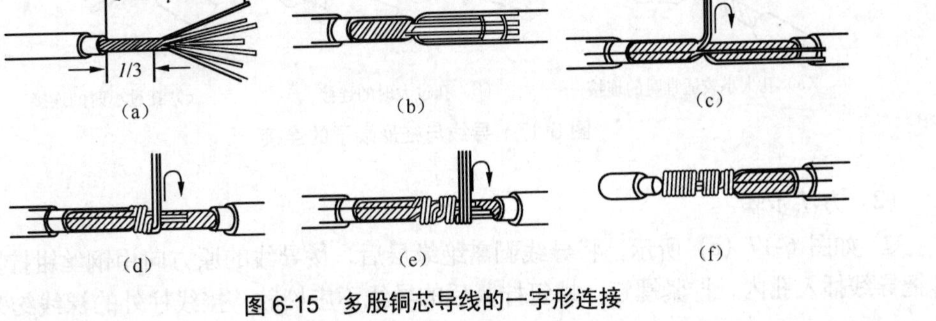

图6-15 多股铜芯导线的一字形连接

(2) 连接方法、步骤

① 绝缘层剥削的长度为线径的 21 倍左右。

② 将割去绝缘层的线头散开并拉直，去掉氧化层。

③ 把离绝缘层最近的 1/3 线段的芯线绞紧，把余下 2/3 芯线头整理成伞状，并将每个芯线拉直。

④ 把两个伞状芯线线头隔根对插，并捏平两端芯线。

⑤ 把一端的 7 股芯线按 2、2、3 根分成 3 组，把第一组的两根芯线扳起垂直于芯线，并按顺时针方向缠绕两圈后把余下的芯线向右板直。

⑥ 再把下面第二组的两根芯线扳起垂直于芯线，也按顺时针方向紧紧压住前两根板直的芯线，缠绕两圈后将余下的芯线向右板直，再把下面第三组的 3 根芯线扳起，按顺时针方向紧紧压住前 4 根板直的芯线缠绕。

⑦ 用钢丝钳剪掉余下的芯线，并钳平芯线末端。

5. 多股铜芯导线用钳接管的机械压接

机械压接法如图 6-16 所示。

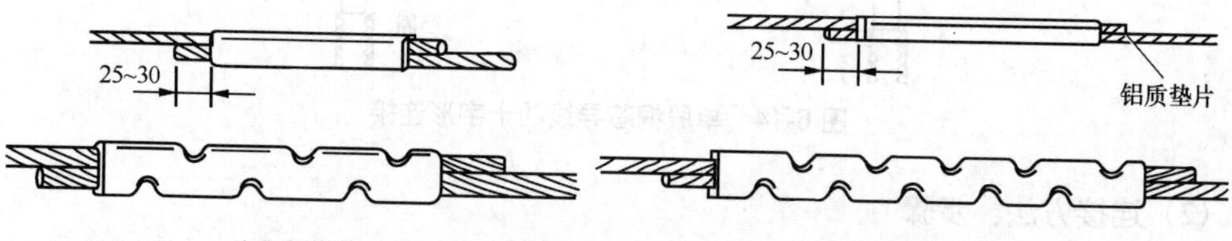

(a) 铝绞线　　(b) 钢芯铝绞线

图 6-16　多股铜芯导线用钳接管的机械压接法

三、导线与接线端子的连接

1. 导线与柱形端子的连接

(1) 连接图例

导线与柱形端子的连接如图 6-17 所示。

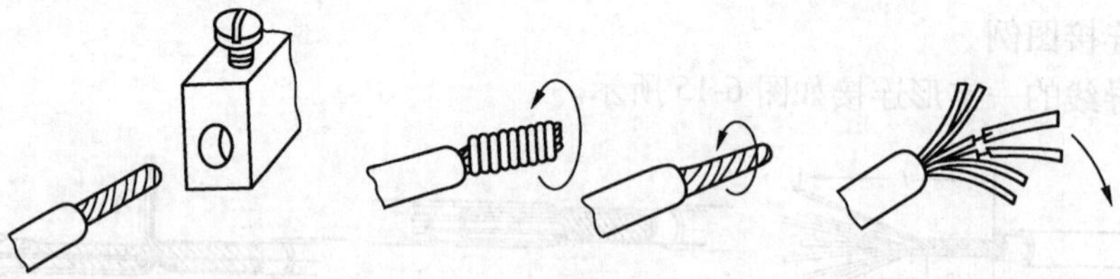

(a) 孔大小较适宜时的连接　　(b) 孔过大时的连接　　(c) 孔过小时的连接

图 6-17　导线与柱形端子的连接

(2) 方法步骤

① 如图 6-17 (a) 所示，将导线剥离绝缘层后，按导线的原方向用钢丝钳拧紧导线，再把导线插入孔内，拧紧螺钉。螺钉拧紧后的导线不应松散，接线柱外的裸线约为 3mm。

② 如图 6-17（b）所示，当线径过细时，可在拧紧的导线上，紧密地加绕一层；如图 6-17（c）所示，当线径过粗时，可以把多股线剪去 1 股～7 股，然后拧紧，即可正常连接。如果把拧紧后的线头烫锡后连接，质量会更好。

2. 导线与瓦形垫圈端子的连接

(1) 连接图例

导线与瓦形垫圈端子的连接如图 6-18 所示。

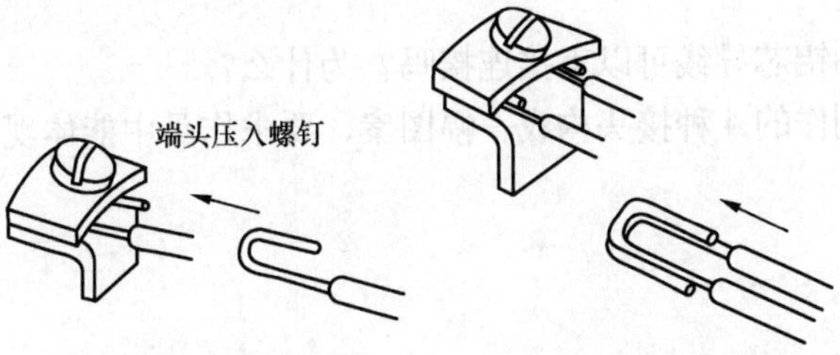

（a）单个线头连接方法　（b）两个线头连接方法

图 6-18　导线与瓦形垫圈端子的连接

（2）方法步骤

① 如图 6-18（a）所示，剥离导线绝缘层后，将裸露的导线做成“U”形，然后与垫圈端子连接即可。

② 如图 6-18（b）所示，连接方法同①，只是将两个线头相向与垫圈端子连接即可。

第二部分　技 能 实 训

技能实训一　导线连接

1. 实训目的

(1) 认识并会使用常用电工工具。

(2) 能根据任务要求选择合适的电工工具。

(3) 掌握电工接线技术。

2. 实训器材

(1) 剥线钳。

(2) 断线钳。

(3) 尖嘴钳。

(4) 钢丝钳。

(5) 护套线。

(6) 单股铜芯线。

3. 任务要求

(1) 练习电工工具握姿，掌握正确的使用和保养电工工具的方法。

(2) 练习单股铜芯线剖削、护套线剖削。

（3）练习操作单股铜芯线的几种连接。

①“一”字形接头。

② 两种“T”形接头。

③“十”字形接头。

（4）将多股软线处理成 9 股线芯，模拟铜芯导线直接连接，记录 9 股铜芯导线的连接步骤。

4. 问题思考

（1）铜芯导线和铝芯导线可以直接连接吗？为什么？

（2）如何将已制作的 4 种接头构成一幅图案，要求作品中能体现 3 种不同接头方式。

项目七　室内照明电路设计与安装

室内电路由导线、导线支持物和用电器具所组成。室内线路的安装有明线安装和暗线安装两种。其中，照明电路是最常见的室内线路，照明电路的设计与安装是家庭、楼宇及工矿企业综合布线中最基本的内容，涉及光源、导线、低压电器、灯具等方面的知识。

第一部分　基 础 知 识

知识链接一　低压电器认知

低压电器通常指根据使用要求及控制信号，通过一个或多个器件组合，能手动或自动分合额定电压在直流 DC 1 200V、交流 AC 1 500V 及以下的电路，以实现电路中被控制对象的控制、调节、变换、检测、保护等作用的基本器件。低压电器包括配电电器和控制电器两大类。低压配电电器如刀开关、熔断器、低压断路器等，主要用于低压配电系统及动力设备中；低压控制电器如接触器、继电器、主令电器等，主要用于电力拖动系统和自动控制设备中。

一、低压电器的识别（一）

1. 常用低压电器的分类

低压电器的种类繁多、功能多样、用途广泛、结构各异。常用的分类方法有以下几种。

（1）按用途分类

① 配电电器：用于电能输送和分配的电器。如刀开关、熔断器、低压断路器等。

② 控制电器：用于各种控制电路和控制系统的电器。如手动电器有转换开关、按钮开关等；自动电器有接触器、继电器、电磁阀等；自动保护电器有热继电器、熔断器等。

（2）按操作方式分类

① 手动电器：用手或依靠机械力进行操作的电器。如手动开关、控制按钮、行程开关等主令电器。

② 自动电器：借助于电磁力或某个物理量的变化自动进行操作的电器。如接触器、各种类型的继电器、断路器、电磁阀等。

（3）按工作原理分类

① 电磁式电器：依据电磁感应原理来工作的电器。如接触器、各种类型的电磁式继电器等。

② 非电量控制电器：依靠外力或某种非电物理量的变化而动作的电器。如刀开关、行程开关、按钮、速度继电器、温度继电器等。

2. 低压电器的型号命名

低压电器产品有各种各样的结构和用途，每一种类型产品都有它的型号，产品全型号及含义如下。

[1] [2] [3] — [4] [5] [6] / [7]

1——类组代号，用汉语拼音字母表示。类组代号有两个字母，第一个表示类别，第二个表示用途、性能和形式。低压电器的类组代号见表 7-1，其中竖排字母是类别代号，横排字母是组别代号。

例如：CJ——交流接触器，CZ——直流接触器，RC——插入式熔断器。

2—— 设计代号（用数字表示，位数不限，其中二位及三位以上的首位为“9”表示为船用、“8”表示为防爆用、“7”表示为纺织用、“6”表示为农用、“5”表示为化工用）。

3—— 特殊派生代号（用汉语拼音字母表示，一位），表示全系列在特殊情况下变化的特征，一般情况无此代号，见表 7-2。

4—— 基本规格代号（用数字表示，位数不限）。

5—— 品种派生代号（用汉语拼音字母表示，一位），表示系列内个别变化的特征。

6—— 辅助规格代号（用数字表示，位数不限）。

7—— 特殊环境条件派生代号，见表 7-2。

表 7-1 低压电器产品型号类组代号

名称	组代号 类代号	A	B	C	D	G	H	J	K	L	M	P	Q	R	S	T	U	W	X	Y	Z
开关类	H				刀开关		封闭式		开启式					熔断器式	刀型转换					其他	组合开关
熔断器	R			插入式			汇流排式			螺旋式	密闭管式				快速	填料管式			限流		
断路器	D									照明	灭磁				快速			框架式	限流		塑壳式
控制器	K					鼓型						平面				凸轮					
接触器	C					高压		交流				中频			时间						直流

续表

名称	组代号 / 类代号	A	B	C	D	G	H	J	K	L	M	P	Q	R	S	T	U	W	X	Y	Z
启动器	Q	按钮式		磁力				减压							手动		油浸		星三角		综合
继电器	J									电流				热	时间	通用		温度			中间
主令电器	L	按钮							控制器						主令开关	脚踏开关	旋钮	万能开关	行程开关		
电阻器	Z		板形元件	冲片元件		管形元件									烧结元件	铸铁元件			电阻器		
变阻器	B			旋臂式						励磁		频敏	启动		石墨	调速	油浸	液体	滑线式		
调整器	T				电压																
电磁铁	M												牵引					启动			制动
其他	A		保护器	插座	灯		接线盒			电铃											

表 7-2 通用派生代号

派生字母	代表意义
A、B、C、D	结构设计稍有改进或变化
J	交流、防溅式
Z	直流、自动复位、防震、重任务
W	无灭弧装置
N	逆向、可逆
S	有锁的机构、手动复位、防水式、三相、三个电源、双线圈
P	电磁复位、防滴式、单相、两个电源、电压
K	开启式
H	保护式、带缓冲装置
M	密封式、灭磁

续表

派生字母	代表意义
Q	防尘式、手牵式
L	电流的
F	高返回、带分励脱扣
T	带湿热带临时措施制造
TH	湿热带
TA	干热带

例如：CJ20-250 表示额定工作电流 250A 的交流接触器。

QZ610-4F 表示农用、带分励脱扣器的综合启动器，控制的电动机最大功率为 4kW。

JR16-203D 表示三相、有断相保护功能、额定工作电流 20A 的热继电器。

3. 常用低压电器的拆装及选用

为了更好地选择、使用、维修和调整低压电器，必须了解低压电器的内部结构。为此，选择一些常用的低压电器进行拆装，以掌握常用低压电器的结构特点。拆装及选用注意事项如下。

(1) 选取典型的低压电器元件，记录其名称、型号。

(2) 查阅教材、手册等资料，了解该电器的结构特点和技术指标。

(3) 根据电器的结构特点选择适当的拆装工具。

(4) 从外到内将该电器的零部件一一拆除，并按顺序观察、辨别、标志并记录。

注意：拆除零件时一方面要选用合适的螺丝刀，用力均匀，防止滑丝；另一方面还要防止弹簧、卡簧、垫片、螺钉的弹跳，以免丢失。

(5) 拆完后，观察每一个零部件，并记录其结构特点。

(6) 按顺序将已拆开的零部件重新装配，装配时要注意使各个部件装配到位，动作灵活。

(7) 对装配好的电器元件进行检查、调试和试验。

二、刀开关

刀开关的种类很多，在电力拖动控制线路中最常见的是由刀开关和熔断器组合而成的负荷开关。负荷开关分为开启式负荷开关和封闭式负荷开关两种。

1. 外形、结构及其安装

(1) 外形及电路符号

刀开关外形及电路符号如图 7-1 所示。

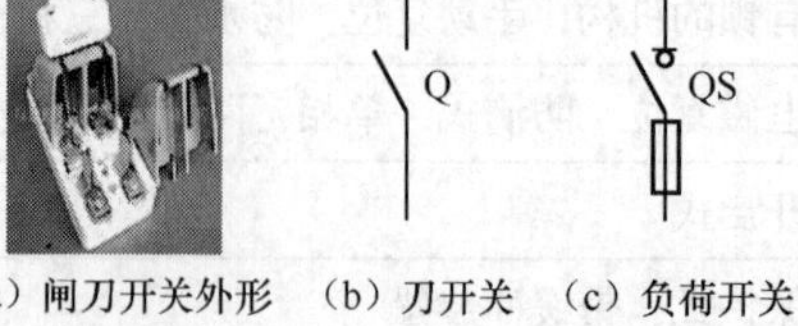

(a) 闸刀开关外形 (b) 刀开关 (c) 负荷开关

图 7-1 闸刀开关外形、电路符号及文字符号

(2) 结构

开启式负荷开关又称瓷底胶盖开关，简称闸刀开关。它由刀开关和熔断器组合而成，在瓷底座上装有进线座、静触点、熔体、出线座和带瓷质手柄的刀式动触点，上面盖有胶盖以防止电弧飞出灼伤人手。

(3) 安装要点

将电源进线装在静触点上，将用电负荷接在开关的下出线端上，当开关断开时，闸刀和熔丝都不带电，保证更换熔丝的安全，闸刀在合闸状态时，手柄应向上，不可倒装或平装，以防误合闸。

2. 型号及含义

闸刀开关型号命名一般由 4 个部分组成，如图 7-2 所示。

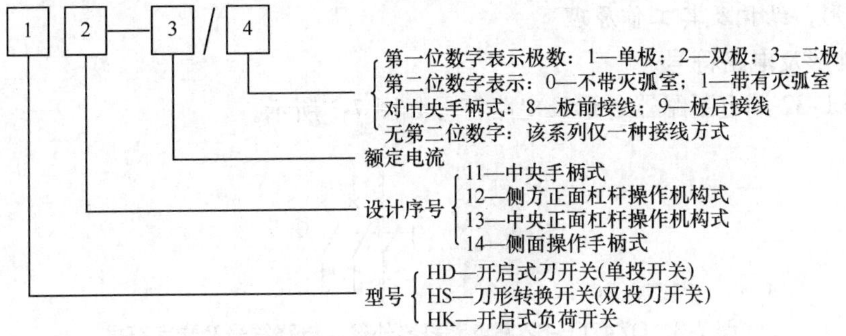

图 7-2 闸刀开关命名规则

举例：HK8-63/3 表示 3 级额定电流为 63A 的开启式负荷开关。

3. 主要技术指标

HK 系列闸刀开关的技术指标见表 7-3。

表 7-3 HK 系列闸刀开关的技术指标

型 号	极数	额定电流（A）	额定电压（V）	可控制电动机最大容量（kV）		配用溶丝线径（φ/mm）
				220V	380V	
HK1-15/2	2	15	220	1.5		1.45～1.59
HK1-30/2	2	30	220	3.0		2.30～2.52
HK1-60/2	2	60	22	4.5		3.36～4.00
HK1-15/3	3	15	380	1.5	2.2	
HK1-30/3	3	30	380	3.0	4.0	
HK1-60/3	3	60	380	4.5	5.5	
HK8-10/2	2	10	380	1.1		1.45～1.59
HK8-16/2	2	16	380	1.5		2.30～2.52
HK8-32/2	2	32	380	3.0		3.36～4.00
HK8-16/2	3	16	380	1.5	2.2	
HK8-32/2	3	32	380	3.0	4.0	
HK8-63/2	3	63	380	4.5	5.5	

4. 闸刀开关的选用

(1) 用于照明电路时可选择额定电压为220V、额定电流等于或大于电路最大工作电流的两极开关。

(2) 用于电动机直接启动时，可选择额定电压为380V、额定电流等于或大于电动机额定电流3倍的三极开关。

三、自动空气开关

自动空气开关又称自动开关或自动空气断路器。在低压电路中用于分断和接通负荷电路，控制电动机运行和停止。当电路发生过载、短路、失压、欠压等故障时它能自动切断故障电路，保护电路和用电设备的安全。

1. 外形、结构及其工作原理

(1) 外形及电路符号

DZ47LE-32漏电断路器外形及电路符号如图7-3所示。

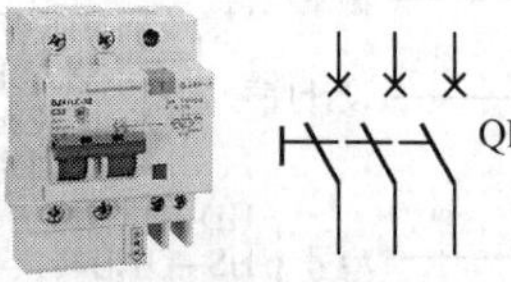

图7-3 DZ47LE-32漏电断路器外形、电路符号及文字符号

(2) 结构

DZ47LE-32系列漏电断路器由DZ47高分断小型断路器和漏电脱扣器拼装而成。漏电断路器是电流动作型电子式漏电断路器，主要由零序电流互感器、电子组件板、漏电脱扣器及带有过载和短路保护的断路器组成，其工作原理如图7-4所示。

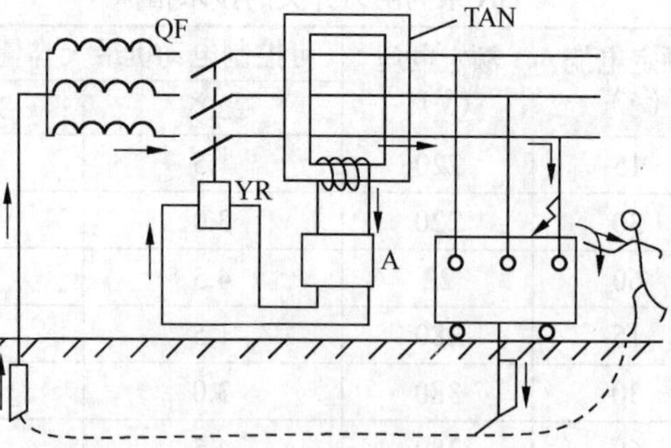

图7-4 电子式漏电断路器工作原理

(3) 工作原理

漏电保护器主要由3部分组成：检测元件、中间放大环节、操作执行机构。

① 检测元件由零序互感器组成，检测漏电电流并发出信号。

② 中间放大环节将微弱的漏电信号放大，按装置不同（放大部件可采用机械装置或电子装置），构成电磁式保护器或电子式保护器。

③ 操作执行机构收到信号后，主开关由闭合位置转换到断开位置，从而切断电源，是被保护电路脱离电网的跳闸部件。

在设备正常运行时，主电路电流的相量和为零（$\dot{I}_1+\dot{I}_2=\dot{I}_0$），零序互感器的铁芯无磁通，其二次侧没有电压输出。

当设备发生单相接地或漏电时，由于主电路电流的相量和不再为零（$\dot{I}_1+\dot{I}_2\neq\dot{I}_0$），TAN的铁芯有零序磁通，其二次侧有电压输出，经放大器 A 判断、放大后，输入给脱扣器 YR，使断路器 QF 跳闸，切断故障电路，避免发生触电事故。

④ 电磁式脱扣器动作原理如图 7-5 所示。

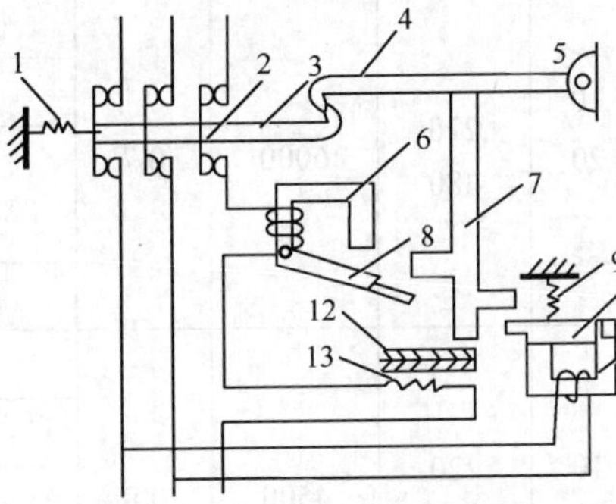

图 7-5　电磁式脱扣器动作原理

当线路正常工作时，电磁脱扣器 6 线圈所产生的吸力不能将它的衔铁 8 吸合。

如果线路发生短路和产生较大过电流时，电磁脱扣器的吸力增加，将衔铁 8 吸合，并撞击杠杆 7，把搭钩 4 顶上去，锁链 3 脱扣，被主弹簧 1 拉回，切断主触点 2。

如果线路上电压下降或失去电压时，欠电压脱扣器 11 的吸力减小或消失，衔铁 10 被弹簧 9 拉开。撞击杠杆 7，也能把搭钩 4 顶开，切断主触点 2；当线路出现过载时，过载电流流过发热元件 13，使双金属片 12 受热弯曲，将杠杆 7 顶开，切断主触点 2。

2. 型号及含义

自动空气开关型号命名一般由 7 个部分组成，如图 7-6 所示。

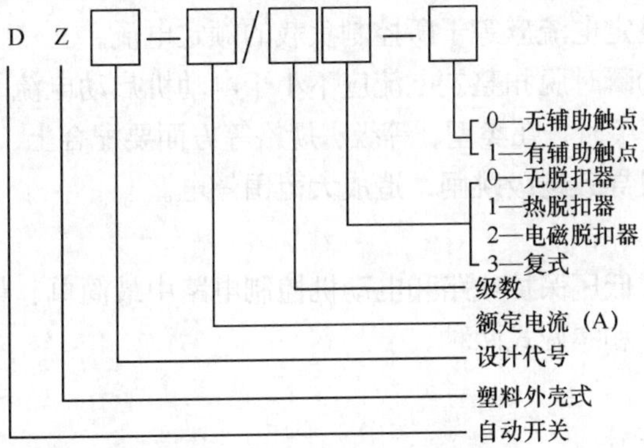

图 7-6　自动空气开关命名规则

举例：DZ5-20 表示塑壳式自动空气开关，额定电流 20A。

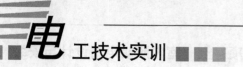

DZ47LE-32 表示塑壳式电子式剩余电流动作型自动空气开关，额定电流 32A。

3．主要技术指标

自动空气开关技术指标，如表 7-4 所示。

表 7-4　自动空气开关技术指标

<table>
<tr><th rowspan="2">壳架等级额定电流 lnm A</th><th rowspan="2">极数</th><th rowspan="2">中性值</th><th rowspan="2">额定电压 lnA</th><th colspan="3">额定短路分断能力</th><th rowspan="2">额定漏电动作电流 lΔn mA</th><th rowspan="2">额定漏电不动作电流 lΔn omA</th><th rowspan="2">脱扣器类型</th></tr>
<tr><th>电压 V</th><th>分断能力 lcu A</th><th>(cosφ)</th></tr>
<tr><td rowspan="5">32</td><td>1</td><td>N</td><td rowspan="5">6、10
16、20、
25、32</td><td rowspan="5">220
380</td><td rowspan="5">6000</td><td rowspan="5">0.7</td><td>30</td><td>15</td><td rowspan="5">C</td></tr>
<tr><td>2</td><td></td><td>50</td><td>25</td></tr>
<tr><td>3</td><td>N</td><td rowspan="2">100</td><td rowspan="2">50</td></tr>
<tr><td>3</td><td></td></tr>
<tr><td>4</td><td></td><td>300</td><td>150</td></tr>
<tr><td rowspan="5">32</td><td>1</td><td>N</td><td rowspan="5">6、10
16、20、
25、32</td><td rowspan="5">220
380</td><td rowspan="5">4500</td><td rowspan="5">0.8</td><td>30</td><td>15</td><td rowspan="5">D</td></tr>
<tr><td>2</td><td></td><td>50</td><td>25</td></tr>
<tr><td>3</td><td>N</td><td rowspan="2">100</td><td rowspan="2">50</td></tr>
<tr><td>3</td><td></td></tr>
<tr><td>4</td><td></td><td>300</td><td>150</td></tr>
<tr><td rowspan="5">63</td><td>1</td><td>N</td><td rowspan="5">40、50、
63</td><td rowspan="5">220
380</td><td rowspan="5">4500</td><td rowspan="5">0.8</td><td>30</td><td>15</td><td rowspan="5">C</td></tr>
<tr><td>2</td><td></td><td>50</td><td>25</td></tr>
<tr><td>3</td><td>N</td><td rowspan="2">100</td><td rowspan="2">50</td></tr>
<tr><td>3</td><td></td></tr>
<tr><td>4</td><td></td><td>300</td><td>150</td></tr>
</table>

4．自动空气开关的选用

（1）自动空气开关的额定电压和额定电流应高于线路的正常工作电压和电流。

（2）热脱扣器的整定电流应等于所控制负载的额定电流。

（3）电磁脱扣器的瞬时脱扣整定电流应不小于电动机启动电流的 1.7 倍。

（4）在选用自动开关时，在类型、等级、规格等方面要配合上、下级开关的保护特性，不允许因本级保护失灵导致越级跳闸，造成大范围停电。

四、熔断器

熔断器是熔断器式低压保护线路和电动机控制电路中最简单、最常用的过载和短路保护电器。常见有瓷插式和螺旋式两种。

1．外形、结构

（1）外形及电路符号

常用熔断器的外形及电路符号如图 7-7 所示。

（a）几种熔断器外形　（b）电路符号、文字符号

图 7-7　熔断器的外形及电路符号

（2）结构

熔断器主要由熔体、熔管、填料、盖板、接线端、指示器和底座等组成。常用的类型有瓷插式熔断器、螺旋式熔断器、无填料封闭管式熔断器、有填料封闭管式熔断器、自复式熔断器和高分辨能力熔断器等。

（3）工作原理

熔断器应用于低压配电系统和控制系统中，主要用作短路保护，是单台电气设备的重要保护元件之一。熔断器串联于被保护的电路中，当通过它的电流超过规定值一定时间后，以其自身产生的热量使熔体自动熔断，从而切断电路，起到保护作用。

2. 型号及含义

熔断器型号命名一般由 5 个部分组成，如图 7-8 所示。

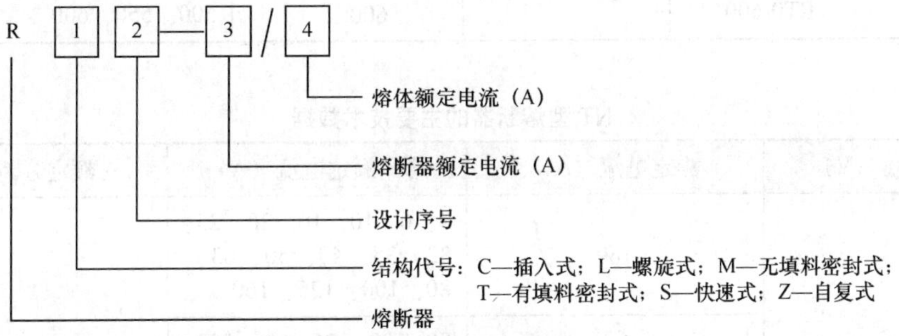

图 7-8　熔断器命名规则

举例：RT0-400 表示额定电流 400A 的有填料密封式熔断器。

3. 主要技术指标

常用熔断器主要技术数据，如表 7-5 所示。NT 型熔断器的主要技术数据，如表 7-6 所示。

表 7-5　常用熔断器的主要技术数据

类别	型号	额定电压（V）	额定电流（A）	熔体额定电流（A）
瓷插式熔断器	RC1A-5	380	5	2、5
	RC1A-10		10	2、4、6、10
	RC1A-15		15	1、4、6、10、15
	RC1A30		30	20、25、30
	RC1A-60		60	40、50、60
	RC1A-100		100	80、100
	RC1A-200		200	120、150、200

续表

类别	型号	额定电压（V）	额定电流（A）	熔体额定电流（A）
螺旋式熔断器	RL1-15	500	15	2、4、6、10、15
	RL1-60		60	20、25、30、35、40、50、60
	RL1-100		100	60、80、100
	RL1-200		200	100、125、150、200
无填料式熔断器	RM10-15	220、380 或 500	15	6、10、15
	RM10-60		60	15、20、25、35、45、60
	RM10-100		100	60、80、100
	RM10-200		200	100、125、160、200
	RM10-350		350	200、225、260、300、350
	RM10-600		600	350、430、500、600
有填料式熔断器	RT0-100	380	100	30、40、50、60、100
	RT0-200		200	120、150、200、250
	RT0-400		400	300、350、400、450
	RT0-600		600	500、550、600

表 7-6　　NT 型熔断器的主要技术数据

额定电压（V）	额定电流（A）	熔体额定电流（A）	额定分断能力
500	160	4、6、10、16、20、25、32、35、40、50、63、80、100、125、160	500V 120 kA
	250	80、100、125、160、200、224、250	
	400	125、160、200、224、250、300、315、355、400	
	630	315、355、400、425、500、630	
380	1 000	800、1 000	380V 100 kA

4. 熔断器（熔体）的选择

低压熔断器按额定电压、额定电流及分断能力选用。熔体的选择，对不同性质的用电设备有不同的选取方法。

（1）照明电路

① 对于照明配电支路，熔体额定电流应大于或等于配电支路的实际最大负荷电流。但应小于该支路中最细导线的安全电流。

② 照明电路总熔体电流的选择：总熔体电流=（0.9~1）×电度表额定电流。

(2) 电动机电路

① 当电路中只有一台电动机时，熔体额定电流≥(1.5~2.5)×电动机额定电流。

② 当电路有 N 台电动机时，熔体额定电流≥(1.5~2.2)×容量最大的一台电动机额定电流+其余各台电动机额定电流之和。

知识链接二 家庭电路设计与施工

一、电气线路施工的技术要求

(1) 低压电网中的线路，严禁用与大地连接的接地线作为中线，即禁止采用三线一地、二线一地和一线一地制线路。

(2) 动力线路、照明线路等按相同电价收费的用电设备，允许安装在同一线路上，并允许其与照明线路共用线路，如小型单相电动机和小容量单相电炉。在安装线路时，还应考虑事故照明和检修线路时的照明。

(3) 不同供电电压的电气元件，安装在同一配电板上时，必须用文字标明区别，以便于维修。

(4) 电热线路的每一支路，装接的插座数不能超过 6 个，照明线路的每一支路装接的电灯数不能超过 25 个，每一支路的负载电流不能超过 30A。

(5) 低压供电线路应采用绝缘导线作为敷设用线。线路的绝缘电阻规定：相线对于中性线或大地之间的电阻应大于 0.22MΩ；相线与相线之间的电阻应大于 0.33MΩ；在潮湿、具有腐蚀性气体或水蒸气的场所，导线的绝缘电阻允许小于上述数字。

(6) 照明线路、动力线路、电热线路的干线和支线的载流量所带负载电流的 2.0~2.5 倍要求来确定。

(7) 线路安装熔断器的部位，规定在线路的分支或导线面积减小的位置，但在下列情况之一时，则允许面装：管子线路分支导线长度小于 30m 或明设导线长度小于 1.5m 时；前一段有保护线路，其中安装的熔体的电流小于 20A 时；导线截面积减小后或分支导线的载流量不小于前一段有保护的导线的载流量时的一半时。

二、电线、穿线管的选择

1. 电线的选用

供电导线通常用塑料绝缘铜芯硬导线和软导线，导线的选择有两方面，一是导线的粗细，即导线的规格；二是导线绝缘皮的颜色。

选择导线的粗细是因为导线太细不够结实，施工时会出问题，另外电流流过导线会发热，导线越细发热量越大，发热量过大绝缘皮会软化、烤焦、燃烧，甚至烧断。为了用电安全，各种导线都规定了允许通过的电流值，称为安全载流量。使用时导线通过的电流不超过导线的安全载流量时，即可安全使用。常用 500V 铜芯导线的安全载流量，见表 7-7。

户内线路中，对导线规格的使用有专门的规定：灯具、开关线路为 1.5mm^2，照明插座线路为 2.5mm^2，空调插座线路和厨房插座线路为 4mm^2。安装灯具使用的软线截面面积不得小于 0.5mm^2。

户内线路中，对导线颜色的使用也有专门的规定：3 条相线（L_1、L_2、L_3）使用黄、绿、红 3 种颜色的导线，中性线（N）使用淡蓝色的导线，从开关回到灯具的导线使用黑色或白色的导线，保护线（PE）使用黄绿双色的导线。

表 7-7　　500V 铜芯导线的安全载流量

导线截面面积（mm^2）	塑料绝缘导线允许负荷电流（A）
1.0	10
1.5	14
2.5	20
4	26
6	34

2. 穿线管的选用

穿线管应用阻燃 PVC 线管，其管壁表面应光滑，壁厚要求达到手指用劲捏不破的强度，而且应有合格证书，也可以用国标的专用镀锌管做穿线管。

三、户内线路安装要求

1. 开关面板的选材及安装

面板的尺寸应与预埋的接线盒的尺寸一致；表面光洁、品牌标志明显，有防伪标志和国家电工安全认证的标志；开关开启时手感灵活，插座稳固，铜片要有一定的厚度；面板的材料应有阻燃性和坚固性；开关高度一般为 1 200～1 350mm，距离门框和门沿为 150～200mm。

2. 灯具安装

（1）一般照明电压应选用 250V 以下额定电压。

（2）室内照明灯应距离地面 2.5m 以上，当低于该距离时应加保护措施。除安全电压以外，不得使用带开关的灯座，不允许将导线直接焊接在灯泡接点上。使用螺口灯座时，螺口不得外露。

（3）户外照明灯高度不得低于 3m，特殊情况下低于 3m 时，应加保护。同时应尽量防止因风吹而引起的摆动。

（4）各种照明灯，根据工作需要要聚光设备时，不得使用纸片、铁片等代替，更不准用金属丝在灯口处捆绑。

3. 开关安装

（1）手柄式开关安装高度为 1.2～1.4m，距门框 150~200mm。

（2）拉线开关距离地面一般为 2.2~2.8m，距门框 150~200mm。

（3）多尘、潮湿场所和户外应采用防水瓷质拉线开关或加装保护箱。

（4）易燃、易爆场所应分别采用防爆型开关。特别潮湿场所应选用密封型开关或将开关安装在其他位置。

4. 插座安装

（1）不同电压的插座应有明显的区别或标志，使其不能互用或弄错。

（2）凡供携带式或移动式电器使用的单相插座应采用三相插座。三相设备采用四眼插座，插座的接地插孔应与接地线或零线接牢。

(3) 明装插座距地面不应低于 1.8m，暗装插座距地面不应低于 30cm，儿童活动场所的插座应采用安全插座且不低于 1.8m。

第二部分 技能实训

技能实训一 室内照明线路的安装

1. 实训目的

(1) 学习实用照明控制线路的设计方法。

(2) 通过电路的安装接线，了解实用电路的安装过程。

(3) 学习两地开关控制的方法。

2. 实训器材

(1) 亚龙 YL-DG-I 型电工技术实训考核装置。

(2) 挂板 SW001、SW003、SW007。

(3) 500 型万用表 1 个。

(4) 电工工具 1 套。

(5) 单股导线若干。

3. 任务要求

(1) 设计一控一灯电路图，负载选用日光灯，电源电路要求设置漏电保护装置、设置单相电度表计量用电量。

① 画出电路原理图，列写电路器件表。

② 用万用表检测实训用器件，了解其接线方法，判断其质量好坏。

③ 根据原理电路图，在图 7-9 中画出电路接线图。布线要求如下。

- 电路接线顺序：先接电源，再接负载。
- 单个器件的接线原则：若是上下接线器件，以“上进下出”为接线原则；若是左右接线的器件，则以“左零右相”为接线原则。
- 电路布线原则：布线遵循“横平竖直、导线转角成 90°；走线入槽，利用接线柱接头”的原则。

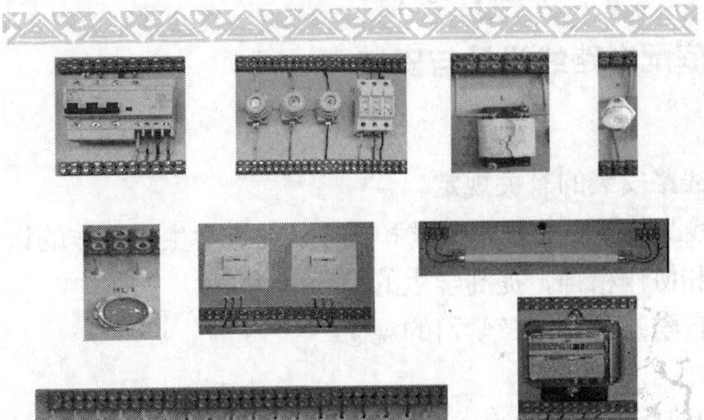

图 7-9 电路接线图

④ 电路接线工艺要求如下。

● 选择实训挂板 SW001 和 SW003（元器件置于配电板正面）。

● 连接仪表、开关、导线长度要合适，剖削导线裸露部分要少于 3mm，用螺丝钉压接后裸露长度应小于 1mm，线头连接要牢固到位。

⑤ 安装步骤如下。

● 按接线图连接电路，先接电源，再接负载。

● 自查/评议：小组同学分别用万用表欧姆挡将线路整体检查一遍，看有无接错、开路，相、零线有无颠倒，并评议。

● 互查/评议：同学间相互检查线路，确保电路连接无误，并评议。

⑥ 通电试车。

● 指导教师确认无误后，由教师通电合闸。

● 观察电路运行状况，记录电路工作过程。

⑦ 任务总结。

（2）设计二控一灯电路图。负载选用白炽灯。

① 画出电路原理图，列写电路器件表。

② 用万用表检测实训用器件，了解其接线方法，判断其质量好坏。

③ 在任务（1）电路接线图中，添加“二开一灯”照明支路的接线图。

④ 按照接线图，将电路接入任务（1）“一控一灯”电路，工艺要求同上。

● 自查：用万用表欧姆挡将线路整体检查一遍，看有无接错、开路，相、零线有无颠倒。

● 互查：同学间相互检查线路，确保电路连接无误。

⑤ 通电试车。

● 指导教师确认无误后，由教师通电合闸。

● 观察电路运行状况，记录电路工作过程。

⑥ 任务总结。

4. 问题思考

（1）照明电路中为什么火线必须接开关？

（2）在电路中增加一个二眼插座，画出电路接线图。

（3）熔断器可否设置在 N 线上？为什么？

技能实训二 家庭配电路线设计与安装

1. 实训目的

（1）了解低压线路安装的有关规定。

（2）学习低压线路装置安装技术要求和工序，促进学生对工作的认识，培养工作能力。

（3）培养团队和协作精神，提高学生的综合能力。

（4）培养学生自学能力和终身学习的观念。

2. 实训器材

（1）亚龙 YL-WXD-II 型维修电工实训考核装置。

（2）电工通用工具 1 套。

(3) 施工工具：电锤、钢管弯管器、紧线器、钻头等。

(4) 施工材料：槽板、线管、木楔、膨胀螺栓等。

(5) 多股导线、护套线、穿墙瓷管、瓷夹、开关、圆木、插座、灯头等。

(6) 500 型万用表 1 个。

3. 任务要求

(1) 识别住户的要求并与之沟通。

住户要求如下。

① 卧室要安装空调、电话机，书房要安装空调、电脑，客厅要安装空调、电视机，卫生间要安装电热水器、电暖风器，厨房要用微波炉、电茶壶。

② 所有插座要贴近地面安装。

③ 客厅的灯，要求客厅和卧室二地控制。

④ 线路安装要美观、经济，适合居家生活。

⑤ 列出材料清单、预算经费。

(2) 电路设计、绘图，编制工艺文件。

小组同学分工协作，每位同学介绍自己负责部分的工作。

① 介绍设计工作流程。

② 展示设计图，介绍设计方案的特点。

③ 展示材料清单，介绍选材的依据及所需经费。

④ 展示工具和仪表清单，介绍用途。

(3) 安装施工。

各组在划定区域内进行安装施工（局部线路）。施工训练项目包括室内配线训练和照明电路安装训练。

要求如下。

① 施工必须按照设计及工艺要求进行。

② 正确使用工具、仪表。

③ 施工时必须穿戴劳保服装、绝缘鞋，要安全文明施工。

④ 教师巡回指导。

⑤ 检测评分。

(4) 交流、总结，教师讲评。

① 各小组交流项目实施过程中遇到的问题及解决方法。

② 教师讲评本实训项目实施过程中的成绩与不足。

4. 以小组为单位写出项目总结报告

项目八 三相异步电动机典型控制电路的设计与安装

实际生产中，有时需要人工短时间控制电动机的运转，如某货场起重机起吊物时的控制；有时又需要较长时间控制电动机的运转，如某机械厂车床加工零件等。电动机的点动、连续控制的实质就是通过一个按钮开关控制接触器的线圈，从而实现用弱电来控制强电的功能。

第一部分 基 础 知 识

知识链接一 低压电器认知（二）

一、交流接触器

交流接触器广泛用作控制电力的通断和控制电路。它利用主触点来开闭电路，用辅助接点来执行控制指令。主触点一般只有常开触点，而辅助触点常有两对具有常开和常闭功能的触点，小型的接触器也经常作为中间继电器配合主电路使用。交流接触器的触点，由银钨合金制成，具有良好的导电性和耐高温烧蚀性。

1. 外形、结构及其工作原理

(1) 外形及电路符号

电磁式交流接触器的外形及电路符号如图 8-1 所示。

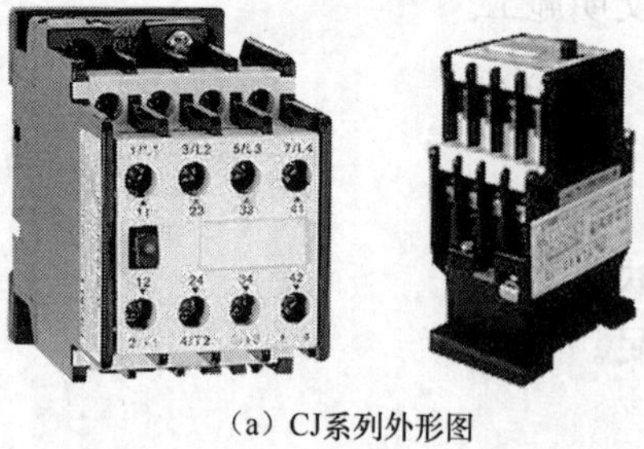

(a) CJ系列外形图

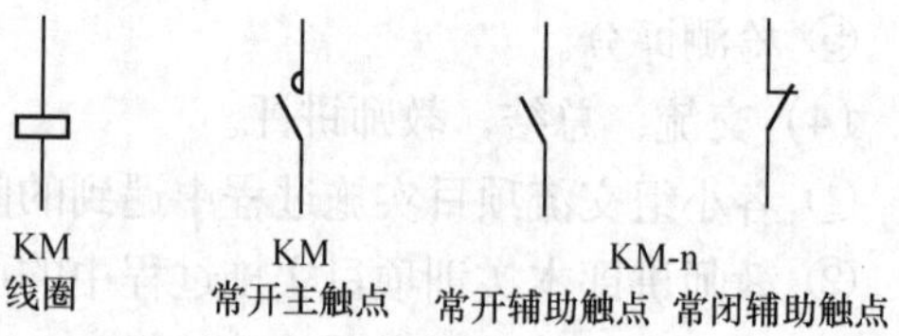

(b) 电路符号、文字符号

图 8-1 电磁式交流接触器外形、电路符号及文字符号

(2) 结构

交流接触器主要由 4 部分组成，如图 8-2 所示。

① 电磁系统包括吸引线圈、动铁芯和静铁芯。

② 触点系统包括 4 副主触头和两个常开、两个常闭辅助触头,它和动铁芯是连在一起互相联动的。

③ 灭弧装置，一般容量较大的交流接触器都设有灭弧装置，以便迅速切断电弧，免于烧坏主触点。

④ 绝缘外壳及附件包括各种弹簧、传动机构、短路环、接线柱等。

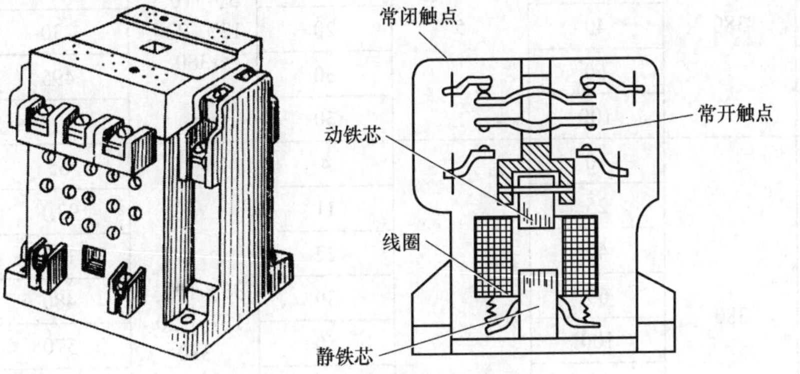

图 8-2 交流接触器内部结构

(3) 工作原理

当线圈通电时，静铁芯产生电磁吸力，将动铁芯吸合，由于触点系统是与动铁芯联动的，因此，动铁芯带动 3 条动触片同时运行，触点闭合，从而接通电源。当线圈断电时，吸力消失，动铁芯联动部分依靠弹簧的反作用力而分离，使主触点断开，切断电源。

2. 型号及含义

交流接触器型号命名一般由 5 个部分构成，如图 8-3 所示。

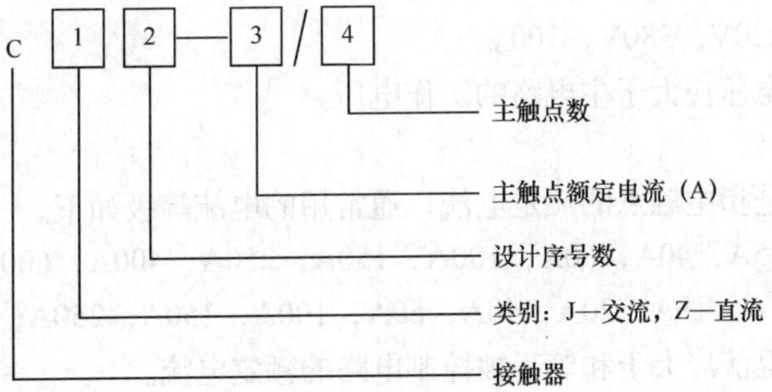

图 8-3 交流接触器

举例：例 CJ10-20 ，表示额定工作电流为 20A 的交流接触器。

3．主要技术指标

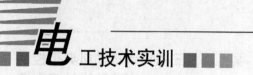

表 8-1　　CJ 系列交流接触器主要技术参数

型号	触点额定电压（V）	主触点额定电流（A）	辅助触点额定电流（A）	可控电动机功率（kW）	吸引线圈电压（V）	吸引线圈消耗功率（VA）	
						启动功率	吸引功率
CJ10-10	380	10	5	4	3、110、127、220、380	65	11
CJ10-20		20		10		140	22
CJ10-40		40		20		230	32
CJ10-60		60		30		495	70
CJ10-100		100		50			
CJ2-10	380	10	5	4	36、110、127、220、380	65	8.3
CJ2-25		25		11		93.1	13.9
CJ2-40		40		22		175	19
CJ2-63		63		30		480	57
CJ2-100		100		50		570	61
CJ2-160		160		85		855	82
CJ2-400		400		200		3.578	250
CJ2-630		630		300		3.578	250

4．接触器的选用

交流接触器的选择内容包括额定电压、额定电流、线圈的额定电压、操作频率、辅助触点的工作电流。

（1）额定电压

铭牌额定电压是指主触点上的额定电压，通常用的电压等级如下。

直流接触器：220V，440V，660V

交流接触器：220V，380V，500V

主触点的额定电压应大于主电路的工作电压。

（2）额定电流

铭牌额定电流是指主触点的额定电流，通常用的电流等级如下。

直流接触器：25A，40A，60A，100A，150A，250A，400A，600A

交流接触器：5A，10A，20A，40A，60A，100A，150A，250A，400A，600A

主触点的额定电流应大于和等于被控制电路的额定电流。

（3）线圈的额定电压

通常用的电压等级为

直流线圈：24V，48V，220V，440V

交流线圈：36V，127V，220V，380V

吸引线圈的额定电压应等于所在控制电路的额定电压。

（4）操作频率

操作频率是指每小时接通的次数，交流接触器最高为 600 次/小时，直流接触器可达 1200 次/小时。

（5）辅助触点的工作电流

辅助触点（或称辅助开关）的微动开关，它有两个电流参数，一个是约定发热电流，另一个是工作电流。工作电流有多种，而约定发热电流只有一个。

二、按钮开关

按钮是一种常用的控制电器元件，常用来接通或断开“控制电路”，从而达到控制电动机或其他电气设备运行目的的一种开关。按钮的触点允许通过的电流很小，一般不超过 5A。

1. 外形、结构及其工作原理

（1）外形及电路符号

LA 系列按钮开关的外形及电路符号如图 8-4 所示。

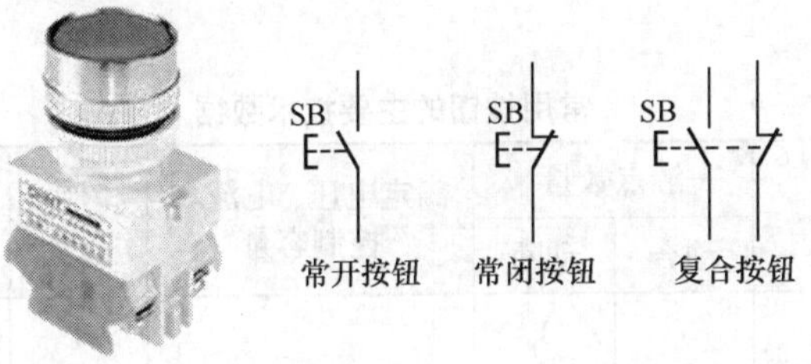

图 8-4　LA 系列按钮开关的外形、电路符号、文字符号

（2）结构

按钮开关由按钮帽、复位弹簧、动触点、常闭静触点和常开静触点、外壳及支持连接部分等组成，如图 8-5 所示。

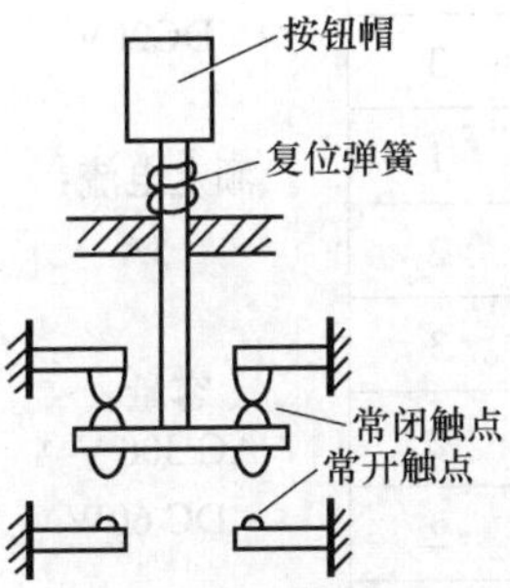

图 8-5　按钮内部结构

（3）工作原理

将按钮帽按下，动触点就向下移动，先脱离常闭静触点，然后同常开静触点接触。当操作人员的手指离开按钮帽以后，在复位弹簧作用下，动触点又向上运动，恢复原来的位置。在恢复过程中，先是常开触点分断，然后是常闭触点闭合。

为了标明各个按钮的作用，避免误操作，通常将按钮做成不同的颜色，以示区别。其颜色有红、绿、黑、黄、蓝、白等。一般以红色表示停止按钮，绿色表示启动按钮，另有中英文标记供参考。

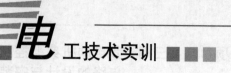

2. 型号及含义

按钮型号命名一般由 5 个部分组成，如图 8-6 所示。

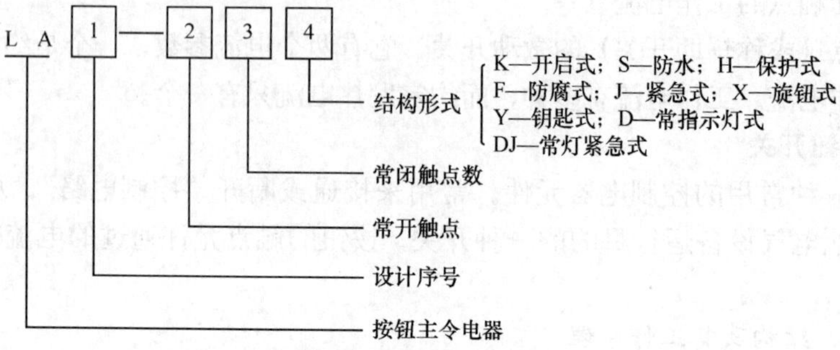

图 8-6 按钮命名规则

举例：LA19-11DJ 表示带灯紧急式 1 个常开触点 1 个常闭触点的按钮开关。

3. 主要技术指标

表 8-2 常用按钮的主要技术数据

型号	形式	触点数量		额定电压、电流和控制容量	按钮数量	颜色
		动合	动断			
LA10-1K	开启式	1	1	额定电压：AC380V DC20V 额定电流：5A 容量：AC 300 V-A DC 60W	1	黑、绿、红
LA10-2K	开启式	2	2		2	黑、红或绿、红
LA10-3K	开启式	3	3		3	黑、绿、红
LA10-1H	保护式	1	1		1	黑、绿、红
LA10-2H	保护式	2	2		2	黑、红或绿、红
LA10-3H	保护式	3	3		3	黑、绿、红
LA10-1S	防水式	1	1		1	黑、绿、红
LA10-2S	防水式	2	2		2	黑、红或绿、红
LA10-3S	防水式	3	3		3	黑、绿、红
LA10-2F	防腐式	2	2		2	黑、红或绿、红
LA18-22	一般式	2	2		1	黑、绿、红、黄、白
LA18-44	一般式	4	4		1	黑、绿、红、黄、白
LA18-22J	紧急式	2	2		1	红
LA18-44J	紧急式	4	4		1	红
LA18-22X2	旋钮式	2	2	额定电压：AC 380V DC 220V	1	黑
LA18-44X	旋钮式	4	4		1	黑
LA18-22Y	钥匙式	2	2		1	锁芯本色
LA19-44Y	钥匙式	4	4		1	锁芯本色

续表

型号	形式	触点数量		额定电压、电流和控制容量	按钮数量	颜色
		动合	动断			
LA19-11A	一般式	1	1	额定电流：5A 容量： AC 300V-A DC 60W	1	黑、绿、红、黄、白
LA19-11J	紧急式	1	1		1	红
LA19-11D	带灯式	1	1		1	黑、绿、红、黄、白
LA20-11DJ	带灯紧急式	1	1		1	红
LA20-11	一般式	1	1		1	黑、绿、红、黄、白
LA20-11J	紧急式	1	1		1	红
LA20-11D	带灯式	1	1		1	黑、绿、红、黄、白
LA20-11DJ	带灯紧急式	1	1		1	红
LA20-22	一般式	2	2		1	黑、绿、红、黄、白
LA20-22J	紧急式	2	2		1	红
LA20-22D	带灯式	2	2		1	黑、绿、红、黄、白
LA20-2K	开启式	2	2		2	白、红或绿、红
LA20-3K	开启式	3	3		3	白、绿、红
LA20-2H	保护式	2	2		2	白、红或绿、红
LA20-3H	保护式	3	3		3	白、绿、红

4. 按钮开关的选用

按钮的选用应根据使用场合、被控制电路所需要触点数目及按钮帽的颜色等方面综合考虑。使用前，应检查按钮帽弹性是否正常，动作是否自如，触点接触是否良好可靠。

按钮安装在面板上，应布置合理，排列整齐，安装应牢固，停止按钮用红色，启动按钮用绿色或黑色。

三、热继电器

热继电器是一种利用电流热效应来对电动机或其他电力设备进行过载保护的控制电器。

电动机在运行过程中，如果长期过载、频繁启动，欠压运行或断相运行等都可能使电动机超过它的额定值。如果电流超过额定值的数值不大，熔断器在这种情况下不会熔断，这样会引起电动机过热，损坏绕组的绝缘，缩短电动机的使用寿命，严重时甚至烧坏电动机。因此，必须对电动机采取过载保护措施，最常见的是利用热继电器进行过载保护。

1. 外形、结构及其工作原理

(1) 外形及电路符号

热继电器外形及电路符号如图 8-7 所示。

图 8-7　热继电器的外形、电路符号及文字符号

（2）结构

JR16 热继电器是具有断相保护功能的热继电器，其外形及结构如图 8-7 所示。它主要由热元件、触点系统、运作机构、复位按钮和整定电流装置等构成。

① 热元件是热继电器的主要部分，由主双金属片及缠绕在双金属片上的电阻丝组成。双金属片是由两种热膨胀系数不同的金属片焊接而成，如铁、镍铬合金。电阻丝由一般康铜、镍铬合金等材料制成。使用时将电阻丝直接串接在异步电动机的三相电路中。

② 触点系统由常闭触点和常开触点组成。

③ 动作机构由导板、温度补偿双金属片、推杆、动触点连杆和弹簧等组成。

④ 复位按钮用于继电器动作后的手动复位。

⑤ 整定电流装置由带偏心轮的旋钮来调节整定电流值。

（3）工作原理

如图 8-8 所示，当电动机绕组因过载引起电流增大时，发热元件所产生的热量足以使主双金属片弯曲，推动导板向右移动，又推动了温度补偿双金属片，使推杆绕轴转动，推动动触点连杆，使动触点与静触点分开，从而使电动机线路中的接触线圈断电释放，将电源切断，起到保护电动机的作用。

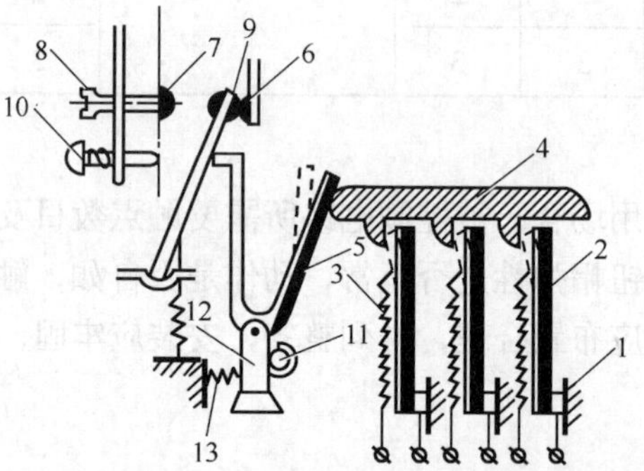

1—推杆；2—主双金属片；3—加热元件；4—导板；5—补偿双金属片
6—静触点；7—静触点；8—复位按钮；9—动触点；10—复位调节螺钉
11—调节旋钮；12—支撑件；13—弹簧

图 8-8　热继电器动作原理示意图

温度补偿片用来补偿环境温度对热继电器动作精度的影响，它由与主双金属片同类的双金属片制成。当环境温度变化时，温度补偿片与主双金属片都在同一方向上产生附加弯曲，因而补偿了环境温度的影响。热继电器动作后的复位有手动复位和自动复位两种。

① 手动复位：将调节螺钉拧出一段距离，使触点的转动超过一定角度，当双金属片冷却后，触点不能自动复位，这时必须按下复位按钮使触点复位。

② 自动复位：切断电源后，热继电器开始冷却，过一段时间双金属片恢复原状，触点

在弹簧的作用下自动复位。

2. 型号及含义

继电器型号命名一般由 4 个部分组成，如图 8-9 所示。

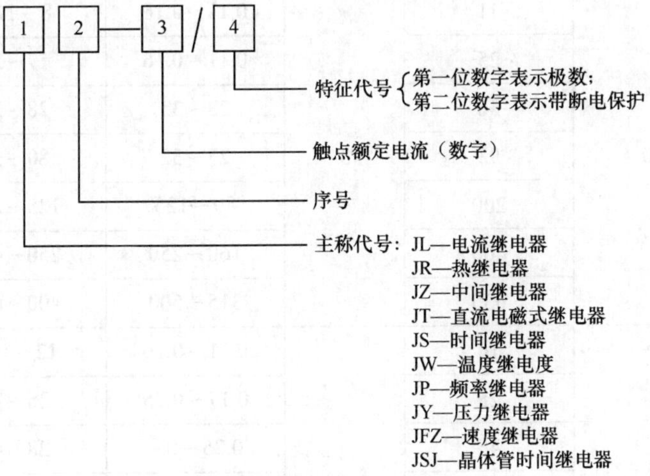

图 8-9 继电器命名规则

举例：JR16-20/3D 表示 20A 3 极带断电保护的热继电器。

3. 主要技术参数

常用热继电器的主要技术指标见表 8-3。

表 8-3 常用热继电器的主要技术指标

型号	额定电压（V）	额定电流（A）	相数	热元件		
				最小规格（A）	最大规格（A）	挡数
JR16	380	20	3	0.25～0.35	14～22	12
		60		14～22	40～63	4
		150		40～63	100～160	4
JR15	380	10	2	0.25～0.35	6.8～11	10
		40		6.8～11	30～45	5
		100		32～50	60～100	3
		150		68～110	100～150	2
JR20	660	6.3	3	0.1～0.15	5～7.4	14
		16		3.5～5.3	14～18	6
		32		8～12	28～36	6
		63		16～24	55～71	6
		160		33～47	144～170	9
		250		83～125	167～250	4
		400		130～195	267～250	4
		630		200～300	420～630	4

续表

型号	额定电压（V）	额定电流（A）	相数	热元件		
				最小规格（A）	最大规格（A）	挡数
NR2 JR28	660	11	3	0.11～0.16	8～11.5	12
		25		0.11～0.16	17～25	15
		36		23～32	28～36	2
		93		23～32	80～93	7
		200		80～125	125～200	3
		400		160～250	250～400	3
		630		315～500	400～630	2
T	660	16	3	0.11～0.16	12～17.6	22
		25		0.17～0.25	26～35	22
		45		0.25～0.4	28～45	22
		85		6～10	60～100	8
		105		36～52	80～115	5
		170		90～130	140～200	3
		250		100～160	250～400	3
		370		160～250	300～500	3

4. 热继电器的整定电流

热继电器的整定电流是指热继电器长期不动作的最大电流，超过此值就会动作。整定电流的调整如下。

热继电器的凸轮上方是整定电流调节旋钮，刻有整定电流值的标尺。旋动旋钮时，凸轮压迫支撑杆绕交点左右移动，支撑杆向左移动时，推杆与连杆的杠杆间隙加大，热继电器的热元件动作电流增大，反之动作电流减小。

当过载电流超过整定电流的 1.2 倍时，热继电器便要动作。过载电流越大，热继电器开始动作所需要时间越短。过载电流的大小与动作时间关系如表 8-4 所示。

表 8-4　热继电器过载电流的大小与动作时间关系

整定电流倍数	动作时间	起始状态
1.0	长期不动作	从冷态开始
1.2	小于 20min	从热态开始
1.5	小于 2min	从热态开始
6	大于 5s	从冷态开始

5. 热继电器的选用

热继电器在选用时，应根据电动机额定电流来确定热继电器的型号及热元件的电流等级。

（1）根据电动机的额定电流选择热继电器的规格，一般应使热继电器的额定电流略大于电动机的额定电流。

（2）根据需要的整定电流值选择热元件的电路等级。一般情况下，热元件的整定电流为电动机额定电流的0.95~1.05倍。

（3）根据电动机定子绕组的连接方式选择热继电器的结构形式。定子绕组做Y形连接的电动机选用普通三相结构的热继电器，做三角形连接的电动机应选用三相带断相保护装置的热继电器。

知识链接二 学看电气控制电路图

电路图是用图形符号并按工作顺序排列、详细表示电路、设备或成套装置的全部基本组成和连接关系，而不考虑其实际位置的一种简图。目的是便于详细理解作用原理，分析和计算电路特性。常用电路图有电路原理图和电路接线图。

一、电路原理图

电路原理图是用来说明电气控制线路的工作原理、各电气元件的相互作用和相互关系。它包括所有电气元件的导电部分和接线端头，而不考虑各元件的实际位置。

电路原理图绘制方法和原则如下。

（1）在电路图中，电源电路、主电路、控制电路、信号电路分开绘制。电源电路水平画，主电路、控制电路、信号电路均垂直于电源电路依次从左到右排列。

（2）无论是主电路还是辅助电路，各电器元件一般应按生产设备动作的先后动作顺序从上到下或从左到右依次排列，可水平布置或垂直布置。

（3）所有电器的开关和触点的状态，均为线圈未通电状态；手柄置于零位；行程开关、按钮等的接点不受外力状态；生产机械为开始位置。

（4）为了阅读、查找方便，在含有接触器、继电器线圈的线路单元下方或旁边，可标出该接触器、继电器各触点分布位置所在的区号码。

（5）同一电器各导电部分常常不画在一起，应以同一标号注明。

二、电气接线图

电气接线图是根据电气设备和电器元件的实际位置和安装情况绘制的，只用来表示电气设备和电器元件的位置、配线方式和接线方式，而不明显表示电气动作原理。主要用于安装接线、线路的检查维修和故障处理。

电气接线图绘制方法及原则如下。

（1）各电气的符号、文字和接线编号均与电路原理图一致。

（2）电气接线图应清楚地表示各电器的相对位置和他们之间的电气连接。所以同一电器的各导电部分是画在一起的，常用虚线框起来，尽可能地反映实际情况。

（3）不在同一控制箱内或不在同一配电屏上的各电器连接导线，必须通过接线端子进行连接，不能直接连接。

（4）成束的电线可以用一条实线表示，电线很多时，可在电器接线端只标明导线的线号和去向，不一定将导线全部画出。

（5）接线图应表明导线的种类、截面、套管型号、规格，等等。

三、原理图与接线图的区别

原理图指的就是详细的电路图，侧重点就是电气原理，知道为什么这样接线。

接线图就是给接线电工接线用的，侧重点就是把复杂的线型、线号分清楚，方便接线。根据原理图可以接线，但是在线多的情况下很容易出错，而且对工人的要求很高。详细标出线的线号和型号，不显示接线原理，方便施工，对工人要求低。

四、电气控制线路识图要领

电气控制设备、装置类型较多，这些设备、装置上的电气控制线路都不一样，如果不从线路原理上掌握连线规律，诊断线路故障就比较困难。故要修理电气设备或装置，必须读懂和掌握电气控制线路图。尤其是初学者，更要学会如何识读电气控制线路图。归纳识图要领如下。

1. 认真读几遍图注

图注说明了该电气控制线路所用设备的名称及数码代号，通过读图注可以初步了解该电气控制线路中都使用了哪些元器件。然后通过这些元器件的数码代号在电气控制线路图中找出该元器件，再进一步找出相互的连线、控制关系。这样就可以了解该电气控制线路的特点和构成。

2. 分清主、辅线路

在拿到一张电气控制线路图时，应该先将整个线路划分一下，可根据以上介绍的主、辅线路的特征来进行，这样可使识图变得简单。然后，再按照“先看主线路，后看辅助线路”的原则进入各个单元线路的识图。这样可以使思路清晰，不会造成混乱。

在识读辅助线路中，还可以根据各个小回路中控制元件的动作情况，进一步搞清辅助线路是怎样对主线路进行控制的，由此就可对整个控制线路有一个比较全面、完整的理解。在此基础上，对读懂整个电气控制线路的工作原理就不难了。

3. 先看主线路

主线路典型的特征是用电器所在的线路，看主线路时，通常可按以下步骤进行。

(1) 看用电器的使用情况

用电器通常是指消耗电能或者将电能转变为其他能量的电气设备或装置。如常见的电动机、电弧炉及空压机等。看用电器使用情况时，首先要看清楚主线路中使用了哪些用电器、它们是什么类型的用电器、有哪些作用、在线路中是怎样进行连接的、还有哪些不同的要求等。

(2) 看控制元件是怎样控制用电器的

要看清楚主线路中的用电器采用了什么样的控制元件进行控制的，受几个控制元件的控制。

(3) 看其他元件的状态及作用

进一步看除用电器以外的其他元件，以及这些元件的作用。主线路各元件和用电器通常比辅助线路中的控制元件少。读识主线路时，可以顺着电源引入端向下（或由下向上）逐次观察。

(4) 看主线路的供电特性

看主线路的供电时，要了解电源的种类及电压等级。电源分为直流电源与交流电源两大类。

① 直流电源：主线路有的是由直流发电机供电的，有的是由整流设备供电的。直流电

源电压等级常见的有 12V、24V、110V、220V、660V 等。

② 交流电源：主线路多数情况下是由三相交流电网供电的，也有的是由交流发电机供电的。交流电源低电压等级常见的有 24V、36V、110V、220V、380V 等，频率多为 50Hz。

4. 再看辅助线路

辅助线路的最大特点是通常都具有控制元件，如交流接触器、继电器及各种控制开关等，故也可以将其称为控制线路。看辅助线路时，通常可按以下步骤。

(1) 看辅助线路的供电

辅助线路的供电也可分为直流电源与交流电源两大类。在同一个电气控制线路中，如主线路供电为交流，辅助线路供电为直流电，这多是在辅助线路中设置了整流线路。在同一个电气控制线路中，如主线路和辅助线路都为交流供电，则辅助线路的供电通常都来自于主线路。

(2) 控制元件的控制关系

看辅助线路中的控制元件时，主要是要搞清楚这些元件的作用及其对主线路用电器之间的控制关系。在电气控制辅助线路中，辅助线路通常是一个大回路（指电源电流回路），而在这个大回路中又包含了若干个小回路，每个小回路又具有一个或多个控制元件。一般来说，主线路中用电器越多，则辅助线路的小回路及控制元件就越多。

(3) 看控制元件的互联关系

在搞清楚了辅助线路中控制元件控制关系的基础上，还应进一步搞清楚辅助线路中各个控制元件之间的互联（也称为制约）关系。

在各个电气装置、电气设备的电气控制线路中，各个控制元件之间都不是孤立存在的，它们相互之间都存在着某种联系：有的元件之间是控制与被控制的关系；有的则是互相制约关系；有的则是联动关系。在各种电气控制辅助线路中，控制元件之间也存在着上述各种制约关系。

通过看主线路，要搞清楚用电设备是怎样从电源得到供电的，电源是经过哪些元件到达负载的。通过看辅助线路（控制线路），要搞清楚它的回路构成，各元件间的联系、控制关系和在什么条件下回路可构成通路或断路，进而搞清楚整个电气控制线路的工作原理。

第二部分 技能实训

技能实训一 三相异步电动机点动/连续正转控制电路安装

1. 实训目的

(1) 认识交流接触器、按钮开关，了解其接线方法。

(2) 学习电气控制电路设计思路及掌握正确的接线方法。

(3) 能绘制简单电气控制图。

2. 实训器材

(1) 亚龙 YL-DG-I 型电工技术实训考核装置。

(2) 挂板 SW001、SW002。

(3) 三相异步电动机（单速）。

(4) 500 型万用表 1 个。

(5) 电工工具 1 套。

(6) 单股铜芯导线。

3. 任务要求

(1) 低压电器的认知

① 认识交流接触器，知道哪些是主触点，哪些是辅助触点，哪一组是线圈。画出其电路符号。

② 用万用表检测交流接触器常开、常闭触点的通断。

③ 认识按钮开关，知道哪一组是常闭的、哪一组是常开的。画出其电路符号。

④ 用万用表检测按钮常开、常闭触点的通断。

⑤ 用两块万用表同时检测复合按钮常开、常闭触点的通断，了解其工作过程。

(2) 电动机点动控制电路安装

电动机点动控制电路安装电路图如图 8-10 所示。

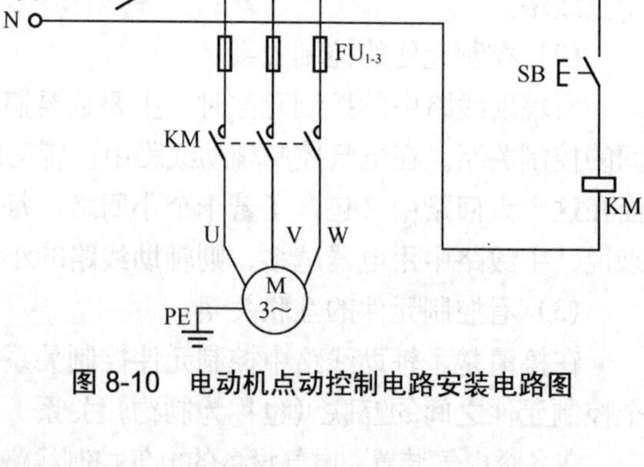

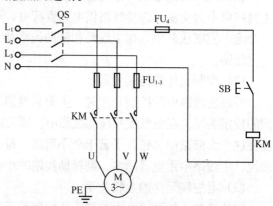

图 8-10 电动机点动控制电路安装电路图

① 读懂并理解电路工作原理，写出电路工作过程。

② 设计并列写电路元器件表。

③ 万用表检测实训用器件，了解接线方法，判断其质量好坏。

④ 根据原理电路图在图 8-11 中画出电路接线图。

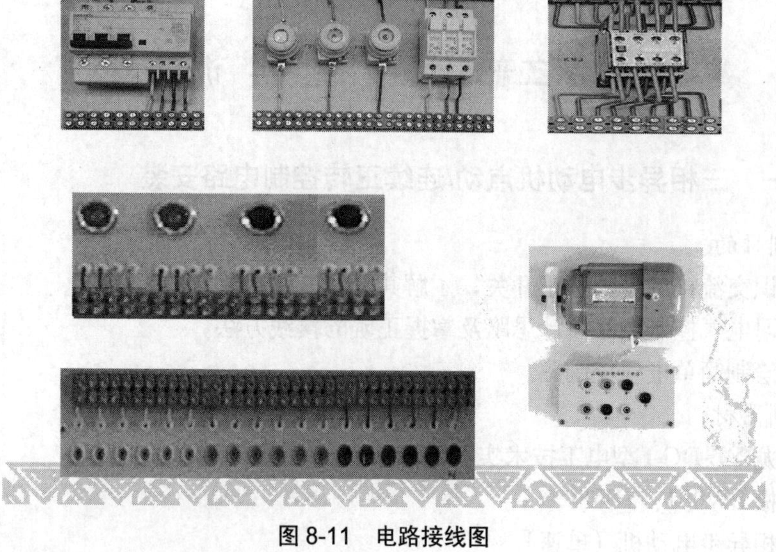

图 8-11 电路接线图

⑤ 电路接线、工艺要求。

a．布线要求

● 电路接线顺序：先接主线路，再接辅助线路。

● 单个器件的接线原则：若是上下接线器件，以“上进下出”为接线原则；若是左右接线的器件，则以“左零右相”为接线原则。

● 电路布线原则：布线遵循“横平竖直、导线转角成 90°；走线入槽，利用接线柱接头”的原则。

b．外观要求

● 选择实训挂板 SW001 和 SW002（元器件置于配电板正面）。

● 连接仪表、开关的导线材料长短要合适，裸露部分要少于 3mm，用螺丝钉压接后裸露长度应小于 1mm，线头连接要牢固到位。

● 连接线用剥线钳剥线。

⑥ 安装步骤。

第一步，根据主辅线路图，按布线规则连接线路。

第二步，自查：用万用表欧姆挡将线路整体检查一遍，看有无接错、开路，相、零线有无颠倒。

第三步，互查：同学间相互检查线路，确保电路连接无误。

⑦ 通电试车。

● 指导教师确认无误后，由教师通电合闸。

● 观察电路运行状况，记录电路工作过程。

⑧ 任务总结。

(3) 电动机连续正转控制电路设计与安装

① 设计电动机连续正转控制电路原理图，画在图 8-12 中。

电动机连续正转控制电路原理图

图 8-12 电动机连续正转控制电路原理图

② 列写电路元器件表。

③ 万用表检测实训用器件，了解接线方法，判断其质量好坏。

④ 根据原理电路图画出电路接线图。

⑤ 后续内容同“电动机点动控制电路安装”部分的⑤～⑦。

(4) 分析图 8-13 控制电路工作原理，写出电路工作过程，并说明电路实现何种功能。

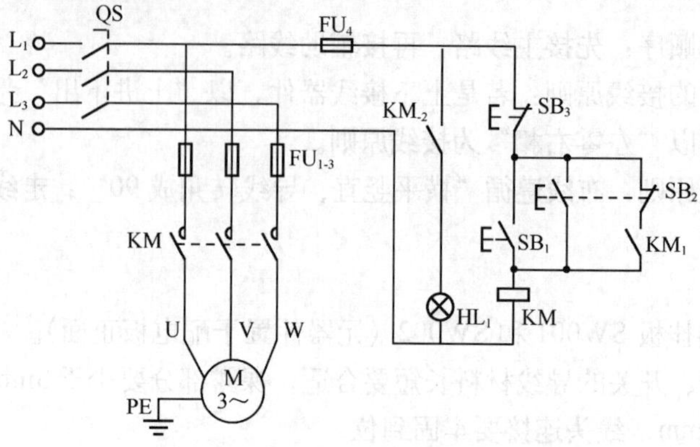

图 8-13 电动机控制电路工作原理图

4. 问题思考

(1) 电动机点动控制电路有何特点？

(2) 从电气控制设计的角度分析，怎样实现电动机的连续运行？

(3) 复合按钮是怎样动作的？描述其内部结构。

技能实训二 三相异步电动机正/反转控制电路安装

1. 实训目的

(1) 认识热继电器，了解其接线方法。

(2) 加深对电气控制系统各种保护、自锁、互锁的理解。

(3) 学会分析、排除电路故障的方法。

2. 实训器材

(1) 亚龙 YL-DG-I 型电工技术实训考核装置。

(2) 挂板 SW001、SW002。

(3) 三相异步电动机（单速）。

(4) 500 型万用表 1 个。

(5) 电工工具 1 套。

(6) 单股导线若干。

3. 任务要求

(1) 认识热继电器的各触点，画出其电路符号。

(2) 会用万用表检测热继电器的各触点，判断其质量好坏。

(3) 电动机正/反转控制电路安装。

① 实训电路如图 8-14 所示，分析电路工作原理，写出电路工作过程。

② 列写电路元器件表。

③ 万用表检测实训用器件，了解接线方法，判断其质量好坏。

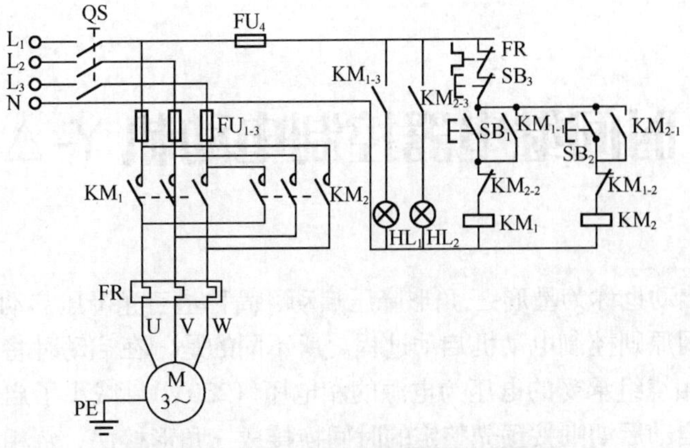

图 8-14 电动机正/反转控制实训电路图

④ 在图 8-15 中画出电路接线图。

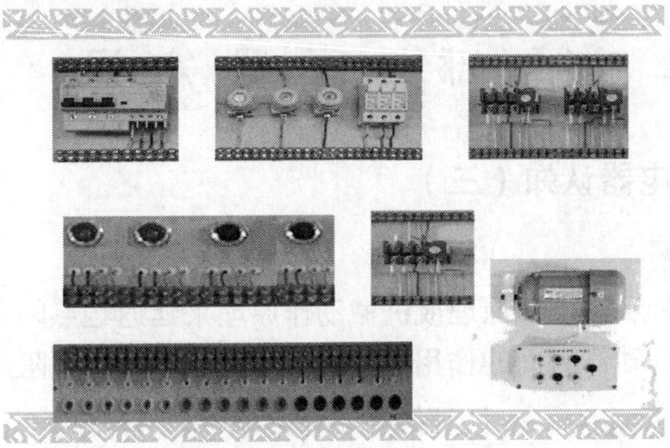

图 8-15 电路接线图

⑤ 后续内容同“电动机点动控制电路安装”部分的⑤～⑦。

4. 问题思考

(1) 为什么必须保证两个控制电路不能同时工作？电路中采取了哪些措施？

(2) 分析主电路是怎样通过接触器实现换相的？为什么？

(3) 分析图 8-16 所示电路工作原理，电路实现何功能？

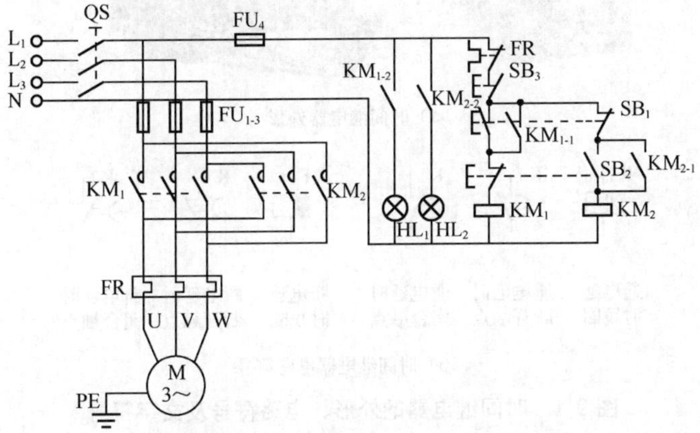

图 8-16 电动机工作原理图

项目九　时间继电器控制电动机 Y-△降压启动

Y-△降压启动也称为星形-三角形降压启动，简称星三角降压启动。这一线路的设计思想是按时间原则控制电动机启动过程。所不同的是，在启动时将电动机定子绕组接成星形，每相绕组承受的电压为电源的相电压（220V），减小了启动电流对电网的影响。而在其启动后期则按预先整定的时间换接成三角形接法，每相绕组承受的电压为电源的线电压（380V），电动机进入正常运行。凡是正常运行时定子绕组接成三角形的鼠笼式异步电动机，均可采用这种线路。

第一部分　基 础 知 识

知识链接一　低压电器认知（三）

一、时间继电器

时间继电器是一种利用电磁原理或机械动作原理来延迟触点闭合或断开的控制电器，在电路中起控制电器的动作时间的作用。它的种类很多，有空气阻尼型、电动型、电子型和其他等。

1. 外形、结构

（1）外形及电路符号

时间继电器的外形及电路符号如图 9-1 所示。

（a）时间继电器外形

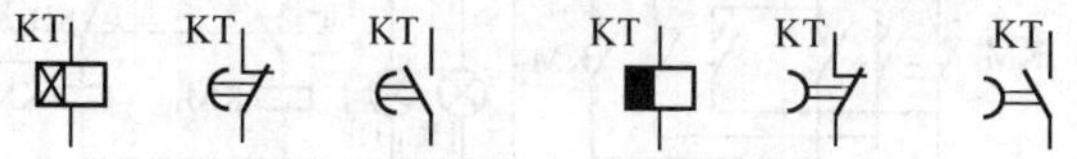

通电延时线圈　通电延时断开触点　通电延时闭合触点　断电延时线圈　断电延时断开触点　断电延时闭合触点

（b）时间继电器电路符号

图 9-1　时间继电器的外形、电路符号及文字符号

(2) 结构

空气阻尼式时间继电器是利用空气阻尼原理获得延时，它由电磁系统、工作触点、气室及传动机构4部分组成，如图9-2所示。

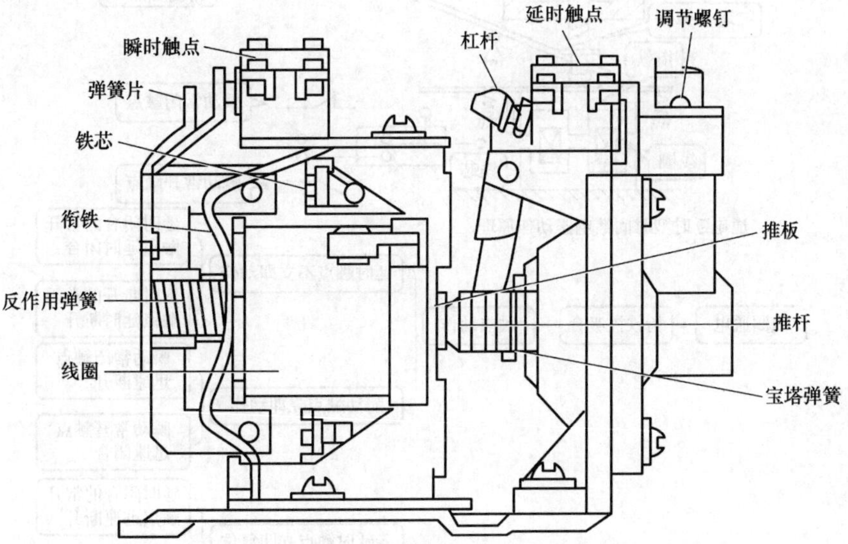

图9-2 空气阻尼式时间继电器结构示意图

① 电磁系统由线圈、铁芯和衔铁组成，还有反力弹簧和弹簧片。电磁系统起承受信号作用。

② 工作触点是执行机构，由两副瞬时动作触点（一副常开，一副常闭）和两副延时动作触点组成。

③ 气室起延时和中间传递作用，气室内有一块橡皮薄膜，随空气的增减而移动。气室上面的调节螺钉可调节延时的长短。

④ 传动机构由推杆、活塞杆、杠杆及宝塔形弹簧组成。空气阻尼式时间继电器结构简单、价格低廉，但准确度低，延时误差大，因此，在要求延时精度高的场合不宜采用。

(3) 工作原理

空气阻尼式时间继电器有通电延时和断电延时两种类型。

① 通电延时型时间继电器的动作原理：当时间继电器线圈通电时，衔铁被吸合，活塞杆在宝塔形弹簧的作用下移动，移动的速度要根据进气孔的节流程度而定，各延时触点不立即动作，而要通过传动机构延长一段整定时间才动作，线圈断电时延时触点迅速复原，如图9-3所示。

② 断电延时型继电器动作原理：当时间继电器线圈通电时，衔铁被吸合，各延时触点瞬时动作，而线圈断电时触点延时复位，如图9-4所示。

③ 通电延时型和断电延时继电器共同点：由于两类时间继电器的瞬动触点因不具有延时作用，故通电时立即动作，断电时立即复位，恢复到原来的常开或常闭状态。

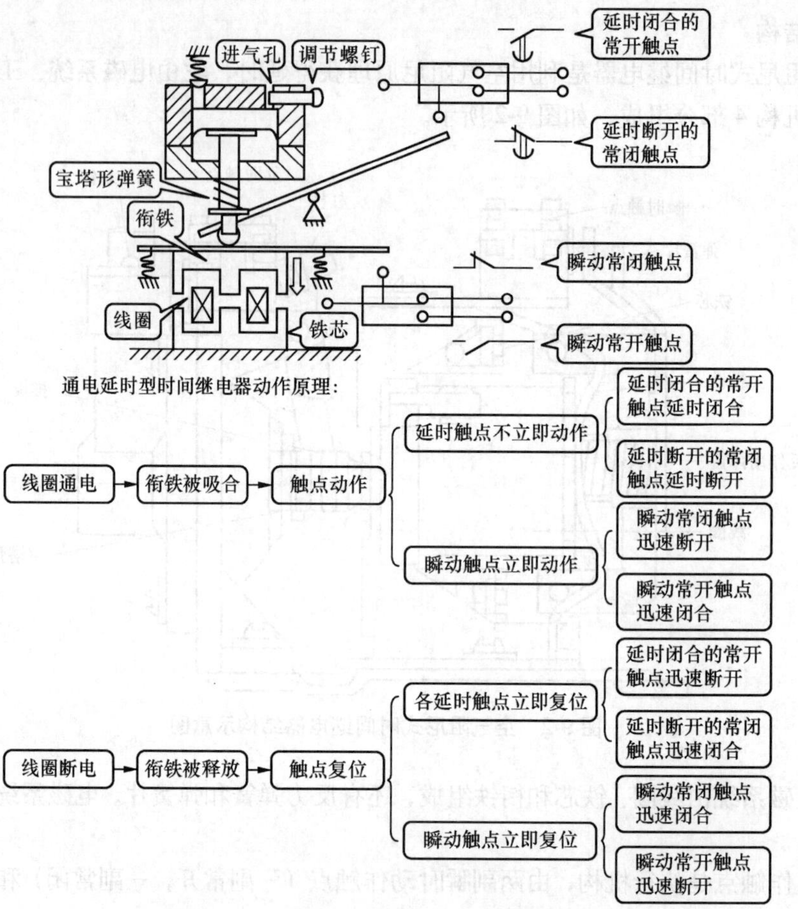

图 9-3 通电延时型时间继电器的动作原理

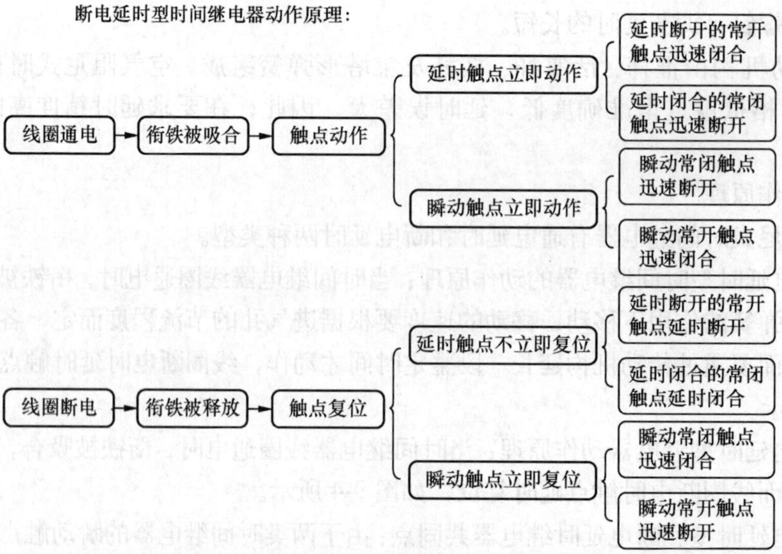

图 9-4 断电延时型时间继电器的动作原理

断电延时与通电延时两种时间继电器的组成元件是通用的，从结构上说，只要改变电磁机构的安装方向，便可获得两种不同的延时方式，就是铁芯和衔铁的位置被调转 180°，即当衔铁位于铁芯和延时机构之间时为通电延时型，而当铁芯位于衔铁和延时机构之间时为断电延时型。

2. 型号及含义

时间继电器型号命名见项目八，如图 8-9 所示。

举例：JS7-2A 表示空气式时间继电器。

3. 主要技术指标

JS7-A 型空气式时间继电器的技术指标见表 9-1。

表 9-1　　JS7-A 型空气式时间继电器的技术指标

<table>
<tr><th rowspan="3">型号</th><th colspan="2" rowspan="2">瞬时动作触点数</th><th colspan="4">延时动作触点数量</th><th rowspan="3">触点额定电压（V）</th><th rowspan="3">触点额定电流（A）</th><th rowspan="3">线圈电压（V）</th><th rowspan="3">延时范围（S）</th><th rowspan="3">额定操作频率（次/小时）</th></tr>
<tr><th colspan="2">通电延时</th><th colspan="2">断电延时</th></tr>
<tr><th>动合</th><th>动断</th><th>动合</th><th>动断</th><th>动合</th><th>动断</th></tr>
<tr><td>JS7-1A</td><td></td><td></td><td>1</td><td>1</td><td></td><td></td><td rowspan="4">380</td><td rowspan="4">5</td><td rowspan="4">24、36、110、127、220、380、420</td><td rowspan="4">0.4～60
0.4～180</td><td rowspan="4">600</td></tr>
<tr><td>JS7-2A</td><td>1</td><td>1</td><td>1</td><td>1</td><td></td><td></td></tr>
<tr><td>JS7-3A</td><td></td><td></td><td></td><td></td><td>1</td><td>1</td></tr>
<tr><td>JS7-4A</td><td>1</td><td>1</td><td></td><td></td><td>1</td><td>1</td></tr>
</table>

4. 时间继电器的选用

时间继电器形式多样，各具特点，选择时应从以下几个方面考虑。

（1）根据控制电路对延时触点的要求选择延时方式，即通电延时型或断电延时型。

（2）根据延时范围和精度要求选择继电器类型。

（3）根据使用场合、工作环境选择时间继电器的类型。如电源电压波动大的场合可选空气阻尼式或电动式时间继电器，电源频率不稳定场合不宜选用电动式；环境温度变化大的场合不宜选用空气阻尼式和电子式时间继电器。

知识链接二　三相异步电动机降压启动控制电路

电动机由静止到通电正常运转的过程叫电动机的启动过程，在这一过程中，电动机消耗的功率较大，启动电流也较大，通常启动电流是电动机额定电流的 4～7 倍。小功率电动机启动时，启动电流虽然较大，但和电网的总电流相比还是比较小的，所以可以直接启动。若电动机的功率较大，又是满负荷启动，则启动电流就很大，很可能会对电网造成影响，使电网电压降低而影响到其他电器的正常运行，此时我们就要采用降压启动。

一台电动机是否要采用降压启动，可用下面的经验公式判断

$$\frac{I_q}{I_e} \leqslant \frac{3}{4} + \frac{\text{电源变压器的容量}}{4\times\text{待启动电动机的功率}}$$

I_q 为电动机的启动电流，I_e 为电动机的额定电流。

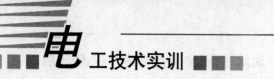

计算结果满足上式要求时，可采用全压启动，不满足时应采用降压启动。

例如，某台电动机的功率为 125W，电流的容量为 1 000kVA，它的 I_q / I_e=5，根据上式的计算

$$\frac{3}{4}+\frac{1\,000}{4\times125}=2.75<5$$

由计算可知该电动机必须降压启动。若电源的容量 5 000kVA，则电动机就可全压启动。

常用的降压启动有串接电阻降压启动、Y-△降压启动、自耦变压启动及延边三角形降压启动。下面介绍其典型的降压启动电路。

一、接触器控制的串接电阻启动控制电路

接触器控制的串接电阻启动控制电路的工作原理如图 9-5 所示，启动时串接电阻 *R* 降压启动，启动完毕后，KM_2 主触点将 R 短路，电动机全压运行。具体工作原理如下。

1. 降压启动

$$按下\ SB_1\rightarrow KM_1 线圈通电\begin{cases}KM_1主触点闭合\rightarrow电动机串接电阻R,降压启动\\KM_1自锁触点闭合\rightarrow自锁\end{cases}$$

$$按下\ SB_2\rightarrow KM_2 线圈通电\begin{cases}KM_2主触点闭合,电动机电阻R被短路,电动机全压运行\\KM_2自锁触点闭合\rightarrow自锁\end{cases}$$

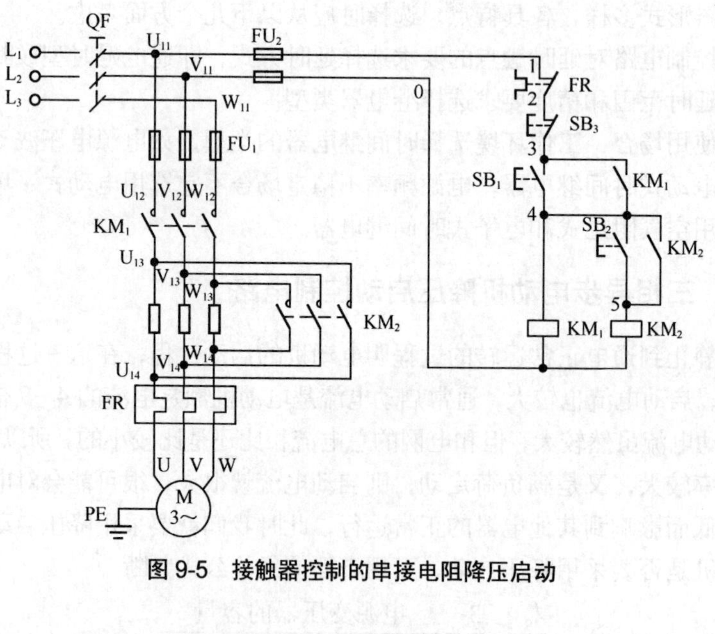

图 9-5 接触器控制的串接电阻降压启动

2. 停机

按下 $SB_3\rightarrow KM_1$、KM_2 线圈断电释放→电动机 M 断电停机。

由工作原理我们发现，接触器控制的串接电阻启动电路是顺序启动的一个应用实例，只不过

是把电动机 M_2 换成了电阻 R，不同的是电阻 R 与 M_1 串联，而顺序控制 M_1、M_2 是并联关系。

二、接触器控制 Y-△型降压启动控制电路

电动机作三角形链接时，就可以采用星形启动三角形运行，即“Y-△型降压启动”。采用 Y 启动时，$I_1=\dfrac{1}{3}I_{\Delta I}$，$M_{Yq}=\dfrac{1}{3}M_{\Delta}, U_{Yq}=\dfrac{1}{\sqrt{3}}U_{\Delta q}$，每组绕组的启动电压虽然降低了，但启动转矩也跟着下降很多。所以 Y-△型降压适合轻载或空载启动。

接触器控制 Y-△降压启动控制电路如图 9-6 所示。电路工作要求是 KM_Y 线圈控制星形启动，KM_{Δ} 线圈控制电动机三角形运行。

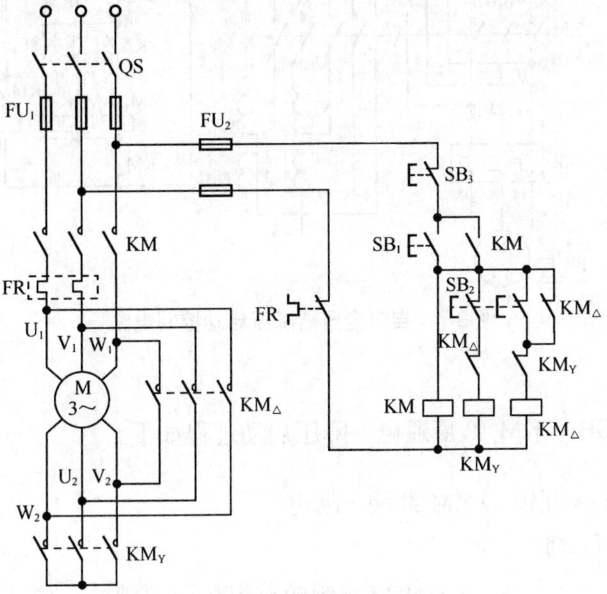

图 9-6　接触器控制 Y-△降压启动的电路

工作原理如下。

启动：按下启动按钮 SB_1
- KM 线圈通电
  - KM 自锁触点闭合 → 自锁
  - KM 主触点闭合 } 电动机星形启动
- KM_Y 线圈通电
  - KM_Y 主触闭合 } 电动机星形启动
  - KM_Y 联锁触点分断 → 锁住 KM_{Δ} 线圈

当转速升高到一定值时，切换到三角形运行。

按下复合按钮 SB_2
- KM_Y 主触点分断 → 星形启动结束
- KM_Y 线圈断电
- KM_Y 联锁触点闭合 → 准备三角形运行
- KM_{Δ} 主触点闭合 → 电动机三角形运行
- KM_{Δ} 线圈通电 → KM_{Δ} 自锁触点闭合 → 自锁
- KM_{Δ} 联锁触点分断 → 联锁

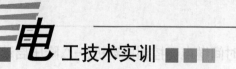

三、自耦变压器降压启动

用三相双掷开关或交流接触器启动，经三相自耦变压器将电源电压的一部分加到电动机上，使电动机降压启动，而运行时电源直接接三相电动机，这样就可以实现降压启动，全压运行。

如图 9-7 所示，自耦变压器降压启动的工作原理如下。

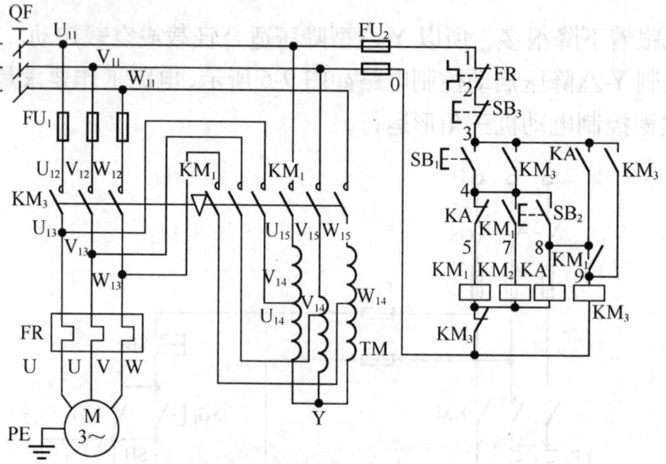

图 9-7　自耦变压器降压启动控制电路

1. *启动*

按下启动按钮 SB_1，KM_1 线圈通电，降压启动过程如下。

- KM_1联锁触点断开 → 互锁 → KM_3线圈不通电
- KM_1自锁触点闭合
  - 自锁
  - KM_2线圈通电
    - KM_2自锁触点闭合 → 自锁
    - KM_2主触点闭合 → 电动机 M 降压启动结束
- KM_1主触点闭合 → 电动机 M 降压启动结束

当转速上升到一定值时，按下启动按钮 SB_2，中间继电器 KA 线圈通电，其余各元件动作过程如下。

- KA联锁触点分断 → KM_1线圈断电 → KM_2线圈断电释放 → 降压启动结束
- KM_1自触点分断 → 降压启动结束
- KM_1主联锁触点重新闭合

与此同时 KA 自锁触点闭合，使 KM_1 线圈通电，实现全压运行。

- KM_3自锁触点闭合 → 自锁
- KM_3联锁触点分断 → 联锁 → 保证KM_1、KM_2线圈不通电
- KM_3主触点闭合 → 电动机全压运行

2. 停机

按下停止按钮 SB_3，KM_3 线圈断电释放，各主、辅触点恢复原始状态，电动机停机。

自耦变压器降压启动除用接触器控制外，还可以采用时间继电器自动控制，对大功率电动机还常采用QJ系列补偿器控制降压启动。

四、延边三角形电动机降压启动

1. 延边三角形电动机的定子绕组

实行延边三角形降压启动的电动机定子绕组，采用了在每相绕组上中间抽头，如图9-8（a）所示；启动时把三相绕组的一部分接成三角形，一部分接成星形，即“延边三角形”，如图9-8（b）所示；运行时绕组接成三角形，如图9-8（c）所示。

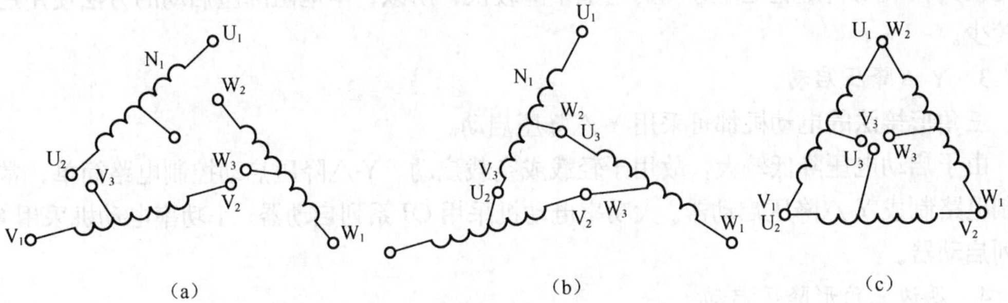

图9-8 延边三角形电动机的定子绕组

延边三角形降压启动的电压介于全压启动与Y-△降压启动之间。这样弥补了Y-△降压启动的启动电压过低，启动转矩过小的不足，同时还可以实现电压根据需要进行调整。由于采用了中间抽头技术，使电动机的结构比较复杂。

2. 延边三角形电动机降压启动控制电路

如图9-9所示，延边三角形降压启动控制电路是一个时序控制电路。

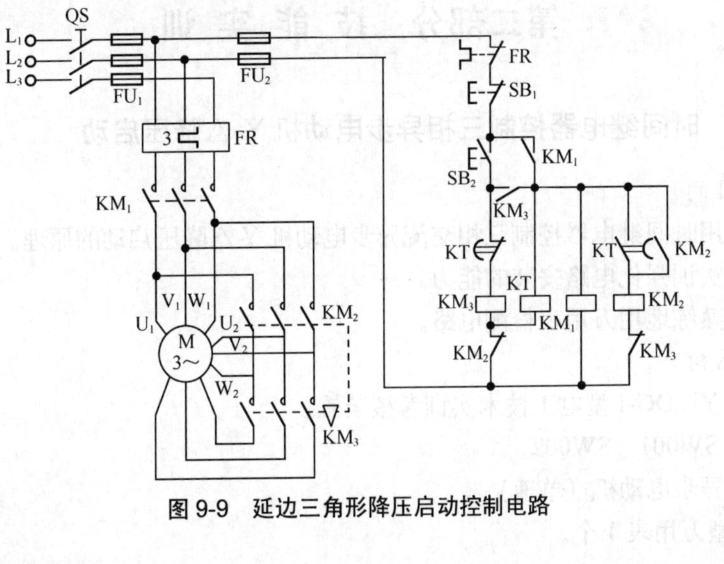

图9-9 延边三角形降压启动控制电路

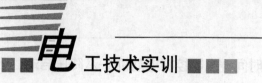

启动时 KM_1、KM_3 接触器及 KT 时间继电器通电，电动机接成延边三角形降压启动。启动结束后 KT 时间继电器及 KM_3 接触器断电，KM_1 及 KM_3 接触器通电，电动机接成三角形全压运行。

五、三相异步电动机各种降压启动方法的比较

1. 直接启动

直接启动适用于 7.5kW 以下小功率电动机的直接启动。

直接启动的控制电路简单，启动时间短。但启动电流大，当电源变压器容量小时，会对其他电器设备的正常工作产生影响。

2. 串电阻降压启动

它适用于启动转矩较小的电动机。虽然启动电流较小，启动电路较为简单，但电阻的功耗较大，启动转矩随电阻分压的增加下降较快，所以，串电阻降压启动的方法使用还是比较少。

3. Y-△降压启动

三角形接法的电动机都可采用 Y-△降压启动。

由于启动电压降低较大，故用于轻载或空载启动。Y-△降压启动控制电路简单，常把控制电路制成 Y-△降压启动器。大功率电动机采用 QJ 系列启动器，小功率电动机采用 QX 系列启动器。

4. 延边三角形降压启动

延边三角形电动机是专门为需要降压启动而产生的电动机，电动机的定子绕组中间有抽头，根据启动转矩与降压要求可选择不同的抽头比。其启动电路简单可频繁启动，缺点是电动机结构比较复杂。

5. 自耦变压器降压启动

星形或三角形接法的电动机都可采用自耦变压器降压启动，启动控制电路及操作比较简单，但启动器体积较大，且不可频繁启动。

第二部分 技 能 实 训

技能实训一 时间继电器控制三相异步电动机 Y-△降压启动

1. 实训目的

（1）学习用时间继电器控制三相交流异步电动机 Y-△降压启动的原理。

（2）通过实训强化电路安装的能力。

（3）能够熟练地用万用表检测电路。

2. 实训器材

（1）亚龙 YL-DG-I 型电工技术实训考核装置。

（2）挂板 SW001、SW002。

（3）三相异步电动机（单速）。

（4）500 型万用表 1 个。

（5）电工工具 1 套。

（6）单股铜芯导线。

3. 任务要求

（1）实训电路图如图 9-10 所示。

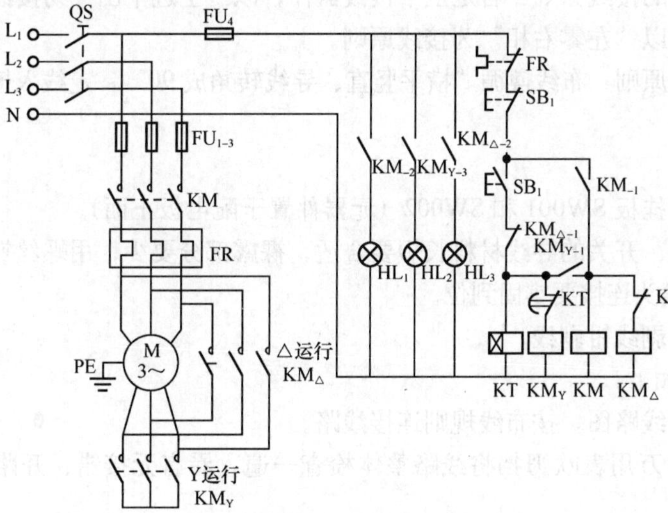

图 9-10 降压启动电路图

（2）识读电路图。

① 分析电路工作原理、写出电路工作过程。

② 列写电路器件表。

（3）用万用表检测时间继电器，了解接线方法。

（4）根据原理电路图在图 9-11 中画出电路接线图。

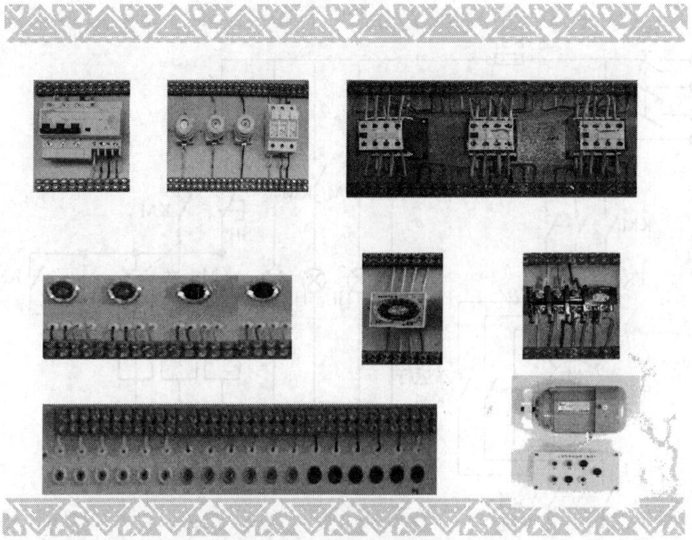

图 9-11 电路接线图

(5) 电路接线、工艺要求。

① 接线工艺要求。

a．布线要求

● 电路接线顺序：先接主线路，再接辅助线路。

● 单个器件的接线原则：若是上下接线器件，以“上进下出”为接线原则；若是左右接线的器件，则以“左零右相”为接线原则。

● 电路布线原则：布线遵循“横平竖直、导线转角成 90°；走线入槽，利用接线柱接头”的原则。

b．外观要求

● 选择实训挂板 SW001 和 SW002（元器件置于配电板正面）。

● 连接仪表、开关的导线材料长短要合适，裸露部分要少，用螺丝钉压接后裸露长度应小于 1mm，线头连接要牢固到位。

● 连接线用剥线钳剥线。

② 安装步骤如下。

● 根据主辅线路图，按布线规则连接线路。

● 自查：用万用表欧姆挡将线路整体检查一遍，看有无接错、开路，相、零线有无颠倒。

● 互查：同学间相互检查线路，确保电路连接无误。

③ 通电试车。

● 指导教师确认无误后，由教师通电合闸；

● 观察电路运行状况，记录电路工作过程。

④ 任务总结。

4. 问题思考

(1) 分析如图 9-12 所示电路原理图中，电路实现何种功能？

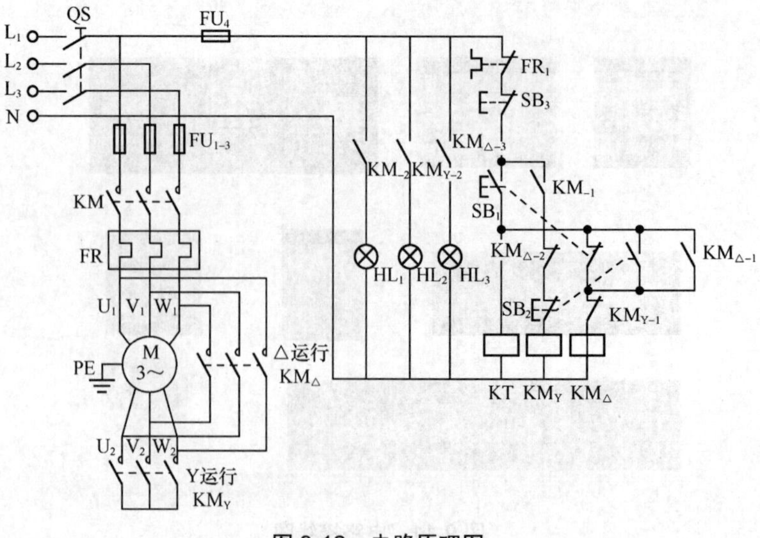

图 9-12 电路原理图

(2) 写出电路工作过程。

(3) 设计并画出时间继电器控制的串接电阻降压启动控制电路。

(4) 设计并画出接触器控制的 Y-△降压启动控制电路。

项目十　变频器的应用

变频器的英文译名是 VFD（Variable-frequency Drive）。变频器是应用变频技术与微电子技术，通过改变电机工作电源的频率和幅度的方式来控制交流电动机的电力传动元件。

变频器是利用电力半导体器件的通断作用将工频电源变换为另一频率的电能控制装置，能实现对交流异步电机的软启动、变频调速、提高运转精度、改变功率因素、过流/过压/过载保护等功能。

第一部分　基 础 知 识

知识链接一　变频器概述

变频器是一种用来改变交流电频率的电气设备。此外，它还具有改变交流电电压的辅助功能。将工频交流电变为频率和电压可调的三相交流电的电器设备用以驱动交流异步（同步）电动机进行变频调速，不但能满足不同生产工艺要求，而且节能效果显著。图 10-1 所示为三菱 FR-S520SE-0.4K 变频器。

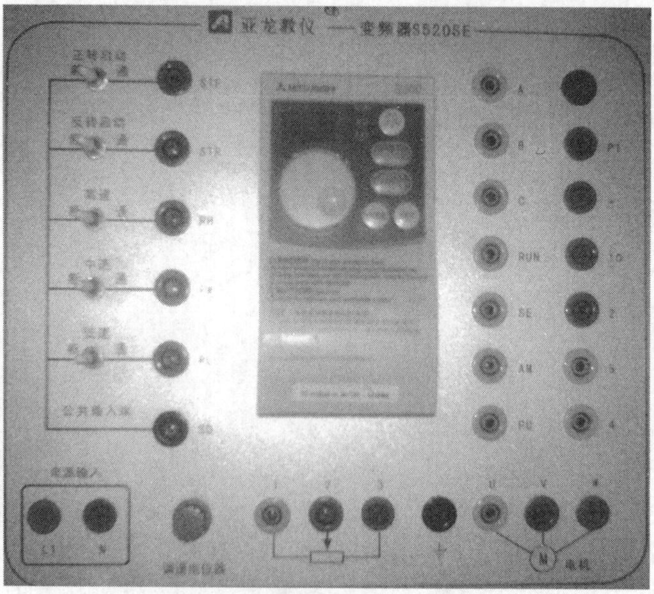

图 10-1　三菱 FR-S520SE 变频器

过去，变频器一般被包含在电动发电机、旋转转换器等电气设备中。随着半导体电子设备的出现，人们已经可以生产完全独立的变频器。

变频器通常包含两个组成部分：整流器（Rectifier）和逆变器（Inverter）。其中，整流器将输入的交流电转换为直流电，逆变器将直流电再转换成所需频率的交流电。除了这两个部分之外，变频器还有可能包含变压器和电池。其中，变压器用来改变电压并可以隔离输入/输出的电路，电池用来补偿变频器内部线路上的能量损失。

一、变频器的分类

变频器的分类有许多种，下面介绍变频器的主要分类方法。

1. 按变换环节分类

（1）交—直—交型

交—直—交型变频器将三相交流电通过整流、滤波变成直流电，再将直流电通过逆变器变成交流电。

（2）交—交型

交—交型变频器将工频交流电直接变换为频率可调的交流电。这种变频器没有中间环节，变换效率高，但其连续可变频率范围窄，一般为额定频率的1/2，主要用于低速大容量的调速系统中。

2. 按改变变频器输出电压的方法分类

（1）PAM调制

PAM（Pulse Amplitude Modulation）是脉冲幅度调制，它是通过调节输出脉冲的幅值来调节输出电压的一种方式。在调节过程中，逆变部分只负责改变频率，而交流部分负责控制输出电压的幅值。

（2）PWM调制

PWM（Pulse Width Modulation）是脉冲宽度调制，它是利用正弦波对脉冲宽度进行调制，使变频器输出得到与调制波相同的正弦输出交流电。

3. 按电压等级分类

（1）低压型变频器

电压等级分为220～460V。

（2）高压型变频器

电压等级分为3kV、6kV和10kV。

4. 按滤波方式分类

（1）电压型

它的滤波元件为电容，电容滤波后可保持电容两端的电压恒定。

（2）电流型

它的滤波元件为电感，电感滤波后可保持电感两端的电流恒定。

5. 按用途分类

（1）专用型变频器

专用型变频器是为了某种具体应用而设计的，如电梯专用型、空调专用型、风机水泵专用型和地铁机车专用型等。

（2）通用型变频器

通用型变频器主要应用在机械传动调速上。

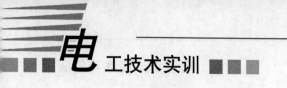

二、变频器的组成

变频器的组成可分为两大部分，即主电路和控制电路。

1. 主电路

主电路主要包括整流电路、滤波电路、逆变电路、制动电阻和制动单元等。

2. 控制电路

控制电路主要包括计算机控制系统、键盘与显示屏、内部接口及信号检测与传递、供电电源、外部控制端子等。

知识链接二　变频器的设定与操作

一、变频器的标准接线图和端子说明

1. 变频器的标准接线图

(1) 单相 400V 电源输入

单相 400V 电源输入标准接线图如图 10-2 所示。

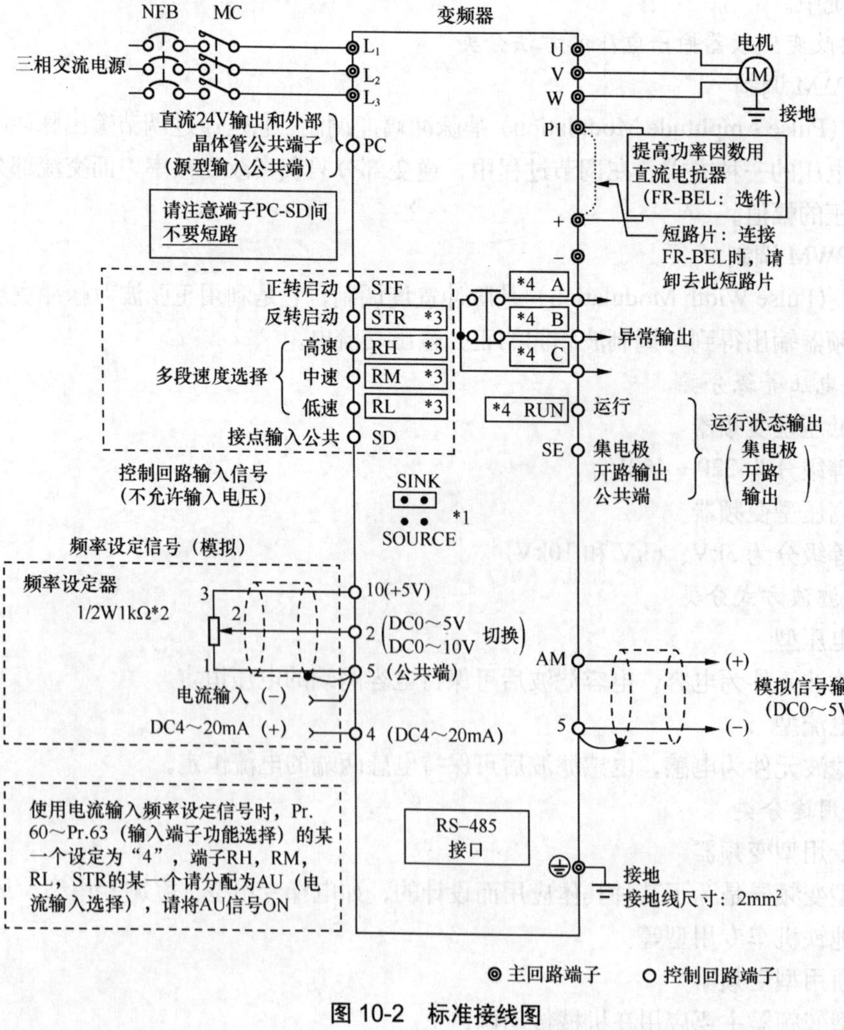

图 10-2　标准接线图

（2）单相 200V 电源输入

单相 200V 电源输入标准接线图如图 10-3 所示。

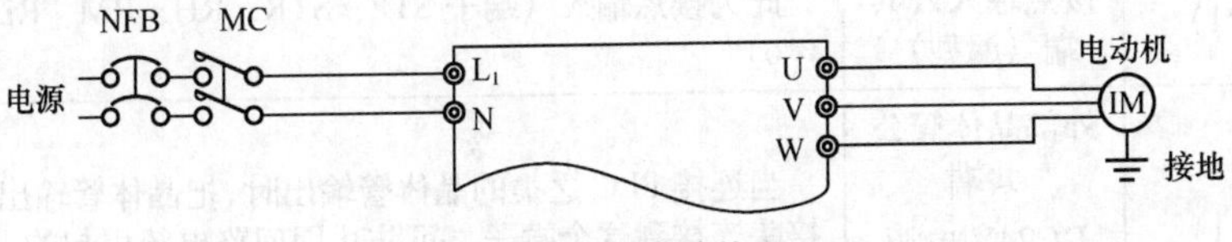

图 10-3 标准接线图

注意：为安全起见，输入电源通过电磁接触器及漏电断电器相连。电源的开关用电磁接触器实施。

2. 变频器的端子说明

（1）主回路

其端子说明见表 10-1。

表 10-1 端子说明

端子记号	端子名称	内容说明
L_1、L_2、L_3（*）	电源输入	连接工频电源
U、V、W	变频器输出	连接三相鼠笼电动机
—	直流电压公共端	此端子为直流电压公共端子。与电源和变频器输出设有绝缘
+、P1	连接改算功率因数直流电抗器	拆下端子＋与 P_1 间的短路片，连接选件改算功率因数用直流电抗器（FR—BEL）
⏚	接地	变频器外壳接地用，必须接大地

【注】（*）单相电源输入时，变成 L_1，N 端子。

（2）控制回路

其端子说明见表 10-2。

表 10-2 端子说明

端子记号			端子名称	内容	
输入信号	接点输入	STF	正转启动	STF 信号 ON 时为正转，OFF 时为停止指令	STF、STR 信号同时为 ON 时为停止指令
		STR	反转启动	STR 信号 ON 时为反转，OFF 时为停止指令	
		RH	多段速度选择	可根据端子 RH、RM、RL 信号的短路组合，进行多端速度的选择。速度指令的优先顺序是 JOG，多段速设定（RH、RM、RL、REX），AU 的顺序	根据输入端子功能选择（Pr.60～Pr.63）可改变端子的功能（*3）
		RM			
		RL			

续表

端子记号		端子名称	内容	
	SD（*1）	接点输入公共端（漏型）	此为接点输入（端子 STF、STR、RH、RM、RL）的公共端子（*6）	
	PC（*1）	外部晶体管公共端 DC24V 电源 接点输入公共端（源型）	当连接 PLC 之类的晶体管输出时，把晶体管输出用的外部电源接头连接到这个端子，可防止因回路电流引起的误动作	
	10	频率设定用电源	DC5V	
频率设定	2	频率设定（电压信号）	输入 DC0～5V，（0～10V）时，输出成比例：输入 5V（10V）时，输出为最高频率	
频率设定	4	频率设定（电流信号）	输入 DC4～20mA。4mA 对应 0Hz, 20mA 对应 50Hz	
	5	频率设定公共输入端	此端子为频率设定信号（端子 2，4）及显示计端子“AM”的公共端子。(*6)	
输出信号	A B C	报警输出	指示变频器因保护功能动作而输出停止的转换接点（*5）	根据输出端子功能选择（Pr.64，Pr.65，可以改变端子的功能）(*4)
输出信号 集电极开路	运行	变频器运行中	变频器输出频率高于启动频率时为低电平，停止及直流制动时为高电平（*2）	根据输出端子功能选择（Pr.64，Pr.65，可以改变端子的功能）(*4)
输出信号	SE	集电极开路公共	变频器运行时端子 RUN 的公共端子（*6）	
输出信号 模拟	AM	模拟信号输出	从输出频率，电机电流选择一种作为输出	频率容许负荷电流 1mA 输出信号 DC0～5V
通信	——	RS—485 接头	用参数单元连接电缆（FR—CB201～205），可以连接参数单元	

【注】（*1）端子 SD、PC 不要相互连接，不要接地。

（*2）低电平表示集电极开路输出用的晶体管处于 ON（导通状态）。高电平表示 OFF（不导通状态）。

（*3）RL，RM，RH，RT，AU，STOP，MRS，OH，REX，JOG，RES，X14，X16，（STR）信号选择。

（*4）RUN，SU，OL，FU，RY，Y12，Y13，FDN，FUP，RL，Y93，Y95，LF，ABC 信号选择。

（*5）对应欧洲标准时，继电器输出（A，B，C）的使用容量为 DC 30V，0.3A。

（*6）端子 SD，SE 和 5 相互绝缘。请不要将其接地。

3. 变频器的功能（参数）说明

（1）基本功能（参数）说明具体参数见表 10-3。

表 10-3　　基本功能参数

参数	显示	名称	设定范围	最小设定单位	出厂时设定
0	P0	转矩提升	0～15%	0.1%	6%/5%/4%
1	P1	上限频率	0～120Hz	0.1Hz	50Hz
2	P2	下限频率	0～120Hz	0.1Hz	0 Hz
3	P3	基准频率	0～120Hz	0.1Hz	50 Hz
4	P4	3 速设定（高速）	0～120Hz	0.1Hz	50Hz
5	P5	3 速设定（中速）	0～120Hz	0.1Hz	30 Hz
6	P6	3 速设定（低速）	0～120Hz	0.1Hz	10 Hz
7	P7	加速时间	0～999s	0.1s	5s
8	P8	减速时间	0～999s	0.1s	5s
9	P9	电子过电流保护	0～50A	0.1A	额定输出电流
30	P30	扩张功能显示选择	0，1	1	0
79	P79	运行模式选择	0～4，7，8	1	0

注意：当 Pr.77“参数写入禁止选择”的设定值设定为“1”时，为不可写入参数的设定值（一部分参数除外）。

（2）扩张功能（参数）说明具体参数见表 10-4。

注意：只有将 Pr.30“扩张功能显示选择”的设定值设定为“1”，扩张功能参数才有效。

表 10-4　　扩张功能参数

<table>
<tr><th>功能</th><th>参数</th><th>显示</th><th>名称</th><th>设定范围</th><th>最小设定单位</th><th>出厂时设定</th></tr>
<tr><td rowspan="6">标准运行功能</td><td colspan="6">参数 0～9 为基本功能参数</td></tr>
<tr><td>10</td><td>P10</td><td>直流制动动作频率</td><td>0～120 Hz</td><td>0.1 Hz</td><td>3 Hz</td></tr>
<tr><td>11</td><td>P11</td><td>直流制动动作时间</td><td>0～10s</td><td>0.1s</td><td>0.5s</td></tr>
<tr><td>12</td><td>P12</td><td>直流制动电压</td><td>0～15%</td><td>0.1%</td><td>6%</td></tr>
<tr><td>13</td><td>P13</td><td>启动频率</td><td>0～60 Hz</td><td>0.1 Hz</td><td>0.5 Hz</td></tr>
<tr><td>14</td><td>P14</td><td>使用负荷选择</td><td>0：恒转矩负荷用
1：低减转矩负荷用
2：升降负荷用
3：升降负荷用</td><td>1</td><td>0</td></tr>
</table>

续表

功能	参数	显示	名称	设定范围	最小设定单位	出厂时设定
标准运行功能	15	P15	点动频率	0～120 Hz	0.1 Hz	5 Hz
	16	P16	点动加减速时间	0～999s	0.1s	0.5s
	17	P17	RUN 键旋转方向选择	0：正转 1：反转	1	0
	19	P19	基准频率电压	0～800V，888，—	1V	—
	20	P20	加减速基准频率	1～120 Hz	0.1 Hz	50 Hz
	21	P21	失速防止功能选择	0～31，100	1	0
	22	P22	失速防止动作水平	0～200%	1%	150%
	23	P23	倍速时失速防止动作水平补正系数	0～200%，---	1%	---
	24	P24	多段速度设定（4速）	0～120 Hz，---	0.1 Hz	---
	25	P25	多段速度设定（5速）	0～120 Hz，---	0.1 Hz	---
	26	P26	多段速度设定（6速）	0～120 Hz，---	0.1 Hz	---
	27	P27	多段速度设定（7速）	0～120 Hz，---	0.1 Hz	---
	28	P28	失速防止动作低减开始频率	0～120Hz	0.1 Hz	50 Hz
	29	P29	加减速曲线	0：直线加减速 1：S 形加减速 A 2：S 形加减速 B	1	0
	参数 30 为基本功能参数					
	31	P31	频率跳变 1A	0～120 Hz，---	0.1 Hz	---
	32	P32	频率跳变 1B	0～120 Hz，---	0.1 Hz	---
	33	P33	频率跳变 2A	0～120 Hz，---	0.1 Hz	---
	34	P34	频率跳变 2B	0～120 Hz，---	0.1 Hz	---

续表

功能	参数	显示	名称	设定范围	最小设定单位	出厂时设定
标准运行功能	35	P35	频率跳变3A	0～120 Hz，---	0.1 Hz	---
	36	P36	频率跳变3B	0～120 Hz，---	0.1 Hz	---
	37	P37	旋转速度表示	0，0.1～999	0.1	0
	38	P38	频率设定电压增益（频率）	1～120 Hz	0.1Hz	50 Hz
	39	P39	频率设定电流增益（频率）	1～120 Hz	0.1 Hz	50 Hz
	40	P40	启动时接地检测选择	0：不检测 1：检测	1	1
输出端子功能	41	P41	频率到达动作范围	0～100%	1%	10%
	42	P42	输出频率检测	0～120 Hz	0.1 Hz	6 Hz
	43	P43	反转时输出频率检测	0～120 Hz，---	0.1 Hz	---
第二功能	44	P44	第二加减速时间	0～999s	0.1s	5s
	45	P45	第二减速时间	0～999s，---	0.1s	---
	46	P46	第二转矩提升	0～15%，---	0.1%	---
	47	P47	第二V/F（基准频率）	0～120 Hz，---	0.1 Hz	---
电流检测	48	P48	输出电流检测水平	0～200%	1%	150%
	49	P49	输出电流检测信号延迟时间	0～10s	0.1S	0s
	50	P50	零电流检测水平	0～200%	1%	5%
	51	P51	零电流检测时间	0.05～1s	0.01s	0.5s
显示功能	52	P52	操作面板显示数据选择	0：输出频率 1：输出电流 100：停止中设定频率/运行中输出频率	1	0

续表

功能	参数	显示	名称	设定范围	最小设定单位	出厂时设定
显示功能	53	P53	频率设定操作选择	0:设定用旋钮频率设定模式 1：设定用旋钮调节模式	1	0
	54	P54	AM 端子功能选择	0：输出频率监示 1：输出电流监示	1	0
	55	P55	频率监示基准	0～120 Hz	0.1Hz	50 Hz
	56	P56	电流监示基准	0～50A	0.1A	额定输出电流
再启动	57	P57	再启动惯性运行时间	0～5s，——	0.1s	——
	58	P58	再启动上升时间	0～60s	0.1s	1s
附加功能	59	P59	遥控设定功能选择	0：无遥控设定功能 1：有遥控设定功能，有频率设定值记忆功能 2：有遥控设定功能，无频率设定值记忆功能	1	0
端子功能选择	60	P60	RL 端子功能选择	0：RL，1：RM，2：RH，3：RT，4：AU，5：STOP，6：MRS，7：OH，8：REX，9：JOG，10：RES，14：X14， 16：X16，…：STR（STR 信号只能安排 STR 端子）	1	0
	61	P61	RM 端子功能选择		1	1
	62	P62	RH 端子功能选择		1	2
	63	P63	STR 端子功能选择		1	——
	64	P64	RUN 端子功能选择	0：RUN，1：SU，3：OL，4：FU，11：RY，12：Y12 13：Y13，14：FDN，15：FUP， 16：RL，93：Y93，95：Y95，98：LF，99：ABC （Y93 信号仅可以分配到 RUN 端子上）	1	0
	65	P65	A，B，C 端子功能选择		1	99

续表

功能	参数	显示	名称	设定范围	最小设定单位	出厂时设定
动作选择功能	66	P66	再试选择	0：OC1～3，OV1～3，THM，THT，GF，OHT，OLT，PE,OPT 1：OC1～3, 2：OV1～3，3：OC1～3,OV1～3	1	0
	67	P67	报警发生时再试次数	0：不再试 1～10:再试动作时无报警输出 101～110：再试动作时有报警输出	1	0
	68	P68	再试等待时间	0.1～360s	0.1s	1s
	69	P69	再试实施次数显示消除	0：累计次数消除	1	0
动作选择功能	70	P70	Soft—PWM 设定	可选择是否需要采用 Soft—PWM 控制及长布线模式。当 Soft—PWM 有效时，可以将电机的金属噪声改变为较为悦耳的音色。对于长布线模式，不受布线长度的影响，能够对补偿电压进行控制 （设定值）｜Soft—PWM｜长布线模式 0｜无｜无 1｜有｜无 10｜无｜有 11｜有｜有	1	1
	71	P71	适用电机	0，100：三菱标准电机用热特性 1，101：三菱恒转矩电机用热特性 （100,101 设定时 RT 信号处于 ON 时用于恒定转矩电机的热特性）	1	0
	72	P72	PWM 频率选择	0～15	1	1

续表

功能	参数	显示	名称	设定范围	最小设定单位	出厂时设定
动作选择功能	73	P73	0～5V，0～10V 选择	0：DC 0～5V 输入时 1：DC 0～10V 输入时	1	0
动作选择功能	74	P74	输入滤波器时间常数	0：2 次移动平均处理 1～8：设定值 *n*，以 2*n* 的指数平均值	1	1
动作选择功能	75	P75	复位选择/PU 停止选择	0：复位随时接受/PU 停止键无效 1：仅当复位异常发生时接受/PU 停止键无效 14：复位随时接受/随时减速停止 15：仅当异常发生时接受/随时减速停止	1	14
动作选择功能	76	P76	冷却风扇动作选择	0：在电源 ON 状态下动作 1：冷却风扇 ON/OFF 控制	1	1
动作选择功能	77	P77	参数写入禁止选择	0：仅在停止中可以写入 1：不可写入(一部分除外) 2：运行中可以写入	1	0
动作选择功能	78	P78	反转防止选择	0：正转反转均可 1：反转不可 2：正转不可	1	0
参数 79 为基本功能参数						
多段速运行功能	80	P80	多段速度设定（8 速）	0～120Hz，---	0.1 Hz	---
多段速运行功能	81	P81	多段速度设定（9 速）	0～120Hz，---	0.1 Hz	---
多段速运行功能	82	P82	多段速度设定（10 速）	0～120Hz，---	0.1 Hz	---
多段速运行功能	83	P83	多段速度设定（11 速）	0～120Hz，---	0.1 Hz	---
多段速运行功能	84	P84	多段速度设定（12 速）	0～120Hz，---	0.1 Hz	---
多段速运行功能	85	P85	多段速度设定（13 速）	0～120Hz，---	0.1 Hz	---

续表

功能	参数	显示	名称	设定范围	最小设定单位	出厂时设定
多段速运行功能	86	P86	多段速度设定（14 速）	0～120Hz，——	0.1 Hz	——
	87	P87	多段速度设定（15 速）	0～120Hz，——	0.1 Hz	——
PID 控制	88	P88	PID 动作时间	20：PID 反动作，21：PID 正动作	1	20
	89	P89	PID 比例带	0.1～999%，——	0.1%	100%
	90	P90	PID 积分时间	0.1～999s，——	0.1 s	1s
	91	P91	PID 上限限制	0～100%，——	0.1%	——
	92	P92	PID 下限限制	0～100%，——	0.1%	——
	93	P93	PU 运行时的 PID 动作目标值	0～100%	0.01%	0%
	94	P94	PID 微分时间	0.01～10s，——	0.01s	——
滑差补正	95	P95	电机额定滑差	0～50%，——	0.01%	——
	96	P96	滑差补正时常数	0.01～10s	0.01s	0.5s
	97	P97	恒定输出领域滑差补正选择	0，——	1	——
自动转矩提升	98	P98	自动转矩提升选择（电机容量）	0.1～3.7kW,	0.01kW	——
	99	P99	电机 1 次阻抗	0～50Ω，——	0.01Ω	——

（3）保养功能（参数）说明具体参数见表 10-5。

表 10-5 保养功能参数

功能	参数	显示	名称	设定范围	最小设定单位	出厂时设定
保养功能	H1（503）	H1	检修定时	0～999	1（1 000h）	0
	H2（504）	H2	检修定时警报输出设定时间	0～999，——	1（1 000h）	36（36 000h）
	H3（555）	H3	电流平均时间	0.1～1s	0.1s	1s

续表

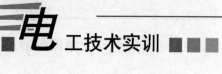

功能	参数	显示	名称	设定范围	最小设定单位	出厂时设定
保养功能	H4 (556)	H4	数据输出屏蔽时间	0～20s	0.1s	0s
	H5 (557)	H5	电流平均值监视基准电流	0.1～999A	0.1A	1A

（4）附加（参数）说明具体参数见表 10-6。

表 10-6　附加参数

功能	参数	显示	名称	设定范围	最小设定单位	出厂时设定
附加功能	H6 (162)	H6	瞬时停电再启动动作选择	0，1，10	1	1
	H7 (559)	H7	第 2 电子过电流保护	0～50A，---	269.1A	---

（5）校正（参数）说明具体参数见表 10-7。

表 10-7　校正参数

功能	参数	显示	名称	设定范围	最小设定单位	出厂时设定
校正参数	C1 (901)	C1	AM 端子校正	—	—	—
	C2 (902)	C2	频率设定电压偏置（频率）	0～60Hz	0.1 Hz	0 Hz
	C3 (902)	C3	频率设定电压偏置（%）	0～300%	0.1%	0% (*)
	C4 (903)	C4	频率设定电压增益（%）	0～300%	0.1%	96% (*)
	C5 (904)	C5	频率设定电流偏置（频率）	0～60Hz	0.1 Hz	0 Hz
	C6 (904)	C6	频率设定电流偏置（%）	0～300%	0.1%	20% (*)
	C7 (905)	C7	频率设定电流增益（%）	0～300%	0.1%	100% (*)
	C8 (269)	C8	厂家设定用参数，请不要设定			

续表

功能	参数	显示	名称	设定范围	最小设定单位	出厂时设定
清零参数	CLr	CLr	参数清零	0：不实行， 1：参数清零 10：全部清零	1	0
	ECL	ECL	报警履历清零	0：不清零 1：报警履历清零	1	0

【注】因为是校正用参数，所以在工厂出货时设定值有时会改变。

（6）通信（参数）说明具体参数见表10-8。

表10-8 通信参数

功能	参数	显示	名称	设定范围	最小设定单位	出厂时设定
通信参数	N1 (331)	N1	通信站号	0～31：指定变频器的站号	1	0
	N2 (332)	N2	通信速度	48：4800bit/s， 96：9600bit/s， 192：19200bit/s	1	192
	N3 (333)	N3	停止位长	0，1：（数据长8）， 10，11：（数据长7）	1	1
	N4 (334)	N4	有无奇偶校验	0：无， 1：有奇数校验， 2：有偶数校验	1	2
	N5 (335)	N5	通信再试次数	0～10，——	1	1
	N6 (336)	N6	通信校验时间间隔	0～999s，——	0.1s	
	N7 (337)	N7	等待时间设定	0～150ms，——	1	——
	N8 (338)	N8	运行指令权	0：指令权在计算机 1：指令权在外部	1	0
	N9 (339)	N9	速度指令权	0：指令权在计算机 1：指令权在外部	1	0
	N10 (340)	N10	联网启动模式选择	0：根据Pr.79， 1：用计算机联网运行模式启动	1	0

续表

功能	参数	显示	名称	设定范围	最小设定单位	出厂时设定
	N11 (341)	N11	CR · LF 选择	0：无 CR · LF， 1：有 CR 无 LF， 2：有 CR · LF	1	1
	N12 (342)	N12	有无 E^2PROM 写入选择	0：RAM 和 E^2PROM 均可写入， 1：只能写入 RAM	1	0

（7）PU 使用（参数）说明具体参数见表 10-9。

当使用参数单元（FR—PU04—CH）时，无法利用操作面板进行操作。

表 10-9　PU 使用参数

功能	参数	显示	名称	设定范围	最小设定单位	出厂时设定
PU 参数	N13 (145)	N13	PU 显示语言切换	0，2~7：英语 1：中文	1	1
	N14 (990)	N14	PU 蜂鸣音控制	0：无音， 1：有音	1	1
	N15 (991)	N15	PU 对比度调整	0：淡 63：深	1	58
	N16 (992)	N16	PU 主显示画面数据选择	0：可选择输出频率/输出电流 100： 停止时：设定频率，输出电流 运行时：输出频率，输出电流	1	0
	N17 (993)	N17	PU 脱落检测/PU 设定锁定	0：PU 脱落时无异常， 1：PU 脱落时有异常， 10：PU 脱落时无异常（PU 操作无效）	1	0

注意：

（1）参数的（）内的参数单元（FR—PU04—CH）是使用时的参数编号。

（2）用参数单元（FR—PU04—CH）设定设定值“——”时，请设定为“9999”。

（3）设定值超过 100（3 位以上）时，小数点以下不显示。

第二部分 技能实训

技能实训一 变频器面板功能参数设置和操作

1. 实训目的

(1) 掌握变频器的面板功能的设置方法。

(2) 了解变频器的使用方法，学会变频器的接线。

2. 实训器材

(1) 亚龙 FR-S520SE-0.4K 变频器单元模块 1 台。

(2) 三相异步电动机 1 台。

3. 任务要求

(1) 按照变频器的接线图接好（按图 10-4 接线），检查是否有错。

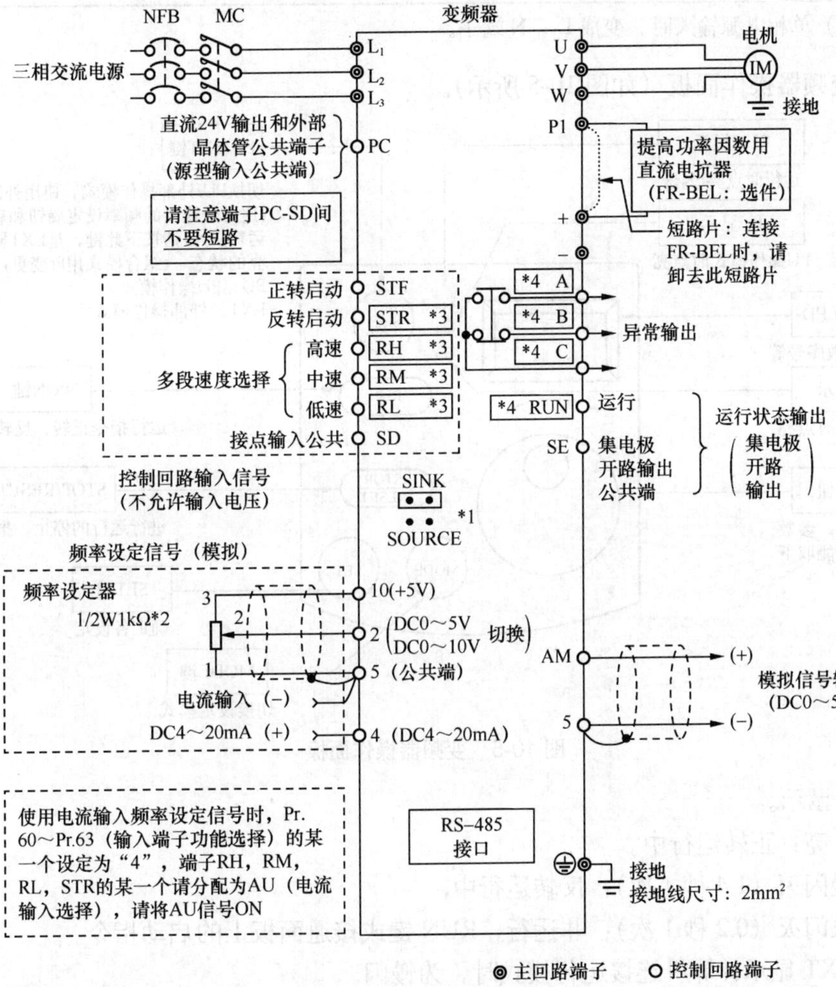

图 10-4 变频器接线图

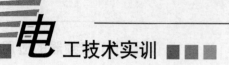

① 为安全起见，输入电源通过电磁接触器及漏电断电器或无熔丝断路器与接头相连。电源的开关用电磁接触器实施。

② 操作频率较高的情况下，请用 2W1kΩ的旋钮电位器。

（2）主回路功能（见表 10-10）

表 10-10　主回路功能

端子记号	端子名称	内容说明
L_1、L_2、L_3（*）	电源输入	连接工频电源
U、V、W	变频器输出	连接三相鼠笼电机
—	直流电压公共端	此端子为直流电压公共端子。与电源和变频器输出设有绝缘
+、P_1	连接改算功率因数直流电抗器	拆下端子+与 P_1 间的短路片，连接选件改算功率因数用直流电抗器（FR—BEL）
⏚	接地	变频器外壳接地用，必须接大地

【注】（*）单相电源输入时，变成 L_1，N 端子。

（3）变频器操作面板（如图 10-5 所示）。

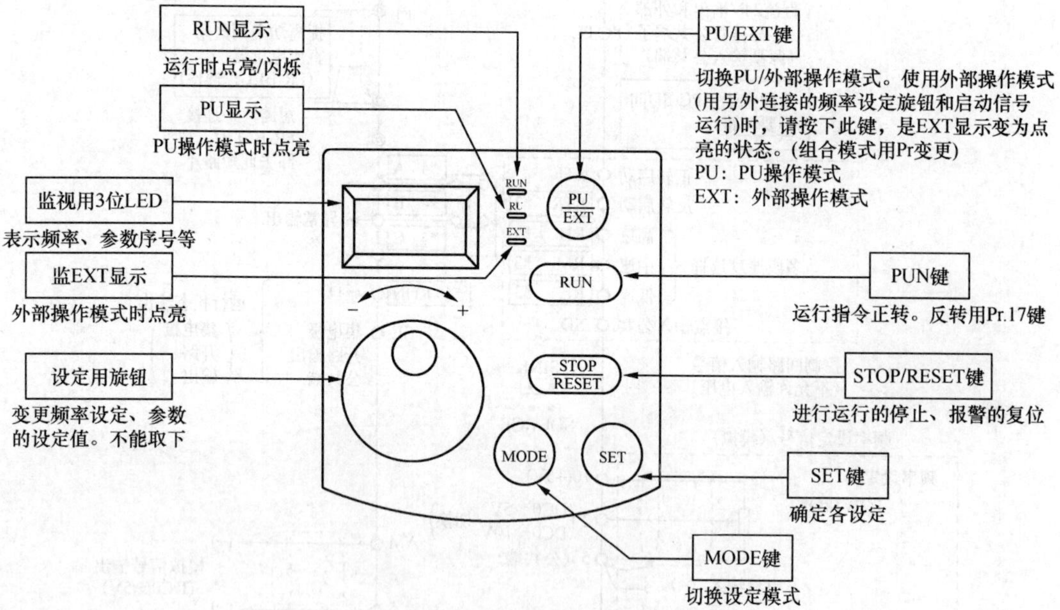

图 10-5　变频器操作面板

*RUN 显示。

- 点亮：正转运行中。
- 慢闪灭（1.4 秒 1 次）：反转运行中。
- 快闪灭（0.2 秒 1 次）：非运行，RUN 键或接通面板上的启动指令。

*PU/EXT 显示计算机连接运行模式时，为慢闪。

当变频器处于 RUN 状态时，按 MODE 键无效，唯有按下 STOP/RESET 键后才能进行有效设定。

(4) 基本操作（如图 10-6 所示）。

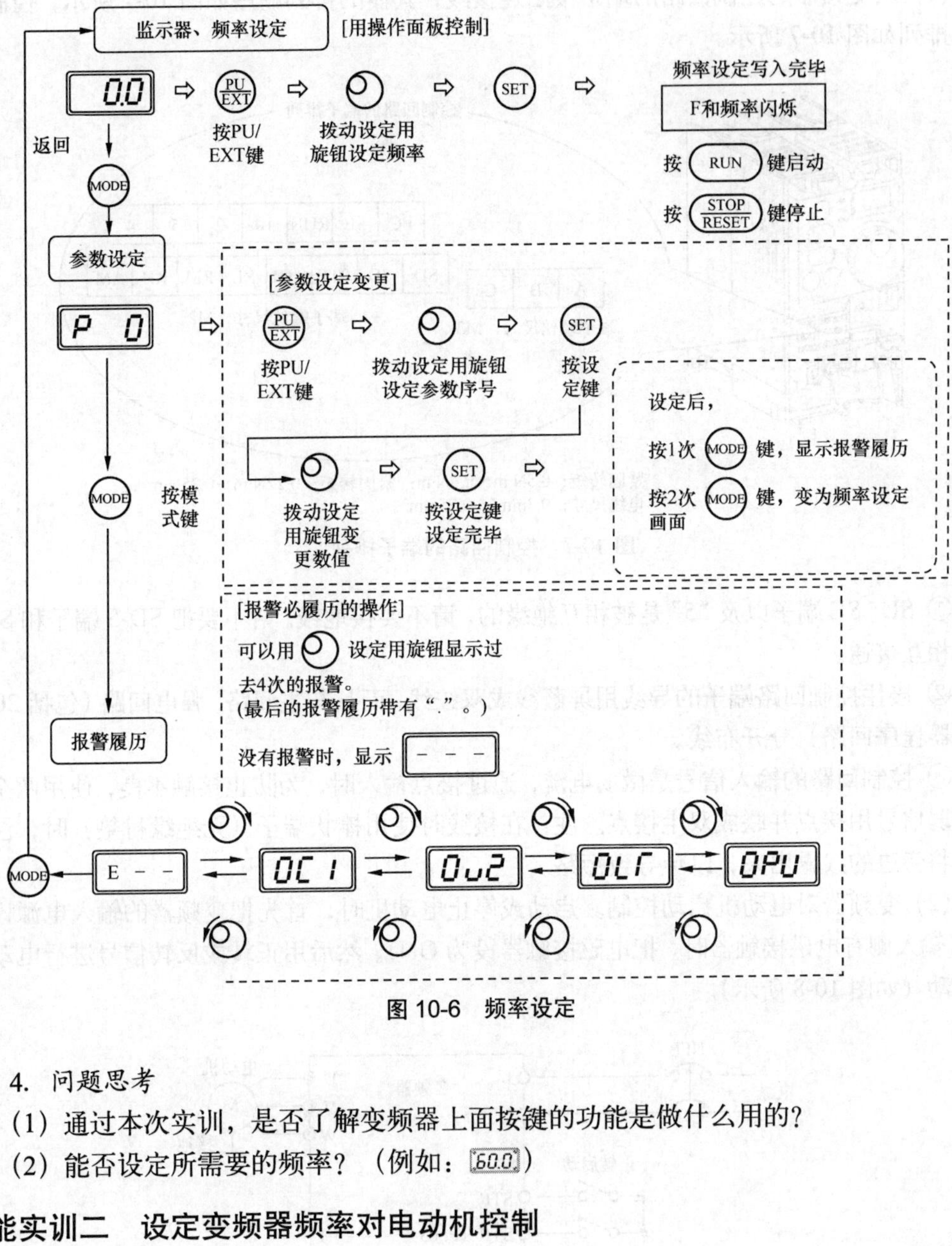

图 10-6 频率设定

4. 问题思考

(1) 通过本次实训，是否了解变频器上面按键的功能是做什么用的?

(2) 能否设定所需要的频率？（例如：60.0）

技能实训二 设定变频器频率对电动机控制

1. 实训目的

(1) 掌握变频器的频率设定及对电动机运行控制方法。

(2) 进一步掌握变频器的参数设置。

2. 实训器材

(1) 亚龙 FR-S520SE-0.4K 变频器单元模块 1 台。

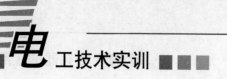

（2）三相异步电动机 1 台。

3. 任务要求

（1）从变频器的控制回路的端子接出连接线，具体的排列顺序如图 10-7 所示，控制回路的排列如图 10-7 所示。

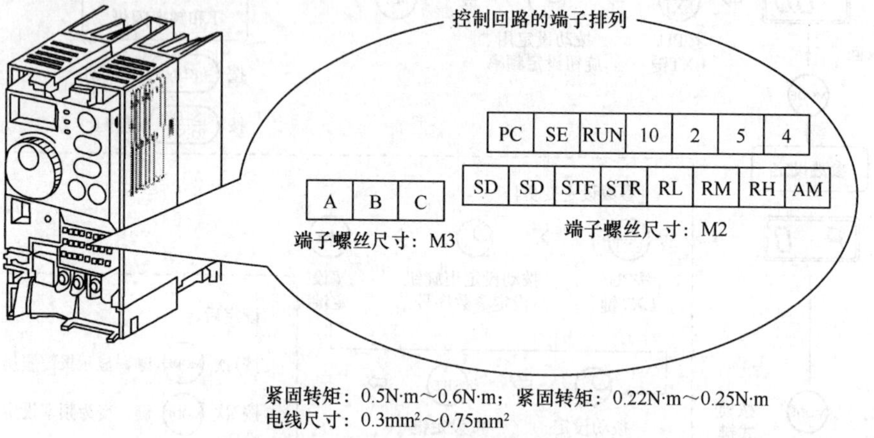

图 10-7 控制回路的端子排列

① SD、SE 端子以及“5”是被相互绝缘的，请不要接地线。请不要把 SD-5 端子和 SE-5 端子相互接通。

② 接住控制回路端子的导线用屏蔽线或双绞线，而且与主回路、强电回路（包括 200V 继电器程序回路）分开布线。

③ 控制回路的输入信号是微弱电流，通过接点输入时，为防止接触不良，使用两个以上微弱信号用接点并联或双生接点。注：在接线时使用棒状端子（无绝缘衬垫）时，注意不要将旁边的线露出来，以免导致短路。

（2）变频器对电动机启动控制。启动或停止电动机时，首先把变频器的输入电源设为 ON（输入侧有电磁接触器时，把电磁接触器设为 ON）。然后用正转或反转信号进行电动机的启动（如图 10-8 所示）。

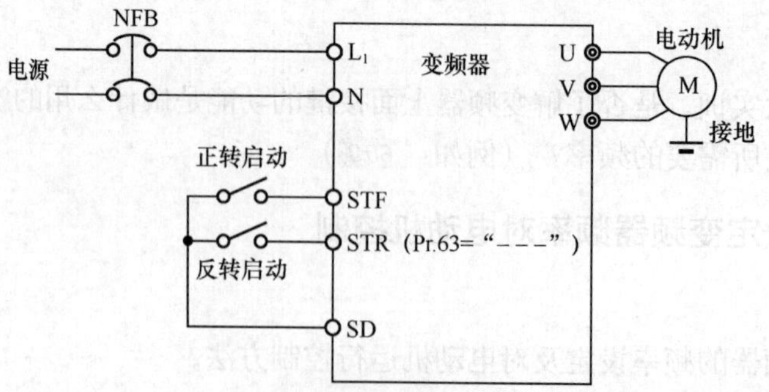

图 10-8 变频器对电动机启动控制

（3）设定频率运行（例：设定变频器在 30Hz 运行）。详细的变频器运行设定可以在网上查找并参照 FR-S500 使用手册网址。

① 接通电源时为监示显示画面。

② 按(PU/EXT)键设定 PU 操作模式(PU/EXT) ⇨PU 显示点亮。

③ 旋转◯设定用旋钮显示希望设定的频率，约 5s 闪灭。

“约 5 秒闪灭”

④ 在数值闪灭期间按(SET)键，设定频率数。

（不按(SET)键，闪烁 5s 后，显示到 0.0（显示器显示）。此时，再回到“操作 3”，设定频率）

⑤ 约闪烁 3s 后，显示回到 0.0（显示器显示）。用(RUN)键运行。

⑥ 变更设定频率时，请进行上述的③，④的操作。（从以前的设定频率开始）

⑦ 按(STOP/RESET)键，停止。

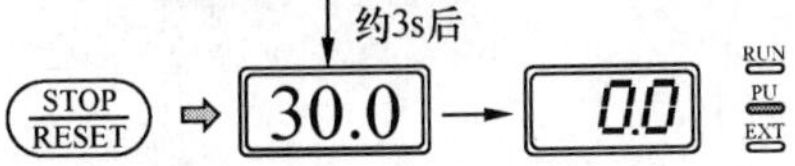

4. 问题思考

（1）通过上述学习能否设置最低频率、最高频率、初始频率？

（2）通过变频器能否对电动机进行点动、启动控制？

技能实训三 基于变频器面板操作的电动机开环调速

1. 实训目的

（1）掌握变频器对电动机转速多段控制的方法。

（2）进一步掌握变频器的参数设置。

2. 实训器材

（1）亚龙 FR-S520SE-0.4K 变频器单元模块 1 台。

（2）三相异步电动机 1 台。

3. 任务要求

（1）连接好电源，输出 U、V、W 三相接电动机。U、V、W 三相输出为 200V 电压。接线方式如图 10-9 所示。

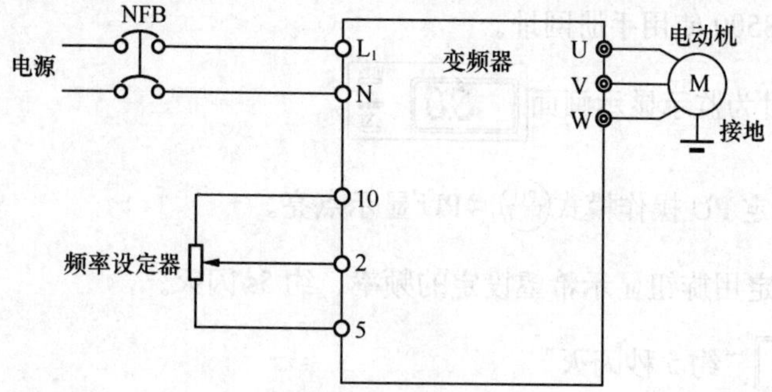

图 10-9　接线方式

（2）调整变频器的模式。

① 停止中按下(PU/EXT)键指示灯 EXT 灭，指示灯 PU 亮。

② 按 (MODE) 键进入参数设定模式。

③ 拨动◯设定用旋钮。转至C . .。

Pr.30 的设定值为“1”。

④ 按(SET)键显示C -，调整 Pr.38 的情况。

⑤ 拨动◯设定用旋钮旋转至校正参数 C4“频率设定电压增益”。

⑥ 按下(SET)键则显示出模拟电压值（%）。

⑦ 施加 5V 电压（把接在端子 2-5 间的外部旋钮调到最大（任意位置））。

⑧ 按下(SET)键，完成设定。

(SET) ⇨ [100]* [C 4]

闪烁…参数设定完毕！！
（调整完毕）
*旋钮调到最大时，
为100(%)附近的值。

- 拨动设定用旋钮，可读出其他参数。
- 按(SET)键，返回C -显示（第四步）。
- 按2次(SET)键，则显示下一参数（OLr）。

(3) 设定频率计（显示仪表）的调整（刻度校正）。

① 按(MODE)键，进入参数设定模式。

(MODE) ⇨ [P 0]（显示以前读出的参数号。）

② 拨动设定用旋钮旋至C . .。

⇨ [C . .]

Pr.30 的设定值为“1”。

③ 按(SET)键显示C -。

(SET) ⇨ [C -]

④ 拨动设定用旋钮旋至校正参数 C1“AM 端子校正”。

⇨ [C 1]

⑤ 按下(SET)进行设定调整。

(SET) ⇨ [0.0]

⑥ 停止时，按下(RUN)键运行变频器。

(RUN) ⇨ [0.0] → [50.0] RUN PU EXT

（没有必要连接电动机）

⑦ 拨动设定用旋钮把显示仪表的指针调整到所定位置。

+ − ⇨ 
模拟显示计

⑧ 按下(SET)键设定完毕。

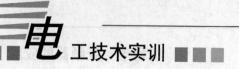

闪烁…参数设定完毕！！

- 拨动设定用旋钮，可读出其他参数。
- 按SET键，返回C -显示（操作3）。
- 按两次SET键，则显示下一个参数（CLr）。

（4）旋转速度的显示（P37）见表10-11。

表10-11　　旋转速度的显示

参数号	名称	出厂时的设定值	设定范围	备注	
37	旋转速度显示	0	0，0.1~999	0：输出频率	Pr.30=“1”时

显示机械速度时，在Pr.37设定60Hz运行的机械速度。

【注】

① 电动机的转速是从输出频率换算出来的，与实际转速不一致。

② 想改变操作面板的监视（PU主显示时），请参照FR-S500使用手册（基本篇）。

③ 因为操作面板的显示只有3位，因此监示值的设定请不要超过“999”。Pr.1（“频率的上限值”，具体设置请参照FR-S500使用手册(基本篇)）的设定值在60Hz以上。当Pr.1的设定值×Pr.37的设定值>60Hz×999时，Pr.1或Pr.37写入时会出现错误。

④ 如果用Pr.37来设定运转速度（Pr.37≠0），通过监视，频率设定模式可以监测运转速度。此时，最小设定（表示）单位可以用0.01r/min单位来进行设定。但是，由于设定频率分辨率能力的制约，小数点后第二位的表示可能与设定值有差异。

4．问题思考

（1）接在端子AM-5的频率计（显示仪表）不能准确指到40Hz，为什么？

必须对校正参数C1“AM端子校正”进行设定。

变更例：设定频率50Hz时，把仪表（模拟显示计）调到满刻度（5V）（频率设定参照“技能实训二”）

要点如下。

① 校正参数C1，只有当Pr.30“扩张功能显示选择”为“1”（扩张功能参数有效）时，才能读出。

② 设定校正参数C1“AM端子校正”。

（2）显示器、频率设定的显示不能准确到40Hz，为什么？

技能实训四　变频器的保护和报警功能

1．实训目的

（1）掌握变频器保护和报警功能使用的方法。

（2）了解变频器的出故障时的现象。

2. 实训器材

(1) 亚龙 FR-S520SE-0.4K 变频器单元模块 1 台。

(2) 三相异步电动机 1 台

3. 任务要求

当变频器发生异常时，保护功能工作，报警停止，PU 的显示部分自动切换到下述的报警显示。

(1) 输出信号的保持：如果保护功能动作，其变频器的电源侧设置的电磁接触器（MC）将被打开，变频器的控制电源将消失，异常输出将不会保持。

异常显示：如果保护功能动作，操作面板显示不会自动切换。

(2) 复位方法：如果保护功能动作，变频器保护输出停止状态，不复位则不会再启动。请采用将电源关闭后再打开，或 RES 信号 0.1s 以上 ON 的方法复位。如果持续保持 RES 信号 ON，“Err”会显示（闪亮），告知是复位状态。

① 故障显示（见表 10-12）。

表 10-12 故障显示

操作面板显示	功能名称	内容
OC1 (0C1)	加速时过电流切断	加速时，变频器的输出电流超过变频器额定的约 200%时
OC2 (0C2)	恒速时过电流切断	恒速运行时，变频器的输出电流超过变频器额定电流的约 200%时
OC3 (0C3)	减速时过电流切断	减速运行时，变频器的输出电流超过变频器额定电流的约 200%时
Ou1 (0V1)	加速时返回过电压切断	加速时，因过大的再生能量，发生浪涌电压时
Ou2 (0V2)	恒速时返回过电压切断	恒速时，因过大的再生能量，发生浪涌电压时
Ou3 (0V3)	减速、停止时返回过电压切断	减速或停止时，因过大的再生能量，发生浪涌电压时
THM (THM)	电动机过负荷切断（电子过流保护）(*1)	过负荷或减速运行时，冷却能力降低时，保护因电动机温度上升而烧坏
THT (THT)	变频器过负荷切断（电子过流保护）(*1)	超过额定输出电流的 150%以上，且不到过电流切断时输出晶体管的过热保护
FIn (FIN)	散热片过热	冷却散热片的温度过高
GF (GF)	启动时输出侧接地过电流保护 (*2)	启动时，在变频器的输出侧发生接地故障
OHT (0HT)	外部过流保护（*3）	安装在外部的过电流保护用过热继电器等动作（触点开）时

续表

操作面板显示	功能名称	内容
OLT (0LT)	失速防止（过负荷）	由于失速防止动作，运行频率降到 0 时。（失速防止动作中为 0L）
OPT (0PT)	通信异常	● 用 RD-485 接口在通信参数 n5≠“---”时，再试允许次数以上连续发生通信异常时 ● 发生 RS-485 通信异常时 ● 通信参数 n6 的时间，通信中途中断时
PE (PE)	参数记忆单元异常	记忆参数发生异常时
PUE (PUE)	PU 脱落	通信参数 n17=“1”时，PU 脱落时
rET (RET)	再试次数超过	在设定的再试次数内部不能正常运行时
CPU (CPU)	CPU 错误	内置 CPU 的演算在所定的时间内不能终了时
Fn (FN)	风扇故障	内置冷却风扇频率器的冷却风扇有故障（停止）时
Er 1 (ER1)	写入禁止异常	● Pr.77 设定为“1”的状态进行写入时 ● 频率跳跃的设定范围重复时 ● 没有往操作面板写入优先权的状态下进行参数写入
Er2 (ER2)	运行中写入异常/模式指定异常	● 运行中进行写入 ● 设定 Pr.79 时，要变更为输入了运行指令的操作模式 ● 在外部操作模式下进行写入
Er3 (ER3)	校正异常	模拟输入的偏置异常和增益的校正值太接近时

【注】(*1) 变频器复位时，电子过流保护的内部热积算数据被初始化。

(*2) 仅当 Pr.40“启动时接地检测选择”设定为“1”时动作。

(*3) 仅当 Pr.60～Pr.63（输入端子功能选择）中任意一个为 OH 时起作用。

② 报警显示（见表 10-13）。

表 10-13 报警显示

操作界面显示	功能名称	内容
OL (0L)	失速防止（过电流）(*4)	为防止电机的电流超过变频器额定电流150%，变频器到达过电流切断而进行动作时
oL (oL)	失速防止（过电压）	为防止电机的返回功率过大，频率下降停止，到达过电压切换而进行动作时
PS (PS)	PU 停止	根据 Pr.75“复位选择 PU 停止选择”设定的外部运行模式运行中，操作面板或参数单元(FR-PU04-CH) 的 STOP/RESET 键实施停止时
Uu (UV)	电压不足	变频器电源电压下降时
Err (Err)	复位中	变频器复位中（RES 信号为 ON 时）

*4：失速防止动作电流可以任意设定。出厂设定为 150%。

【注】

① 重大故障：保护功能动作，变频器输出切断异常输出。

② 轻故障：保护功能动作，输出不切断。在参数设定中，可输出轻故障信号。在 Pr.64，Pr.65（输出端子功能选择）外设定为“98”。

4. 故障分析举例

(1) 当出现电动机保持不转时怎么去解决问题。

① 检查主回路。

② 检查输入信号。

③ 检查参数设定。

④ 检查负荷。

⑤ 其他：控制面板显示是否出现错误。

(2) 运行模式不能正常切换的解决方法。

① 外部输入信号：确认 STF 或 STR 信号是否关断。

② 参数设定：确认 Pr.79 的设定值 Pr.79“运行模式选择”的设定值为“0”时，接通电源则进入外部运行模式，按 PU/EXT 键，则切换到 PU 运行模式。

项目十一 PLC可编程控制器基本操作

可编程控制器（Programmable Logic Controller，简称 PLC）是近几年迅速发展并得到了广泛应用的新一代工业自动化控制装置。

PLC 具有逻辑控制、定时控制、计数控制、步进控制、数据处理、通信联网、监控和故障诊断等功能。PLC 主要按结构形式、控制规模和实现的功能分类。按结构形式分类可以分为整体式PLC和组合式PLC两大类；按控制规模分类可以分为小型PLC、中型 PLC 和大型 PLC 三大类；按实现的功能可以分为低档 PLC、中档 PLC 和高档 PLC 三大类。

PLC 具有通用性强、使用方便、可靠性高、抗干扰能力强和编程简单等特点。目前，在机械、电子、电力、化工、冶金、建筑建材和交通等几乎所有的工业控制过程均可以用 PLC 实现，因此，PLC 的应用是十分广泛的。

第一部分 基础知识

知识链接一 FX 系列 PLC 概述

一、FX 系列 PLC 型号命名方式

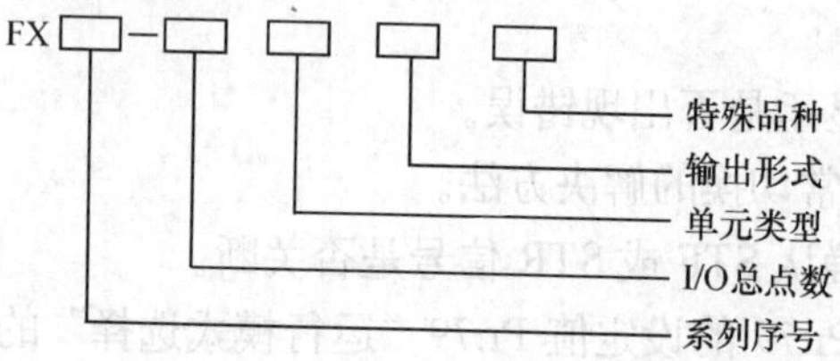

系列序号：1S、1N、2N、2NC；即 FX_{1S}、FX_{1N}、FX_{2N}、FX_{2NC}。

I/O 总点数：14～256。

单元类型：M——基本类型。 E——I/O 混合扩展单元和扩展模块。

EX——输入专用扩展模块。 EY——输出专用扩展模块。

输出形式：R——继电器输出。 T——晶体管输出。S——晶闸管输出。

特殊品种：D——DC 电源，DC 输入。 A1——AC 电源，AC 输入。

H——大电流输出扩展模块。 V——立式端子排的扩展模块。

C——接插口 I/O 方式。 F——输入滤波器 1ms 的扩展模块。

L——TTL 输入型扩展模块。 S——独立端子（无公共端）扩展模块。

若特殊品种一项无符号，通常指 AC 电源，DC 输入，横式端子排，继电器输出 2A/点，

晶体管输出 0.5A/点，晶闸管输出 0.3A/点。

二、FX 系列 PLC 产品简介

FX 系列 PLC 包含 FX_{1S}、FX_{1N}、FX_{2N}、FX_{2NC}。各型号的 PLC 在性能上都有所区别，了解各型号的 PLC 的特点和性能是选择 PLC 的基本前提。

1. FX_{1S} 系列 PLC

FX_{1S} 系列 PLC 如图 11-1 所示。它是一种卡片大小的 PLC，适用在小环境中进行控制。

2. FX_{2N} 系列 PLC

FX_{2N} 系列外形 PLC 如图 11-2 所示，基本单元参数见表 11-1。它拥有无以匹敌的速度、高级的功能、逻辑组件以及定位控制等特点。

图 11-1 FX_{1S} 系列 PLC

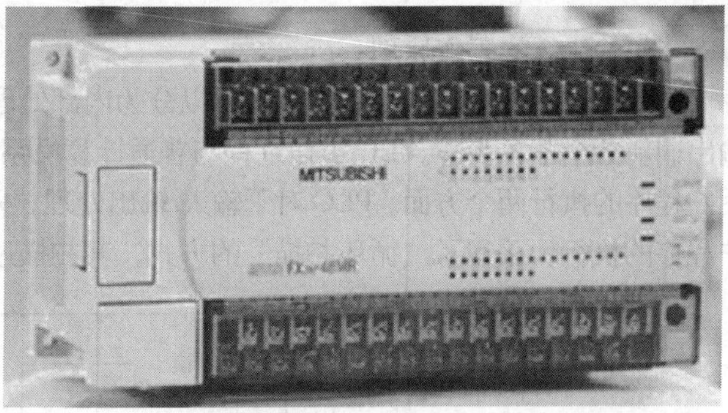

图 11-2 FX_{2N} 系列 PLC

表 11-1 FX_{2N} 系列 PLC 的基本单元

AC 电源，24V 直流输入		DC 电源，24V 直流输入		输入点数	输出点数
继电器输出	晶体管输出	继电器输出	晶体管输出		
FX_{2N}-16MR-001	FX_{2N}-16MT-001	——	——	8	8
FX_{2N}-32MR-001	FX_{2N}-32MT-001	FX_{2N}-32MR-D	FX_{2N}-32MT-D	16	16
FX_{2N}-48MR-001	FX_{2N}-48MT-001	FX_{2N}-48MR-D	FX_{2N}-48MT-D	24	24
FX_{2N}-64MR-001	FX_{2N}-64MT-001	FX_{2N}-64MR-D	FX_{2N}-64MT-D	32	32
FX_{2N}-80MR-001	FX_{2N}-80MT-001	FX_{2N}-80MR-D	FX_{2N}-80MT-D	40	40
FX_{2N}-128MR-001	FX_{2N}-128MT-001	——	——	64	64

知识链接二 PLC 的基本组成与工作原理

一、PLC 的基本组成

PLC 主要由中央处理器（CPU）、存储器（RAM、EPROM）、I/O、电源、扩展接口和编程器接口等几部分组成，其结构如图 11-3 所示。

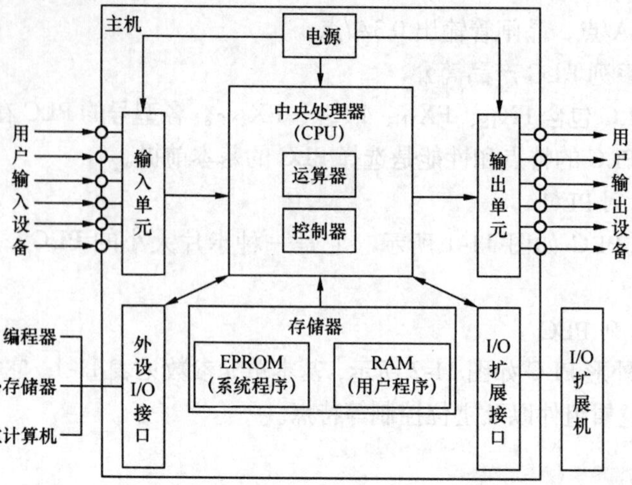

图 11-3 PLC 的硬件结构图

二、PLC 的工作原理

概括地说，PLC 的主要工作过程可以分为内部处理、通信服务、输入采样、程序执行和输出刷新 5 个基本步骤。PLC 工作过程与普通计算机系统的主要区别是在输入/输出的处理与用户程序的执行两个方面。PLC 对于输入/输出处理，采用了“集中批处理”的方式；对于用户程序的执行，采用了“循环扫描”的方式，其扫描过程如图 11-4 所示。

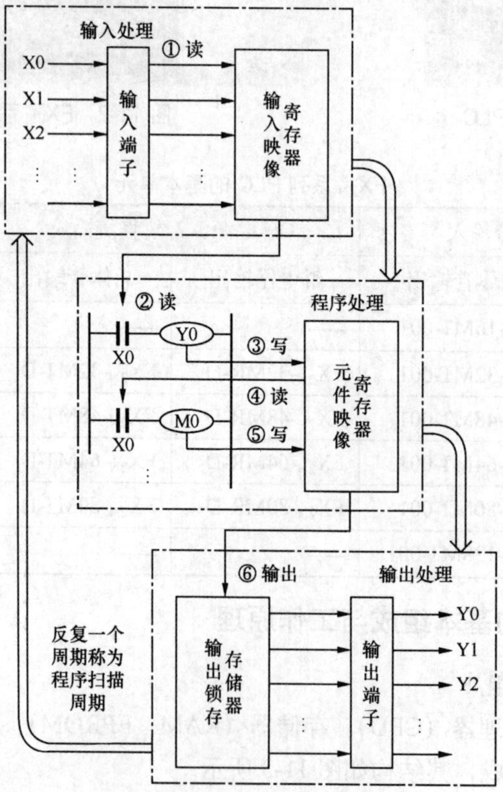

图 11-4 PLC 的扫描工作过程

知识链接三 FX_{2N}系列PLC软元件

在PLC中软件分为两大部分，即系统程序和用户程序。系统程序是PLC工作的基础，采用汇编语言编写，在PLC出厂时就已固化于ROM型系统程序存储器中，不需用户干扰。用户程序又称为应用程序，是用户为完成某一特定任务而利用PLC的编程语言而编制的程序。在三菱FX系列PLC中编程语言可分为指令表编程语言、梯形图编程语言、SFC顺序功能图编程语言。

一、PLC编程器件概述

在PLC内部中有许多具有不同功能的器件，而这些器件主要是由电子电路和存储器组成的。为了与通常的硬器件区分开，通常将它们称为软器件，是等效概念抽象模拟的器件，并非实际的物理器件。需要特别指出的是，不同厂家、不同型号的PLC编程器件的数量和种类都不一样，下面以FX_{2N}的PLC为例，介绍编程器件。

二、FX_{2N}系列编程器件

1. 输入继电器（X）

输出继电器用X表示，它与PLC的输入端子相连，是PLC接收外部开关信号的窗口。PLC通过输入接口将外部信号的状态读入并存储在输入映像寄存器中。输入继电器必须由外部信号驱动，不能用程序驱动，所以在程序中不可能出现其线圈。由于输入继电器为输入映像寄存器中的状态，所以其触点的使用次数不限。

FX_{2N}系列PLC的输入继电器以八进制进行编号，编号范围为X000~X267（184点）。基本单元输入继电器的编号是固定的，扩展单元和扩展模块是按与基本单元最靠近开始，顺序进行编号。例如，基本单元FX2N-64M的输入继电器编号为X000~X037（32点），如果接有扩展单元或扩展模块，则扩展的输入继电器从X040开始编号。

图11-5所示为PLC控制系统的示意图X0端子外接的输入电路接通时，它对应的输入映像寄存器为“1”状态，断开时为“0”状态。输入继电器的状态唯一取决于外部输入信号的状态，不受用户程序的控制，因此，在梯形图中绝对不能出现输入继电器的线圈。

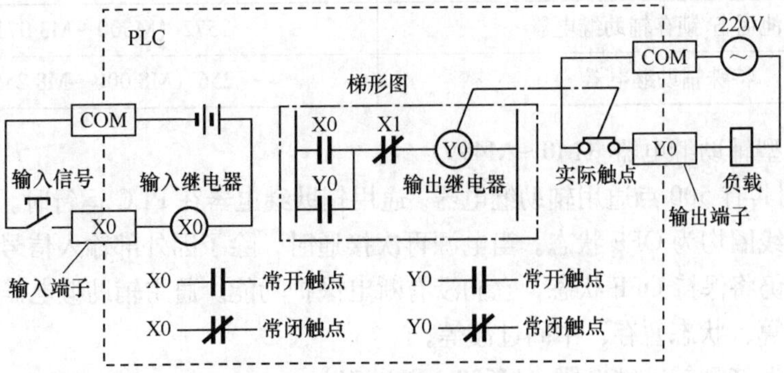

图11-5 PLC控制系统的示意图

2. 输出继电器（Y）

输出继电器用Y表示，它与PLC的输出端子相连，是PLC向外部负载发送信号的窗

口。输出继电器线圈是由PLC内部程序的指令驱动，其线圈状态传送给输出单元，再由输出单元对应的硬触点来驱动外部负载。如图11-5所示的梯形图中Y0的线圈“通电”，继电器输出单元中对应的硬件继电器的常开触点闭合，使外部负载工作。每个输出继电器在输出单元中都对应有唯一一个常开硬触点，但在程序中供编程的输出继电器，不管是常开还是常闭触点，都可以无数次使用。

FX系列PLC的输出继电器也是八进制编号，其中，FX_{2N}编号范围为Y000~Y267（184点）。与输入继电器一样，基本单元的输出继电器编号是固定的，扩展单元和扩展模块的编号也是按与基本单元最靠近开始，顺序进行编号。表11-2给出了FX_{2N}系列PLC的输入、输出继电器元件号。

表11-2　FX_{2N}系列PLC的输入、输出继电器元件号

型号	FX_{2N}-16M	FX_{2N}-32M	FX_{2N}-48M	FX_{2N}-64M	FX_{2N}-80M	FX_{2N}-128M	扩展时
输入	X0～X7 8点	X0～X17 16点	X0～X27 24点	X0～X37 32点	X0～X47 40点	X0～X77 64点	X0～X267 184点
输出	Y0～Y7 8点	Y0～Y17 16点	Y0～Y27 24点	Y0～Y37 32点	Y0～Y47 40点	Y0～Y77 64点	Y0～Y267 184点

3. 辅助继电器（M）

辅助继电器是PLC中数量最多的一种继电器，用M表示，一般的辅助继电器与继电器控制系统中的中间继电器相似。

辅助继电器不能直接驱动外部负载，负载只能由输出继电器的外部触点驱动。辅助继电器的常开与常闭触点在PLC内部编程时可无限次使用。

辅助继电器的地址编号是采用十进制的，共分为3大类：通用型辅助继电器、断电保持型辅助继电器和特殊用途型辅助继电器。FX_{2N}系列PLC的辅助继电器见表11-3。

表11-3　FX_{2N}系列PLC的辅助继电器

辅助继电器类型	数量（编号）
通用辅助继电器	500（M0～M499）
电池后备/锁存辅助继电器	2572（M500～M3 071）
特殊辅助继电器	256（M8 000～M8 255）

（1）通用型辅助继电器（M0～M499）

FX_{2N}系列共有500点通用辅助继电器。通用辅助继电器在PLC运行时，如果电源突然断电，则全部线圈均为OFF状态。当电源再次接通时，除了因外部输入信号而变为ON的以外，其余的仍将保持OFF状态，它们没有断电保护功能。通用辅助继电器常在逻辑运算中作为辅助运算、状态暂存、中间过渡等。

（2）断电保持型辅助继电器（M500～M3 071）

FX_{2N}系列有M500～M3 071共2 572个断电保持辅助继电器。它与普通辅助继电器不同的是具有断电保护功能，即能记忆电源中断瞬时的状态，并在重新通电后再现其状态。

它之所以能在电源断电时保持其原有的状态，是因为电源中断时用 PLC 中的锂电池保持它们映像寄存器中的内容。

（3）特殊用途型辅助继电器（M8 000～M8 255）

PLC 内有大量的特殊辅助继电器，它们都有各自的特殊功能。FX_{2N} 系列中有 256 个特殊辅助继电器，可分成两大类。

① 触点利用型特殊辅助继电器，其线圈由 PLC 自动驱动，用户只可使用其触点。例如，

M8 000：运行监视器（在 PLC 运行中接通），M8 001 与 M8 000 相反逻辑。

M8 002：初始脉冲（仅在运行开始时瞬间接通），M8 003 与 M8 002 相反逻辑。

M8 011、M8 012、M8 013 和 M8 014 分别是产生 10ms、100ms、1s 和 1min 时钟脉冲的特殊辅助继电器。

② 线圈驱动型特殊辅助继电器，由用户程序驱动线圈后 PLC 执行特定的动作。例如，

M8 033：若使其线圈得电，则 PLC 停止时保持输出映像存储器和数据寄存器内容。

M8 034：若使其线圈得电，则将 PLC 的输出全部禁止。

M8 039：若使其线圈得电，则 PLC 按 D8 039 中指定的扫描时间工作。

4. 状态器（S）

FX_{2N} 系列 PLC 的状态继电器用 S 表示，见表 11-4。状态器用来记录系统运行中的状态，是编制顺序控制程序的重要编程元件，它与后述的步进顺控指令 STL 配合应用。

表 11-4 FX_{2N} 系列 PLC 的状态继电器

状态继电器类型	数量（编号）
初始状态继电器	10 点，S0～S9
通用状态继电器	490 点，S10～S499
锁存状态继电器	400 点，S500～S899
信号报警器	100 点，S900～S999

5. 定时器（T）

FX_{2N} 系列 PLC 的定时器用 T 表示，见表 11-5。定时器相当于继电器控制系统中的通电型时间继电器。它可以提供无限对常开常闭延时触点。定时器中有一个设定值寄存器（一个字长），一个当前值寄存器（一个字长）和一个用来存储其输出触点的映像寄存器（一个二进制位），这 3 个量使用同一地址编号。但使用场合不一样，意义也不同。

表 11-5 FX_{2N} 系列 PLC 的定时器

100ms 一般用途	100ms 可用于 子程序或中断程序	10ms 一般用途	1ms 中断累计型	100ms 累计型
T0～T191 共 192 点	T192～T199 共 8 点	T200～T245 共 46 点	T246～T249 共 4 点	T250～T255 共 6 点

FX_{2N} 系列中定时器时可分为通用定时器、积算定时器两种。它们是通过对一定周期的

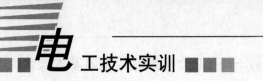

时钟脉冲的进行累计而实现定时的，时钟脉冲有周期为 1ms、10ms、100ms 三种，当所计数达到设定值时触点动作。设定值可用常数 K 或数据寄存器 D 的内容来设置。

（1）通用定时器（T0～T245）

通用定时器的特点是不具备断电的保持功能，即当输入电路断开或停电时定时器复位。通用定时器有 100ms 和 10ms 通用定时器两种。

① 100ms 通用定时器（T0～T199）共 200 点，其中 T192～T199 为子程序和中断服务程序专用定时器。这类定时器是对 100ms 时钟累积计数的，设定值为 1～32 767，所以其定时范围为 0.1～3 276.7s。

② 10ms 通用定时器（T200～T245）共 46 点。这类定时器是对 10ms 时钟累积计数的，设定值为 1～32 767，所以其定时范围为 0.01～327.67s。

（2）积算定时器（T246～T255）

积算定时器具有计数累积的功能。在定时过程中如果断电或定时器线圈 OFF，积算定时器将保持当前的计数值（当前值），通电或定时器线圈 ON 后继续累积，即其当前值具有保持功能，只有将积算定时器复位，当前值才变为 0。

① 1ms 积算定时器（T246～T249）共 4 点，是对 1ms 时钟脉冲进行累积计数的，定时的时间范围为 0.001～32.767s。

② 100ms 积算定时器（T250～T255）共 6 点，是对 100ms 时钟脉冲进行累积计数的定时的时间范围为 0.1～3 276.7s。

6. 计数器（C）

FX_{2N} 系列的计数器用 C 表示，如表 11-6 所示，它分内部计数器和高速计数器两类。

表 11-6　FX_{2N} 系列 PLC 的计数器

16 位加计数器 0～32 767		32 位加/减计数器-214783648～+214783647	
一般用	停电保持用	一般用	停电保持用
C0～C99 共 100 点	C100～C199 共 100 点	C200～C219 共 20 点	C220～C234 共 15 点
高速计数器（外部计数器）		C235～C255 共 21 点（与 M235～M255 有关）	

（1）内部信号计数器（C0～C234）

内部信号计数器是在执行扫描操作时对内部器件（如 X、Y、M、S、T 和 C）的信号进行计数。内部输入信号的接通和断开时间应比 PLC 的扫描周期稍长。

① 16 位加计数器（C0～C199）

这类计数器为递加计数，应用前先对其设置一设定值，当输入信号（上升沿）个数累加到设定值时，计数器动作，其常开触点闭合、常闭触点断开。计数器的设定值为 1～32 767（16 位二进制），设定值除了用常数 K 设定外，还可间接通过指定数据寄存器设定。

② 32 位加/减计数器（C200～C234）

这类计数器与 16 位加计数器除位数不同外，还在于它能通过控制实现加/减双向计数。计数器的设定值与 16 位计数器一样，可直接用常数 K 或间接用数据寄存器 D 的内容作为设定值。在间接设定时，要用编号紧连在一起的两个数据计数器。

(2) 高速计数器（C235~C255）

高速计数器与内部计数器相比除允许输入频率高之外，应用也更为灵活，高速计数器均有断电保持功能，通过参数设定也可变成非断电保持。FX_{2N} 有 21 点高速计数器，适合用来做为高速计数器输入的 PLC 输入端口有 X0~X7。X0~X7 不能重复使用，即某一个输入端已被某个高速计数器占用，它就不能再用于其他高速计数器，也不能用做他用。

知识链接四　PLC 编程软件的使用

一、SWOPC－FXGP/WIN－C 软件概述

1. 软件介绍

SWOPC-FXGP/WIN-C 是应用于 FX 系列 PLC 的编程软件，可在 Windows 下运行。在该软件中，可通过梯形图、指令表及 SFC 符号来编写 PLC 程序，建立注释数据及设置寄存器数据等。创建的程序可在串行系统中与 PLC 进行通信、文件传送、操作监控以及完成各种测试功能，也可将其存储为文件，用打印机打印出来。

2. 操作环境

运行 SWOPC-FXGP/WIN-C 软件的计算机的最低配置为：

CPU：80 486 或更高；

内存：8MB 以上；

硬盘：10MB 以上；

显示器分辨率：800×600，16 色或更高；

操作系统：Windows3.1、Windows95/98/2000/XP 等。

3. 操作界面

图 11-6 所示为 SWOPC－FXGP/WIN－C 软件的操作界面，该操作界面由下拉菜单、工具栏 1、工具栏 2、梯形图编程区、程序状态栏、功能键和功能图组成。

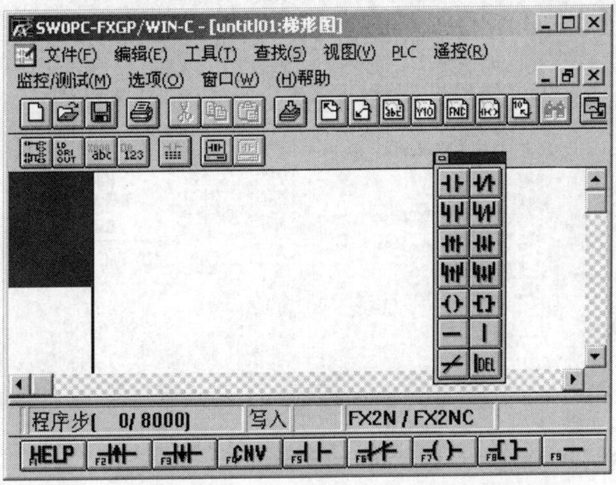

图 11-6　SWOPC-FXGP/WIN-C 软件的操作界面

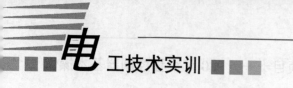

二、SWOPC－FXGP/WIN－C 软件安装

在 SWOPC－FXGP/WIN－C 安装程序文件夹中找到 SETUP32.EXE 安装文件，并双击运行该文件，根据提示进行操作即可。

三、计算机与 PLC 主机的通信连接

按图 11-7 所示进行连接，检查连接是否正确。接通 PLC 电源，将 PLC 的 STOP/RUN 开关置于 STOP 位置。

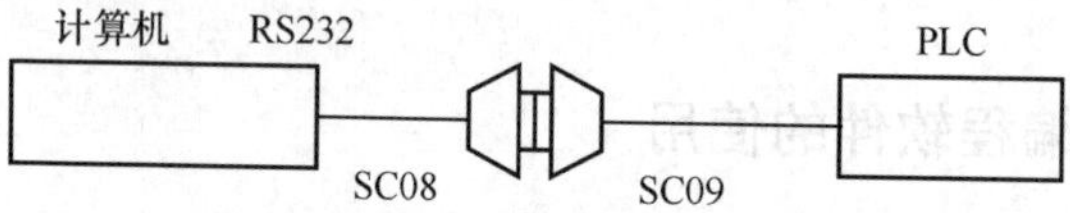

图 11-7 计算机与 PLC 主机的通信连接

四、SWOPC－FXGP/WIN－C 软件使用说明

用鼠标双击在计算机桌面上 FXGP/WIN－C 的图标，可打开编程软件。执行菜单中［文件］→［退出］，将退出编程软件。

1. 文件操作

(1) 新文件

功能：创建一个新的应用程序。

操作方法：通过选择［文件］→［新文件］菜单项，或者［Ctrl］+［N］键操作，在 PC 模式设置对话框中选择应用程序的目标 PC 模式。

注意：在此时会显示 PLC 类型设置对话框，如图 11-8 所示，根据 PLC 的类型进行设定，务必相互对应。

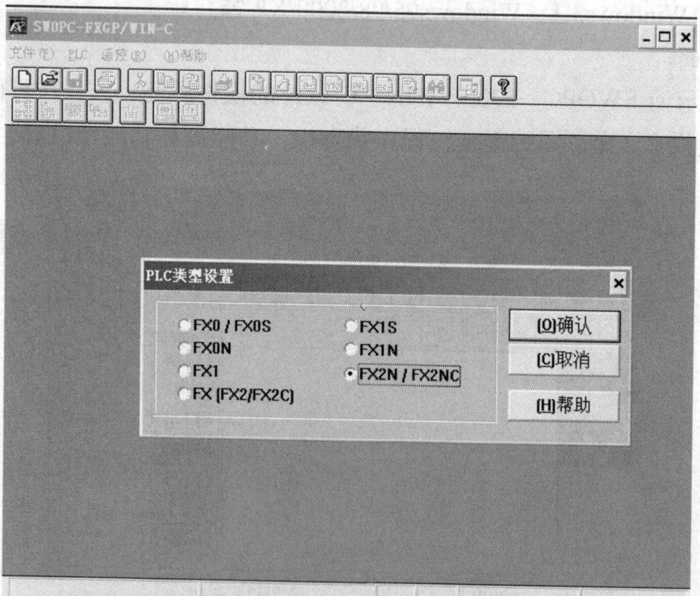

图 11-8 FXGP/WIN-C 软件的初始化

(2) 打开

功能：从一个文件列表中打开一个新的应用程序以及诸如注释数据之类的数据。

操作方法：先选择［文件］→［打开］菜单或按［Ctrl］+［O］键，再在打开的文件菜单中选择一个所需的应用程序。

(3) 保存

功能：保存当前应用程序、注释数据以及其他在同一文件名下的数据。如果是第一次保存，屏幕显示［赋名及保存］对话框，可通过该对话框将它们保存下来。

操作方法：执行［文件］→［保存］菜单操作或［Ctrl］+［S］键操作即可。

2. 打印操作

功能：依据已有格式打印应用程序及其注释。

操作方法：执行［文件］→［打印］菜单操作或［Ctrl］+［P］键操作，在［打印条件］对话框中可设定诸如连带注释打印等打印条件，单击确认按钮或按［Enter］键开始打印。如果要终止打印，可点击在［正在打印］对话框中的取消键或按［Esc］键。

注意：在打印过程中，确认打印机与计算机或网络相连，在［打印设置］中设置好驱动程序。

3. 梯形图编程操作

(1) 梯形图剪切

功能：将电路块单元剪切掉。

操作方法：通过［编辑］→［块选择］菜单操作选择电路块，再通过［编辑］→［剪切］菜单操作或［Ctrl］+［X］键操作，被选中的电路块被剪切并保存在剪切板中。

(2) 梯形图粘贴

功能：粘贴电路块单元。

操作方法：通过［编辑］→［粘贴］菜单操作或［Ctrl］+［V］键操作，把选择的电路块粘贴上去；被粘贴上的电路块数据来自于执行剪切或拷贝命令时存储在剪切板中的数据。

(3) 梯形图的行删除

功能：在行单元中删除线路块。

操作方法：通过执行［编辑］→［行删除］菜单操作或［Ctrl］+［Delete］键盘操作，把光标所在行的线路块删除。

(4) 梯形图的行插入

功能：在梯形图中插入一行。

操作方法：通过执行［编辑］→［行插入］菜单操作，在光标位置上插入一行。

(5) 元件名

功能：在进行线路编辑时输入一个元件名。

操作方法：在执行［编辑］→［元件名］菜单操作时，屏幕显示元件名输入对话框，在输入栏输入元件名并按［Enter］键或按［确认］按钮，光标所在电路符号的元件名即被登录。必须指出的是元件名可为字母数字及符号，但长度不得超过8位，复制时不得同名。

(6) 元件注释

功能：在进行电路编辑时输入元件注释。

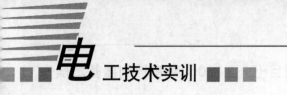

操作方法：在执行［编辑］→［元件注释］菜单操作时，元件注释输入对话框被打开。元件注释被登录后即被显示；在输入栏中输入元件注释再按［Enter］键或按［确认］按钮，光标所在电路符号的元件注释便被登录。注意元件注释不得超过 50 字符。

（7）线圈注释

功能：在进行电路编辑时输入线圈注释。

操作方法：在执行［编辑］→［线圈注释］菜单操作时，线圈注释输入对话框被显示；当线圈注释被登录时即被显示，在输入栏中输入线圈注释并按［Enter］键或按［确认］按钮，光标所在处线圈的注释即被登录，以备线圈命令或其他功能指令应用。

4. 工具操作

（1）触点

功能：输入电路符号中的触点符号。

操作方法：在执行［工具］→［触点］→［-| |-］菜单操作时，表示选中一个常开触点；在执行［工具］→［触点］→［-|/|-］时，表示选中一个常闭触点；在执行［工具］→［触点］→［-|P|-］菜单操作时，表示选中一个上升沿常开触点；执行［工具］→［触点］→［-|F|-］菜单操作时，表示选中一个下降沿常开触发触点。在元件输入栏中输入元件，按［Enter］键或确认按钮后，光标所在处的便有一个元件被登录。若单击参照按钮，则显示元件说明对话框，可完成更多的设置。

（2）线圈

功能：在电路符号中输入输出线圈。

操作方法：在进行［工具］→［线圈］菜单操作时，显示元件输入对话框，在输入栏中输入元件，按［Enter］键或按［确认］按钮，于是光标所在地的输出线圈符号被登录。单击参照按钮显示元件说明对话框，可进行进一步的特殊设置。

（3）功能

功能：输入功能线圈命令等。

操作方法：在执行［工具］→［功能］菜单操作时，命令输入对话框显示。在输入栏中输入元件，按［Enter］键或确认按钮，光标所在地的应用命令被登录；再单击参照按钮，命令说明对话框被打开，可进行进一步的特殊设置。

（4）连线

功能：输入垂直及水平线，删除垂直线。

操作方法：垂直线由菜单操作［工具］→［连线］→［｜］登录；水平线由菜单操作［工具］→［连线］→［-］登录；取反线由菜单操作［工具］→［连线］→［-/-］登录；垂直线删除由菜单操作［工具］→［连线］→［｜删除］删除。

（5）转换

功能：用于将创建的 PLC 程序转换格式存入计算机中。

操作方法：通过［工具］→［转换］菜单操作，将被转换的程序段保存到计算机中。

5. 查找操作

（1）元件名查找

功能：在字符串单元中查找元件名。

操作方法：通过［查找］→［元件名查找］菜单操作，显示元件名查找对话框，输入待查找的元件名，单击运行按钮或［Enter］键，执行元件名查找操作，光标移动到包含元件名的字符串所在的位置，此时显示已被改变。

(2) 触点/线圈查找

功能：确认并查找一个任意的触点或线圈。

操作方法：在执行［查找］→［触点/线圈查找］菜单操作时，触点/线圈查找对话框显示。键入待查找的触点或线圈；单击运行按钮或按［Enter］键，执行指令，光标移动到已寻到的触点或线圈处，同时改变显示。

(3) 到指定步数查找

功能：确认并查找一个任意程序步。

操作方法：在执行［查找］→［到指定步数］菜单操作时，屏幕上显示程序步查找对话框，输入待查的程序步，单击运行按钮或按［Enter］键，执行指令，光标移动到待查步处同时改变显示。

(4) 改变元件地址

功能：改变特定软元件地址。

操作方法：执行［查找］→［改变元件地址］菜单操作，屏幕显示改变元件的对话框，设置好将被改变的元件及范围，按［运行］按钮或［Enter］键，执行命令。

例如，用X20至X25替换X10至X15，操作为在［被代换元件］输入栏中输入［X10］至［X15］，并在［代换起始点］处输入［X10］。

在此功能下，用户可设定顺序替换或成批替换，还可设定是否同时移动注释以及功能指令元件。不过被指定的元件仅限于同类元件。

(5) 改变位元件

功能：将触点类型改变。

操作方法：执行［查找］→［改变触点类型］菜单操作，交换元件的对话框出现；指定待换元件范围，单击运行按钮或按［Enter］键，即执行改变触点类型。可选择顺序改变或成批改变。但被指定互换的元件仅限于同类元件。

6. 视图操作

(1) 梯形图视图

功能：打开电路图视图或激活已打开的电路图视图。

操作方法：单击［视图］→［梯形图视图］菜单，窗口显示被改变。

(2) 指令表视图

功能：打开指令表视图或激活已被打开的指令表视图。

操作方法：单击［视图］→［指令表视图］菜单，窗口显示被改变。

7. PLC操作

将光标指向［PLC］位置，此时计算机屏幕显示如图11-9所示。在此状态下，可进行PLC操作。

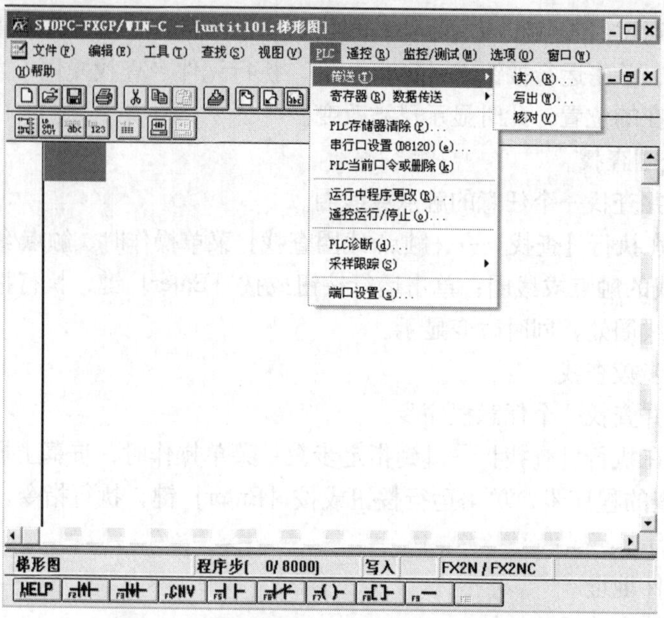

图 11-9 选择菜单“PLC”时的屏幕显示

(1) 程序传送

功能：将已创建的应用程序成批传送到 PLC 中，包括［读入］、［写出］和［核对］。

①［读入］将 PLC 中的应用程序传送到计算机中。

②［写出］将计算机中的应用程序发送到 PLC 中。

③［核对］将在计算机及 PLC 中的应用程序加以比较核对。

操作方法：由执行［PLC］→［传送］→［读入］或［写出］或［核对］菜单操作而完成。当选择［读入］时，应在［PLC 模式设置］对话框中将已连接的 PLC 模式设置好。

操作时应注意：计算机的 RS232C 端口及 PLC 之间必须用指定的缆线及转换器（专用）连接；执行完［读入］后，PLC 模式被改变成被设定的模式，现有的应用程序被读入的程序所替代；在［写出］时，PLC 应停止运行，程序必须在 RAM 或 EEPROM 内存保护关断的情况下写出，然后再进行校验。

(2) 寄存器数据传送

功能：将已创建的寄存器数据成批传送到 PLC 中，包括［读入］、［写出］和［核对］。

①［读入］：将设置在 PLC 中的寄存器数据读出并存入计算机中。

②［写出］：将计算机中的寄存器数据写入 PLC 中。

③［核对］：将计算机中的数据与 PLC 中的数据进行核对。

操作方法：选择［PLC］→［寄存器数据传送］→［读入］或［写出］或［核对］菜单操作。在［各种功能］对话框中设置寄存器类型。

操作时应注意：计算机的 RS232C 端口及 PLC 之间必须用指定的缆线及转换器连接；PLC 的模式必须与计算机中设置的 PLC 模式一致。

(3) PLC 存储器清除

功能：为了使 PLC 中的程序及数据初始化，必须清除以下三项内容。

① [PLC储存器]：应用程序为NOP，参数设置为缺省值。

② [数据元件存储器]：数据文件缓冲器中数据置零。

③ [位元件存储器]：X、Y、M、S、T和C的值被置零。

操作方法：执行［PLC］→［PLC存储器清除］菜单操作，再在［PLC存储器清除］中设置清除项。必须指出的是特殊数据寄存器数据不被清除。

(4) 运行中程序改变

功能：将运行中的与计算机相连的PLC的程序作部分改变。

操作方法：在线路编辑中，执行［PLC］→［运行中程序更改］菜单操作，或［Shift］+［F4］键操作时出现确认对话框，单击［确认］按钮或［Enter］键，执行命令。

操作时应注意：该功能改变了PLC操作，应对其改变内容认真加以确认；计算机的RS232C端口及PLC之间必须用指定的缆线及转换器连接；PLC程序内存必为RAM；可被改变的程序仅为一个电路块，且限于127步；被改变的电路块中应无高速计数器的功能指令或标签。

8. 监控/测试操作

(1) 梯形图监控

功能：在显示屏上监视PLC的操作状态，从电路编辑状态转换到监视状态，同时在显示的电路图中显示PLC操作状态（ON/OFF）。

操作方法：激活梯形图视图，通过进行菜单操作进入［监控/测试（Alt+M）］→［开始监控］。

操作时应注意：在梯形图监控中，电路图中只有ON/OFF状态被监控；当监控当前值以及设置寄存器、定时器、计数器数据时，应使用数据登录监控功能。

(2) 元件监控

功能：监控元件单元。

操作方法：执行［监控/测试］→［进入元件监控］菜单操作命令，屏幕显示元件登录监控窗口，在此登录元件，双击鼠标或按［Enter］键显示元件登录对话框；设置好元件及显示点数，再按［确认］按钮或［Enter］键即可。

(3) 强制Y输出

功能：强制PLC输出端口（Y）输出ON/OFF。

操作方法：执行［监控/测试］→［强制Y输出］操作，出现强制Y输出对话框，设置元件地址及ON/ OFF，单击运行按钮或按［Enter］键，即可完成特定输出。

(4) 强制ON/OFF

功能：强行设置或重新设置PLC的位元件。

操作方法：执行［监控/测试］→［强制ON/OFF］菜单命令，屏幕显示强制设置、重新设置对话框；在此对话框内设置元件（可以为X、Y、M等元件）置“0”或置“1”，单击［运行］按钮或按［Enter］键，使特定元件得到设置或重置。

(5) 改变当前值

功能：改变PLC字元件的当前值。

操作方法：执行［监控/测试］→［改变当前值］菜单选择，屏幕显示改变当前值对话框。在此对话框内选定元件及改变值，单击［运行］按钮或按［Enter］键，选定元件的当前值即被改变。

(6) 改变设置值

功能：改变 PLC 中计数器或定时器的设置值。

操作方法：在电路监控中，如果光标所在位置为计数器或定时器的输出命令状态，执行［监控/测试］→［改变设置值］菜单操作命令，屏幕显示改变设置值对话框。在此对话框内，设置待改变的值并单击［运行］按钮或按［Enter］键，指定元件的设置值被改变。如果设置输出命令的是数据寄存器，或光标正在应用命令位置并且 D、V 或 Z 当前可用，该功能同样可被执行。在这种情况下，元件号可被改变。

操作时应注意：本功能必须在 PC 机中的程序与在 PLC 中的程序一致且 PLC 的内存为 RAM 或 EEPROM 时才可执行。另外该功能仅仅在监控线路图时有效。

9. 选项操作

将光标指向“选项”位置，此时计算机屏幕显示如图 11-10 所示。在此状态下，可进行选项操作。

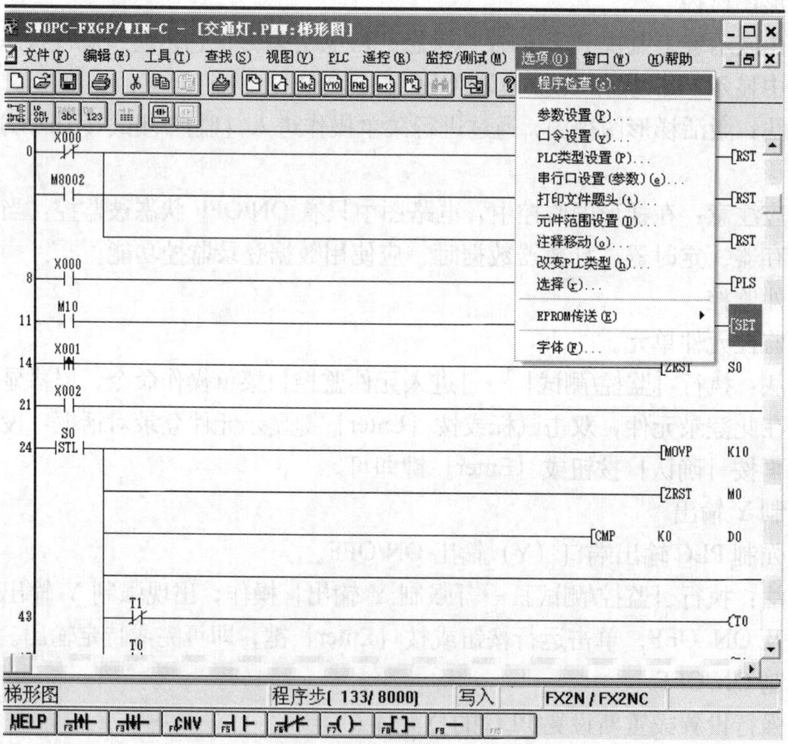

图 11-10 选择菜单“选项”时的屏幕显示

(1) 程序检查

功能：检查语法、双线圈及创建的应用程序电路图并显示结果。

① ［语法错误检查］：检验命令码及其格式。

② ［双线圈检验］：检查同一元件或显示顺序输出命令的重复使用情况。

③［电路错误检查］：检查梯形图电路中的缺陷。

操作方法：执行［选项］→［程序检查］菜单操作，在［程序检查］对话框中进行设置，再单击［确认］按钮或按［Enter］键，命令被执行。

注意：如果在［双线圈检查］或［线路检查］检出错误，并不一定导致 PLC 或操作方面的错误。特别是在 PLC 方面，双线圈并不都认为是错误的，在步进梯形图中，它是被允许的或有特殊用途。

（2）EPROM 传送

功能：传送应用程序至与计算机 RS232 端口相连的 ROM 写入器，包括［配置］、［读入］、［写出］和［核对］。

①［配置］：设置与 ROM 写入器相连的传送格式，它必须与 ROM 写入器方的设置相符。

②［读入］：将 ROM 写入器上磁带盒中应用程序读出存入到计算机中。

③［写出］：将存在计算机中的应用程序写入到 ROM 写入器的磁带盒中。

④［核对］：将计算机中存储的应用程序与 ROM 写入器磁带盒中的内容加以比较。

操作方法：执行［选项］→［EPROM 传送］→［配置］或［读入］或［写出］或［核对］菜单操作。当选中［读入］时，在［PC 模式设置］对话框中设置被连接的 PLC 模式。

注意：ROM 写入器必须能提供 RS232 传送功能，并支持相应格式；ROM 写入器的传送格式为十六进制；当使用 EPROM-8 型 ROM 磁带盒时，需要 ROM 适配器。

知识链接五 PLC 基本逻辑指令及其应用

FX_{2N} 的系列 PLC 共有 27 条基本指令、两条步进指令和丰富的功能指令。本课要求学生掌握基本指令和步进指令，学会由指令表转化成梯形图，梯形图转化成指令表的方法；然后通过一些编程的示例理解基本指令的应用和一些编程的规则。

一、取指令与输出指令（LD/LDI/LDP/LDF/OUT）

取指令与输出指令见表 11-7。

表 11-7 取指令与输出指令

符号、名称	功能	电路表示	操作元件	程序步
LD 取正	常开触点逻辑运算起始	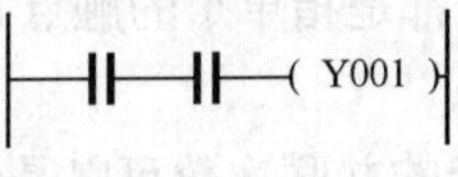	X，Y，M，T，C，S	1
LDI 取反	常闭触点逻辑运算起始	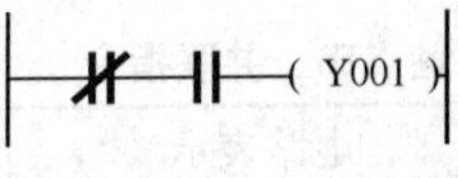	X，Y，M，T，C，S	1
OUT 输出	线圈驱动	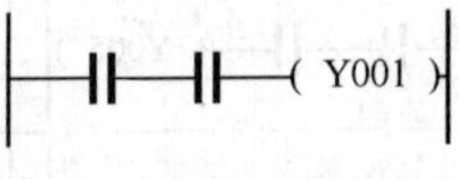	Y，M，T，C，S	Y、M：1，特 M：2，T：3，C：3～5

1. 用法示例

取指令与输出指令的应用如图 11-11 所示。

2. 使用注意事项

（1）LD、LDI 指令既可用于输入左母线相连的触点，也可与 ANB、ORB 指令配合实现块逻辑运算。

（2）LDP、LDF 指令仅在对应元件有效时维持一个扫描周期的接通。

（3）LD、LDI、LDP、LDF 指令的目标元件为 X、Y、M、S、T 和 C。

（4）OUT 指令可以连续使用无数次，它相当于线圈并联，如图 11-11 所示。对于定时器和计数器，在 OUT 指令之后应设置常数 K 或指定相应的数据寄存器。

（5）OUT 指令目标元件为 Y、M、S、T 和 C，但不能用于 X。

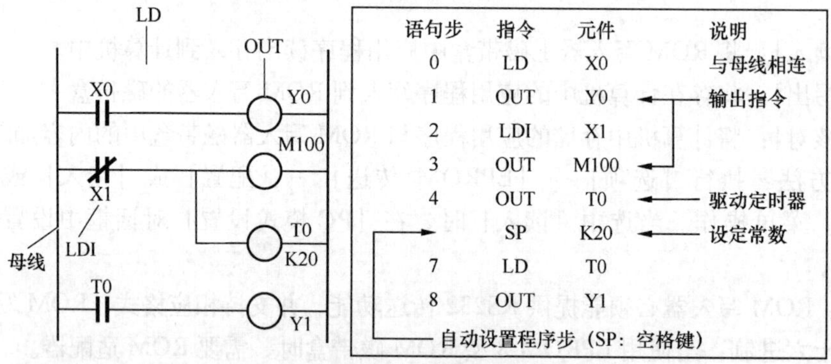

图 11-11 取指令与输出指令的应用

二、触点串、并联指令（AND/ANI/ OR/ORI）

触点串、并联指令见表 11-8 所示。

1. 用法示例

触点串、并联指令的应用如图 11-12 所示。

2. 使用注意事项

（1）AND、ANI、ANDP、ANDF 都是一个程序步指令，串联触点的个数没有限制，该指令可以多次反复使用。

（2）AND、ANI、ANDP、ANDF 的目标元件为 X 、Y 、M 、S、T 和 C。

（3）OR、ORI、ORP、ORF 指令都是指单个的触点并联，操作的目标元件为 X 、Y 、M 、S、T 和 C；

（4）OR、ORI、ORP、ORF 指令的并联次数可以是无限次。

表 11-8 触点串、并联指令

符号名称	功能	电路表示	操作元件	程序步
AND 与	常开触点串联连接	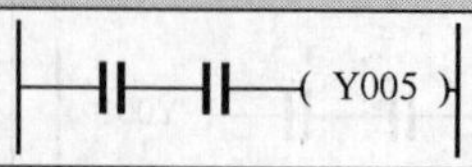	X，Y，M，S，T，C	1
ANI 与非	常闭触点串联连接	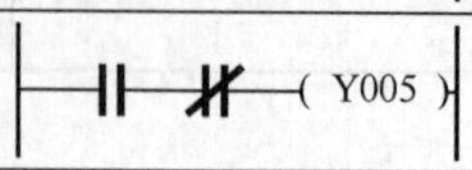	X，Y，M，S，T，C	1

续表

符号名称	功能	电路表示	操作元件	程序步
OR 或	常开触点并联连接	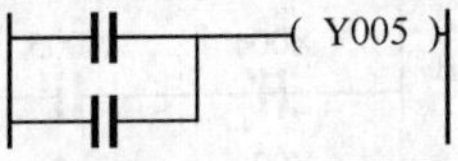	X，Y，M，S，T，C	1
ORI 或非	常闭触点并联连接	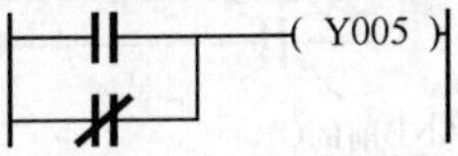	X，Y，M，S，T，C	1

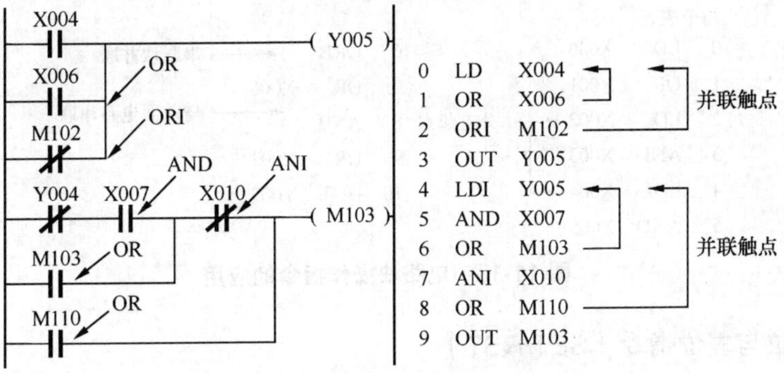

图 11-12 触点串、并联指令的应用

三、块操作指令（ORB / ANB）

电路块操作指令见表 11-9。

表 11-9 电路块操作指令

符号名称	功能	电路表示	操作元件	程序步
ORB 电路块或	串联电路的并联连接	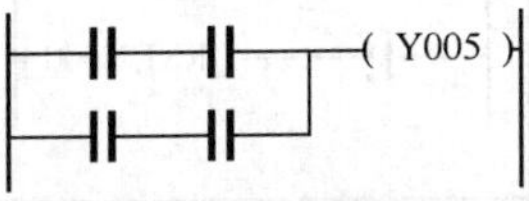	无	1
ANB 电路块与	并联电路的串联连接	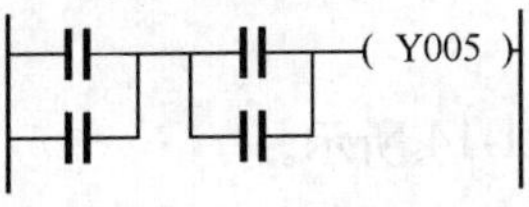	无	1

1. 用法示例

电路块操作指令的应用如图 11-13 所示。

2. 使用注意事项

（1）几个串联电路块并联连接时，每个串联电路块开始时应该用 LD 或 LDI 指令。

（2）有多个电路块并联回路，如对每个电路块使用 ORB 指令，则并联的电路块数量没有限制。

（3）ORB 指令也可以连续使用，但这种程序写法不推荐使用，是因为 LD 或 LDI 指令的使用次数不得超过 8 次，也就是 ORB 只能连续使用 8 次以下。

（4）并联电路块串联连接时，并联电路块的开始均用 LD 或 LDI 指令。

（5）多个并联回路块连接按顺序和前面的回路串联时，ANB 指令的使用次数没有限制。也可连续使用 ANB，但与 ORB 一样，使用次数在 8 次以下。

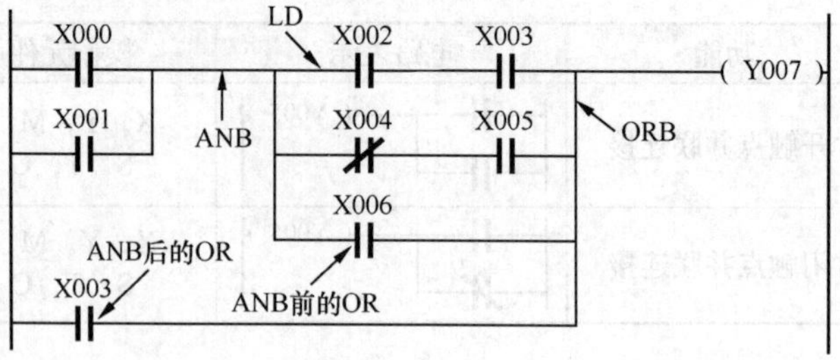

指令表:

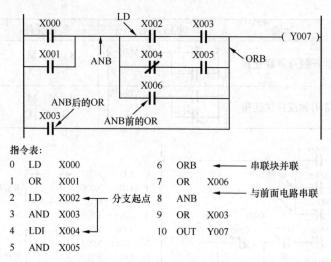

0	LD	X000	6	ORB		← 串联块并联
1	OR	X001	7	OR	X006	
2	LD	X002 ← 分支起点	8	ANB		← 与前面电路串联
3	AND	X003	9	OR	X003	
4	LDI	X004 ←	10	OUT	Y007	
5	AND	X005				

图 11-13　电路块操作指令的应用

四、置位与复位指令（SET/RST）

置位与复位指令见表 11-10。

表 11-10　　置位与复位指令

符号名称	功能	电路表示	操作元件	程序步
SET 置位	令元件自保持 ON	[SET Y000]	Y，M，S	Y，M：1 S，特 M：2
RST 复位	令元件自保持 OFF 或清除数据寄存器的内容	[RST Y000]	Y，M， S，C， D，V， Z，积 T	Y，M：1； S，特 M，C， 积 T：2； D，V，Z：3

1. 用法示例

置位与复位指令的应用如图 11-14 所示。

2. 使用注意事项

（1）SET 指令的目标元件为 Y、M、S，RST 指令的目标元件为 Y、M、S、D、V、Z、T 和 C。RST 指令常被用来对 D、V 和 Z 的内容清零，还用来复位积算定时器和计数器。

（2）对于同一目标元件，SET、RST 可多次使用，顺序也可随意，但最后执行者有效。

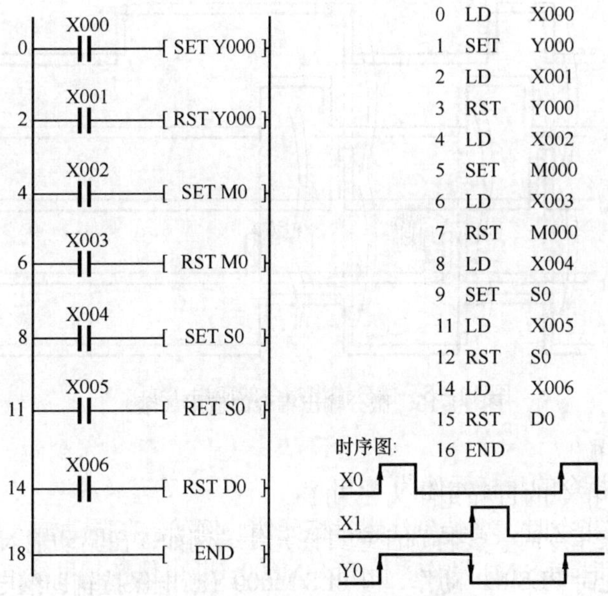

图 11-14 置位与复位指令的应用

五、微分输出指令（PLS/PLF）

微分输出指令见表 11-11。

表 11-11 微分输出指令

符号、名称	功能	电路表示	操作元件	程序步
PLS 上升沿脉冲	上升沿微分输出	X000 ─┤├─[PLS M0]	Y，M	2
PLF 下降沿脉冲	下降沿微分输出	X001 ─┤├─[PLF M1]	Y，M	2

1. 用法示例

微分输出指令的应用如图 11-15 所示。

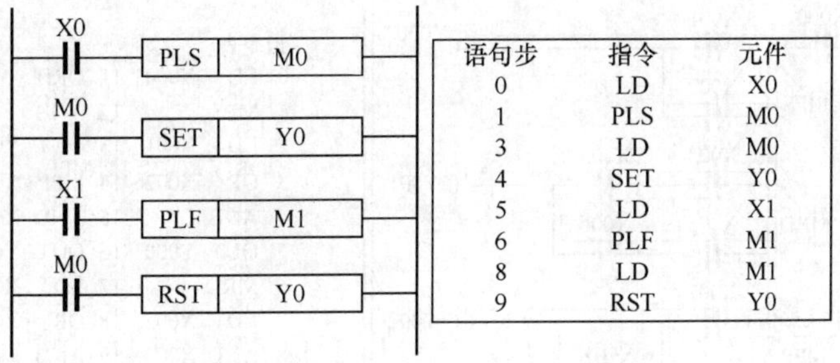

图 11-15 微分输出指令的应用

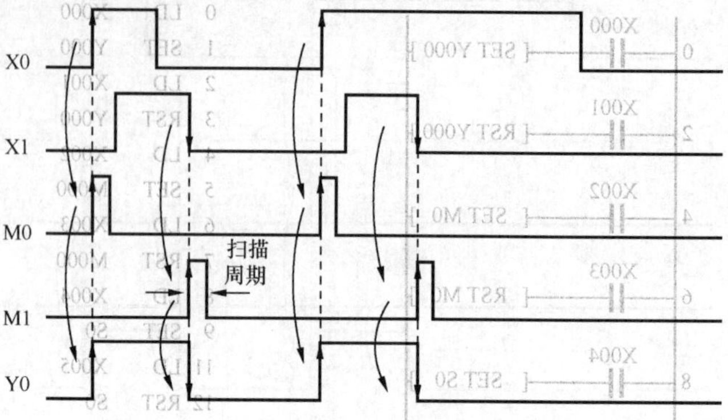

图 11-15　微分输出指令的应用（续）

2. 使用注意事项

（1）PLS、PLF 指令的目标元件为 Y 和 M。

（2）使用这两条指令时，要特别注意目标元件。例如，在驱动输入接通时，PLC 由运行→停止→运行，此时 PLS M1 动作，但 PLS M600（断电保持辅助继电器）不动作。这是因为 M600 在断电停机时其动作也能保持。

六、堆栈指令（MPS/MRD/MPP）

堆栈指令见表 11-12。

表 11-12　堆栈指令

符号、名称	功能	电路表示	操作元件	程序步
MPS 进栈	进栈	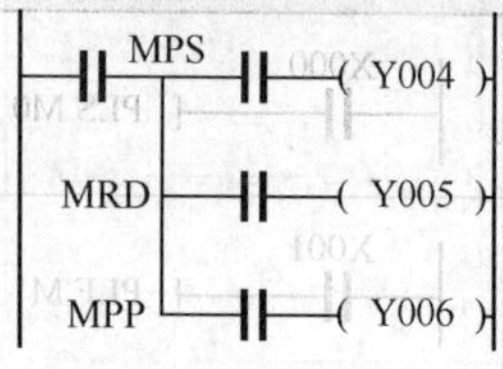	无	1
MRD 读栈	读栈		无	1
MPP 出栈	出栈		无	1

1. 用法示例

堆栈指令的应用如图 11-16 所示。

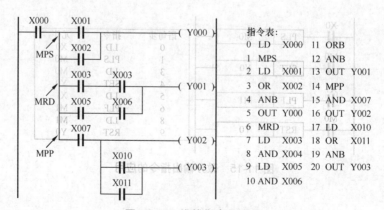

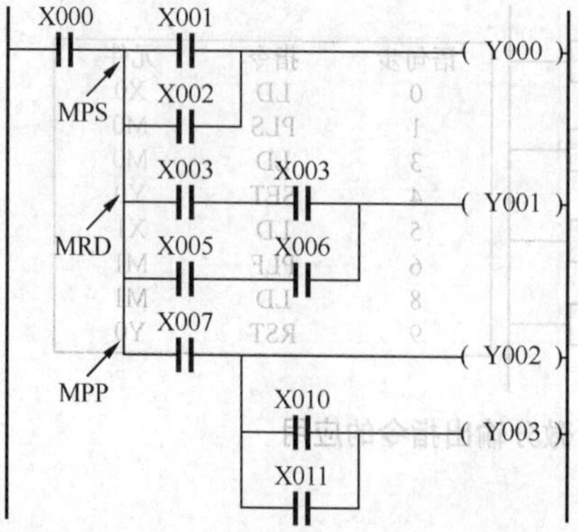

指令表：

0	LD	X000	11	ORB	
1	MPS		12	ANB	
2	LD	X001	13	OUT	Y001
3	OR	X002	14	MPP	
4	ANB		15	AND	X007
5	OUT	Y000	16	OUT	Y002
6	MRD		17	LD	X010
7	LD	X003	18	OR	X011
8	AND	X004	19	ANB	
9	LD	X005	20	OUT	Y003
10	AND	X006			

图 11-16　堆栈指令的应用

2. 使用注意事项

（1）堆栈指令没有目标元件。

（2）MPS 和 MPP 必须配对使用。

（3）由于栈存储单元只有 11 个，所以栈的层次最多 11 层。

七、逻辑反、空操作与结束指令（INV/NOP/END）

逻辑反、空操作与结束指令见表 11-13。

表 11-13　　　　逻辑反、空操作与结束指令

符号、名称	功能	电路表示	操作元件	程序步
INV 取反	逻辑运算结果取反	X000 (Y000)	无	1
NOP 空操作	无动作	无	无	1
END 结束	输入输出处理，程序回到第 0 步	[END]	无	1

1. INV（取反指令）

执行该指令后将原来的运算结果取反。使用时应注意 INV 不能像指令表的 LD、LDI、LDP、LDF 那样与母线连接，也不能像指令表中的 OR、ORI、ORP、ORF 指令那样单独使用。

2. NOP（空操作指令）

NOP 不执行操作，但占一个程序步。执行 NOP 时并不做任何事，有时可用 NOP 指令短接某些触点或用 NOP 指令将不要的指令覆盖。当 PLC 执行了清除用户存储器操作后，用户存储器的内容全部变为空操作指令。

3. END（结束指令）

END 表示程序结束。若程序的最后不写 END 指令，则 PLC 不管实际用户程序多长，都从用户程序存储器的第一步执行到最后一步；若有 END 指令，当扫描到 END 时，则结束执行程序，这样可以缩短扫描周期。在程序调试时，可在程序中插入若干 END 指令，将程序划分若干段，在确定前面程序段无误后，依次删除 END 指令，直至调试结束。

知识链接六　步进指令及其应用

各大公司生产的 PLC 都开发有步进指令，主要是用来完成顺序控制的。三菱 FX 系列的 PLC 有两条步进指令，即 STL（步进开始）指令和 RET（步进结束）指令。

一、状态转移图

一个顺序控制过程可分为若干个阶段，也称为步或状态，每个状态都有不同的动作。当相邻两状态之间的转换条件得到满足时，就将实现转换，即由上一个状态转换到下一个状态执行。我们常用状态转移图（功能表图）描述这种顺序控制过程。用状态器 S 记录每

个状态，X 为转换条件。如当 X1 为 ON 时，则系统由 S0 状态转为 S21 状态，如图 11-17 所示。

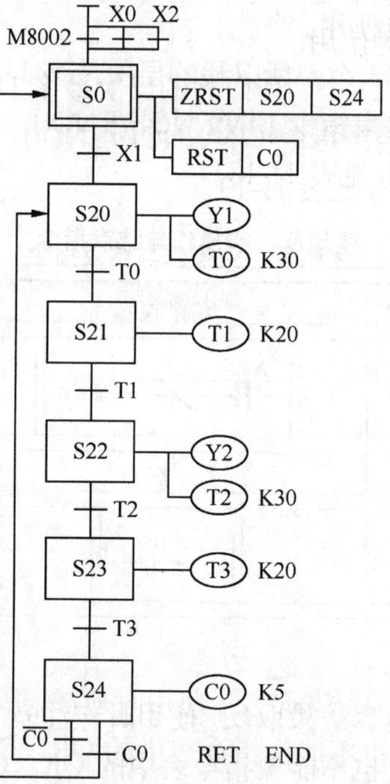

图 11-17　电动机循环正反转控制的状态转移图

二、步进指令（STL/RET）

STL 和 RET 指令只有与状态器 S 配合才能具有步进功能。如 STL S20 表示状态常开触点，称为 STL 触点，它在梯形图中的符号为—|| ||—，它没有常闭触点。我们用每个状态器 S 记录一个工步，例如，STL S20 有效（为 ON），则进入 S20 表示的一步（类似于本步的总开关），开始执行本阶段该做的工作，并判断进入下一步的条件是否满足。一旦结束本步信号为 ON，则关断 S20 进入下一步，如 S21 步。RET 指令是用来复位 STL 指令的，其后面没有操作数，执行 RET 后将重回母线，退出步进状态。

步进开始（STL）和步进结束（RET）指令见表 11-14。

表 11-14　步进开始和步进结束指令

助记符、名称	功能说明	回路表示及可用软元件	程序步
STL 步进指令	步进梯形图形始	STL	1
RET 步进返回	步进梯形图结束	RET	1

1. 用法示例

STL 和 RET 指令的应用如图 11-18 所示。

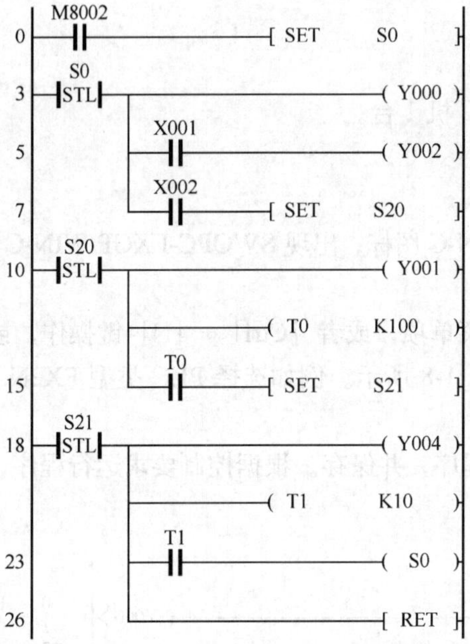

0	LD	M8002	
1	SET	S0	
3	STL	S0	
4	OUT	Y000	
5	LD	X001	
6	OUT	Y002	
7	LD	X002	
8	SET	S20	
10	STL	S20	
11	OUT	Y001	
12	OUT	T0	K100
15	LD	T0	
16	SET	S21	
18	STL	S21	
19	OUT	Y004	
20	OUT	T1	K10
23	LD	T1	
24	OUT	S0	
26	RET		

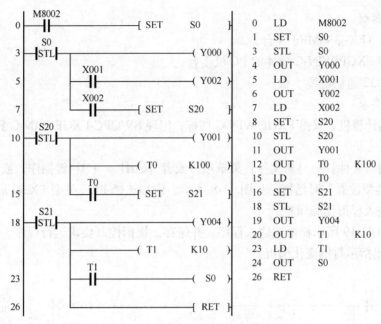

图 11-18　STL 和 RET 指令的应用

2. 使用注意事项

(1) STL 触点是与左侧母线相连的常开触点，某 STL 触点接通，则对应的状态为活动步。

(2) 与 STL 触点相连的触点应用 LD 或 LDI 指令，只有执行完 RET 后才返回左侧母线。

(3) STL 触点可直接驱动或通过别的触点驱动 Y、M、S、T 等元件的线圈。

(4) 在 STL 母线上，需要直接输出的线圈应首先编程，不可以在编入 LD、LDI 等指令后进行输出。

(5) 在 STL 母线上，不可以直接使用 MPS、MRD 和 MPP 等堆栈指令，需要时可以在编入 LD、LDI 等指令后使用堆栈指令。

(6) 由于 PLC 只执行活动步对应的电路块，所以使用 STL 指令时允许双线圈输出（顺控程序在不同的步可多次驱动同一线圈）。

(7) 在中断处理程序和子程序内，不能使用 STL 指令。

(8) 在 STL 指令内，可以使用跳转指令。

(9) 在 STL 指令内，不可以使用 MC 和 MCR 指令。

第二部分　技 能 实 训

技能实训一　PLC 控制程序输入练习

1. 实训目的

(1) 掌握 PLC 编程软件的基本操作。

(2) 熟悉梯形图和指令表输入的步骤和方法。

2. 实训器材

（1）PLC（FX_{2N}-48MR）1 台。

（2）安装 FXGP/WIN-C 软件的 PC 机 1 台。

（3）RS-232 通信电缆 1 根。

3. 任务要求

（1）开启计算机，双击 FXGP/WIN-C 图标，出现 SWOPC-FXGP/WIN-C 界面显示，如图 11-6 所示。

（2）单击［文件］→［新文件］菜单项，或者［Ctrl］+［N］键操作，或单击□图标，出现“PLC 类型设置”对话框，如图 11-8 所示。例如选择 PLC 类型 FX2N 后，单击［确认］按钮，进入梯形图编辑框。

（3）按图 11-19 所示梯形图输入程序，并保存。根据控制要求运行程序，闭合 X0 后，观察 PLC 输出指示灯的变化情况。

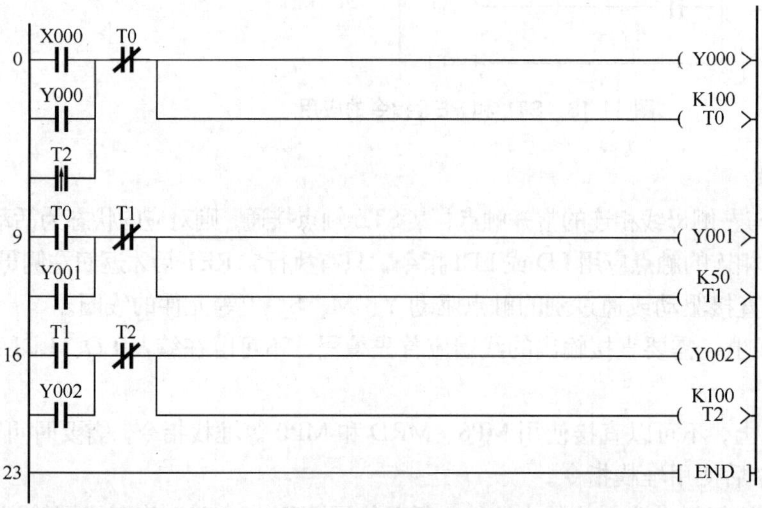

0	LD	X000
1	OR	Y000
2	ORP	T2
4	ANI	T0
5	OUT	Y000
6	OUT	T0
	SP	K100
9	LD	T0
10	OR	Y001
11	ANI	T1
12	OUT	Y001
13	OUT	T1
	SP	K50
16	LD	T1
17	OR	Y002
18	ANI	T2
19	OUT	Y002
20	OUT	T2
	SP	K100
23	END	

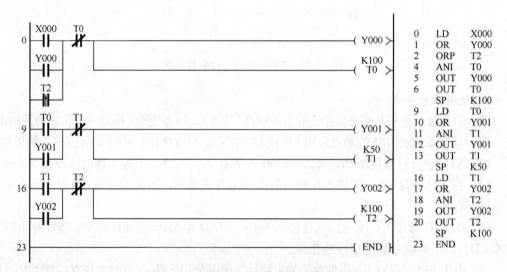

图 11-19　梯形图和指令表编程输入练习

4. 问题思考

（1）FXGP 软件或 GPPW 软件的主菜单有哪些？编程软件能够进行哪些操作？

（2）出现 FXGP 或 GPPW 编程软件与 PLC 无法通信，可能是什么原因？

技能实训二　PLC 控制的电动机 Y－△降压启动电路

1. 实训目的

（1）掌握 PLC 编程软件的基本操作。

（2）熟悉定时器在编程中的应用。

（3）掌握编制梯形图的一般步骤和方法。

（4）熟练掌握电动机 Y-△降压启动的 PLC 外部接线。

2. 实训器材

（1）PLC（FX2N-48MR）1 台。

(2) 安装 FXGP/WIN-C 软件的 PC 机 1 台。

(3) RS-232 通信电缆 1 根。

(4) 按钮开关 2 个。

(5) 交流接触器 3 个。

(6) 热继电器 1 个。

(7) 熔断器 5 个。

(8) 实训控制台 1 个。

(9) 电动机 1 台 (JW5014 /40W)。

(10) 电工常用工具 1 套。

(11) 连接导线若干。

3. 任务要求

(1) 设计一个用 PLC 基本逻辑指令实现电动机 Y-△降压启动的控制系统，并在此基础上练习编程软件的各种功能。其具体控制要求如下。

① 按下启动按钮 SB_1 后，KM_1 与 KM_2 得电，电动机星形连接降压启动。

② 延时 5 秒后，KM_2 失电，电动机星形连接解除。

③ 为防止电弧短路，要求 KM_2 失电 0.1 秒后 KM_3 才得电，将电动机接成△连接全压运行。为使时间间隔明显，便于调试时检验，编程时延长为 1 秒。

④ SB_2 为停止按钮，它随时可使整个系统停机。

⑤ KM_2 与 KM_3 之间具有互锁功能。

(2) I/O 分配。

根据控制要求画出 I/O 分配图，见表 11-15。

表 11-15 I/O 分配表

输入			输出		
控制元件	控制功能	端子分配	控制元件	控制功能	端子分配
SB_1	启动按钮	X_0	KM_1	主接触器	Y_0
SB_2	停止按钮	X_1	KM_2	Y 形运行	Y_1
			KM_3	△形运行	Y_2

(3) 系统接线与调试。

① 根据系统控制要求，可以画出 PLC 系统接线图如图 11-20 所示。

② 输入程序

按实训要求，用计算机正确输入程序。

③ 程序调试

按图 11-20 (b) 所示 PLC 的 I/O 分配图正确连接好输出设备，进行系统的空载调试，观察交流接触器能否按控制要求动作，并通过计算机监视，观察其动作是否一致；如不一致，则检查电路或修改程序，直至交流接触器能按控制要求动作。然后按图 11-20 (a) 所示的主电路图连接好电动机，进行带负载动态调试。

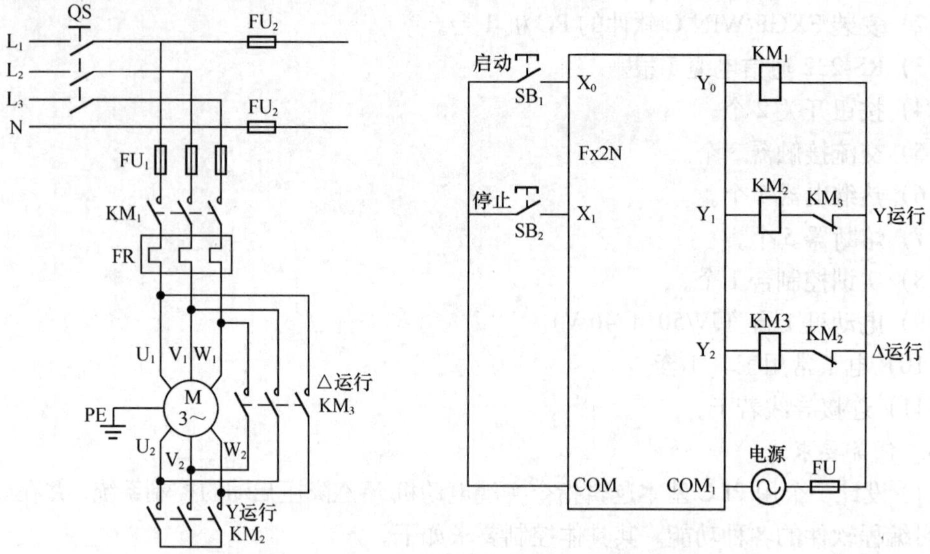

（a）主电路图　　（b）I/O分配图

图 11-20　电动机 Y-△降压启动 PLC 控制电路

4. 问题思考

（1）根据实训要求，结合 I/O 分配表绘制梯形图，并写出指令表。（梯形图及指令语句如图 11-21 所示）。

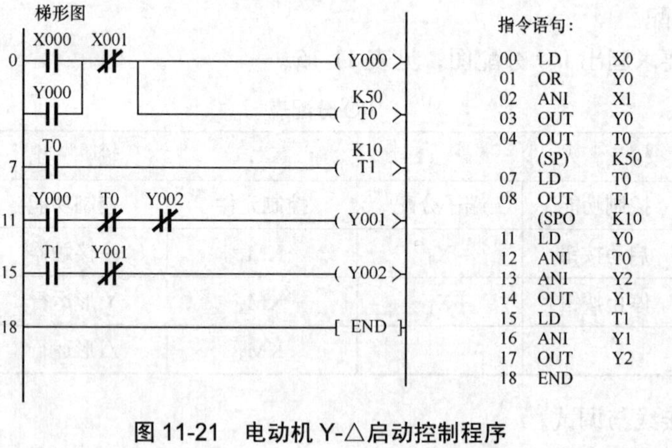

图 11-21　电动机 Y-△启动控制程序

（2）试用其他编程方法设计程序。

附录一 中华人民共和国职业技能等级标准——初级电工

一、工种定义

工种定义为使用电工工具和有关仪器、仪表、安装、维修和调试高低压线路。

二、适用范围

适用范围为电力系统高低压和室内外电气设备的安装、修理；发、变、配电站（所）电气设备的操纵与运行维护。

三、等级线

初级。

四、知识要求

1．常用电工测量仪器和仪表（钳式电流表、兆欧表、万用表等）的名称、型号、规格、用途、使用规则和维护保养方法。

2．常用电工工具和防护用具（验电笔、旋具、钢丝钳、断线钳、电工刀、电烙铁、高压验电器、携带型地线、登高用具、绝缘手套、靴和垫等）的名称、规格、用途、使用规则和维护保养方法。

3．内外线专用工具（喷灯、紧线器、弯管器、射钉枪、冲击钻和冲击电钻等）的名称、型号、规格和使用方法。

4．常用各种电工材料（导电材料、绝缘材料、磁性材料、电碳制品及其他电工材料等）的分类、名称、规格和用途。

5．机械识图知识，常用电气制图的图形符号和项目代号，常用电气图的系统图、电路、接线图和有关文字说明方面的知识。

6．交、直流电路的基本知识，一般的电路计算公式和计算方法。

7．常用低压电器的结构、工作原理、型号、用途和安装方法。

8．晶体二极管、三极管极性识别及整流电路的基本知识。

9．变压器的种类、工作原理、三相油浸电力变压器主要结构及相序的检查方法。

10．交流异步电动机工作原理、结构种类（安装结构、性能等）、接线方法（包括 Y-△接线）及简单控制线路的原理和接线方法。

11．根据用电设备的性质和容量，选择导线截面和熔断器规格的知识。

12．室内布线的种类、方法和一般技术要求。

13．10kV 及以下的架空线路架设的基本技术要求。

14．电力电缆的构造和一般敷设的基本知识。

15．变、配电所常用电器设备、电气装置和室内外主线路的名称、型号规格、用途、基本构造和性能。

16．变、配电所各种电气装置的一次接线图和各种高压电气设备在正常情况下的操作方法。

17．变、配电所各种监测仪表及常用继电器的名称、型号、规格及用途。

18．钳工、焊接工基本知识。

19．安全技术规程。

五、技能要求

1．看懂变、配电系统一次接线系统图和高低压配电装置的平面布置图，按图检查电气设备的安装位置。

2．使用一般电工测量仪表（钳式电流表、兆殴表、万用表等）检查电气设备的故障。

3．装配整流电路和阻容保护电路。

4．攀登电杆，装设 10kV 以下铁横担并接线。

5．使用钳工基本工具，按图制作杆上横担和紧固件。

6．看懂室内布线安装施工图、安装、修理一般照明、动力线路（按施工图煨弯曲ϕ19mm 以下的电线铁管，作 19/2.24 的铜导线连接，安装各种照明开关、低压断路器、磁力启动器，装配三相有功和无功电能表等）。

7．交流异步电动机星形、三角形接线。

8．按操作规程进行各种停、送电操作。

9．检查变、配电所各种电气设备的室内外主要电气线路的外部缺陷和异常现象。

10．根据检测计量仪表、信号装置和继电器动作的指示，判断产生故障的原因。

11．触电急救和人工呼吸法。

12．正确执行安全技术操作规程。

13．做到岗位责任制和文明生产的各项要求。

六、工作实例

1．安装 30 盏白炽灯或容量为 3kW 的室内照明设备。

2．安装 22kW 的室内、外动力线路。

3．用接地电阻测试仪定期对变、配电所接地系统进行测试并作简单计算。

4．检修低压配电屏，并用兆欧表检查各点绝缘电阻是否符合要求。

5．停电更换电容器组的熔断器的全部操作。

6．判断并处理变、配电所配电线路的停电故障。

附录二　中华人民共和国职业技能等级标准——中级电工

一、工种定义

工种定义为使用电工工具和有关仪器、仪表、安装、维修和调试高低压线路。

二、适用范围

适用范围为电力系统高低压和室内外电气设备的安装、修理；发、变、配电站（所）电气设备的操纵与运行维护。

三、等级线

中级。

四、知识要求

1．常用安全工具和防护用品的定期预防性试验方法。

2．交、直流耐压试验仪器、仪表的使用和维护方法。

3．晶闸管的基本原理和简单的控制方法。

4．变压器允许事故过负荷和正常过负荷的数值。

5．变压器并联运行的条件及接线组别的意义。

6．变压器油的一般技术要求（耐压、黏度、闪点、酸价和凝固点等）。

7．变压器相、线电流及相、线电压的概念和计算方法。

8．交流异步多速电动机和直流电动机的结构、绕组名称、工作原理及控制接线方法。

9．内外线电力工程的基本知识（供电要求、电力负荷分类方式、高低压线路接线特点和导线截面选择的基本计算方法）。

10．常用高压电器的结构、工作原理、安装和调整的要求和方法。

11．变、配电系统各种高压电气设备和配电装置的定期预防性试验方法及试验周期、项目标准。

12．常用变、配电设备（隔离开关、负荷开关、变压器、油开关或真空开关、电容器、继电保护系统等）的结构、原理、安装和修理项目及质量标准。

13．变、配电系统主要配电线路的负荷性质及运行情况。

14．变、配电系统的主要电气设备（油开关或真空开关、变压器、电容器和电力电缆等）常见故障的种类（过载、接地、闪烁及异声等）的原因。

15．10kV、1 000kVA 以下变电所常用电气设备的安装方法。

16．10kV 以下电缆终端盒、中间盒的制作工艺规程和电缆线路敷设规程。

17．避雷装置和接地装置的原理、施工安装要求、试验和检测方法。

18．调整负荷及调整功率因数的意义和方法。

19．交直流电力拖动的基本知识。

20．生产技术管理知识。

五、技能要求

1．绘制变、配电系统一、二次接线图和控制原理图。

2．根据有功、无功电能表读数计算平均功率因数。

3．按图安装调整简单的晶闸管整流和控制电路。

4．安装各种室内外照明、动力线路。

5．按图装配交、直流电动机的控制线路。

6．按图装配 30/50t 桥式起重机的控制线路。

7．按图接线、安装 10kV 高压开关柜的一、二次线路。

8．10kV 以下油开关的拆装、换油和调整行程。

9．安装 10kV 以下的架空线路（立杆、架设、作拉线、进行 $70mm^2$ 导线弛度调整等）。

10．按图安装避雷装置和各种接地工程，并进行测量。

11．按工艺操作规程制作 10kV 以下室内外电缆中间盒、终端盒。

12．变、配电系统的停、送电操作。

13．判断并处理变、配电系统的停电事故。

六、工作实例

1．拆装、清洗、加油 55kW 的交、直流电动机。

2．安装调整滑触线和 30/5t 桥式起重机电气线路。

3．制作 10kV 的电缆终端盒。

4．JYN2-10 型开关柜弹簧操作机构和拉杆行程的调整。

5．SN10-10 型油开关的检修和行程调整。

6．10kV、1 000kV 以下的变电所常备电气设备的安装工程（变压器、负荷开关、一/二次汇流排、避雷器、进户线、穿墙套管及接地网等的安装和试验）。

7．变、配电系统在送电前的准备工作。

8．判断并处理变、配电系统的停电事故。

9．100kW 以下交流低压电力拖动设备的安装和调整。

附录三　中华人民共和国职业技能等级标准——高级电工

一、工种定义

工种定义为使用电工工具和有关仪器、仪表、安装、维修和调试高低压线路。

二、适用范围

电力系统高低压和室内外电气设备的安装、修理；发、变、配电站（所）电气设备的操纵与运行维护。

三、等级线

高级。

四、知识要求

1．变、配电系统各种高低压电气设备主要线路的匹配计算方法。

2．各种高压电气设备预防性试验的方法和内容，试验设备、仪器、仪表的性能、使用方法和操作规程。

3．常规电子电路的应用和故障排除方法。

4．同步电机的构造、励磁方法和同步发电机与电网并列运行条件及操作方法。

5．特种电炉（电弧炉、中频炉、离子氮化炉等）的电气运行、维护和操作方法。

6．直流电力拖动的基础知识。

7．变、配电系统微机控制、监测的基本原理和应用知识。

8．变、配电系统全部电气设备及附属设备的构造、性能、工作原理、安装、修理、试验的项目、内容、周期和标准。

9．变、配电系统各种继电保护、计量、监测仪表的二次接线及安装、调试和整定方法。

10．变、配电系统和各种高低压电气设备的故障原因及处理方法。

11．变、配电设备和线路的防雷保护方式、继电保护方式的保护范围、效果及优缺点。

12．线路自动重新合闸装置的原理和作用。

13．变、配电系统的经济运行方式。

14．全国供、用电规则和企业合理用电原则。

五、技能要求

1．绘制变、配电系统及附属设备全部二次电路图。

2．按图装配、调试晶闸管整流电路、并用仪器、仪表分析、判断和排除故障。

3．按图安装直流拖动系统的生产设备，并作必要的调整。

4．调换 10kV 架空线路的转角杆和终端杆。

5．敷设 35kV 以下电缆线路（包括制作电缆盒和电缆头）。

6．用电缆探伤仪寻找地下电缆故障点，并组织抢修。

7．根据变、配电系统各种高低压电气设备的运行现状，分析判断是否合理并提出改进措施。

8．根据用电负荷选择变压器最佳运行容量。

9．变、配电微机管理系统的使用。

10．根据动力、照明线路施工图，提出材料预算和工时定额。

11．发电设备的安装、运行、操作、并网和故障排除。

12．应用推广新技术、新工艺、新设备及新材料。

六、工作实例

1．根据设计基础资料和有关数据，提出总变（总配）电所的设计构思和方案。

2．定期对运行的变、配电设施进行高压预防性试验。

3．组织施工总变（总配）电所的全套工程项目（高压开关柜的安装，油开关的调整，继电保护，计量、监测仪表，二次线路的安装、调整、整定，电缆盒的制作和各种高压预防性试验等）。

4．编写变、配电系统全部停、送电工作票，组织处理各种停电事故并进行抢修。

5．评价变、配电系统的特点，计算负荷，合理安排，降低电力系统的能耗，确定经济的运行方式。

6．75/20t 桥式起重机电气大修工程。

7．75kW 直流电力拖动系统设备的安装和调试。

附录四 常用电器图形、文字符号表

名称		图形符号	文字符号
一般三极电源开关		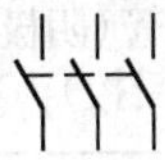	QS
低压断路器		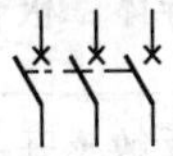	QF
位置开关	常开触点		SQ
位置开关	常闭触点	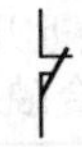	SQ
位置开关	复合触点		SQ
转换开关		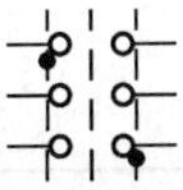	SA
按钮	启动	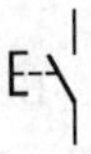	SB
按钮	停止		SB
按钮	复合	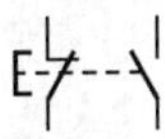	SB
接触器	线圈		K、KM
桥式整流装置		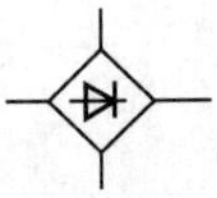	VC

名称		图形符号	文字符号
接触器	主触点		K、KM
接触器	常开辅助触点		K、KM
接触器	常闭辅助触点		K、KM
速度继电器	常开触点	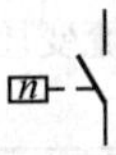	BV
速度继电器	常闭触点	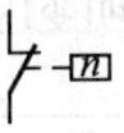	BV
时间继电器	线圈	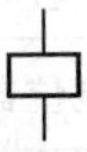	KT
时间继电器	常开延时闭合触点	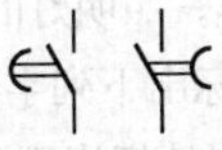	KT
时间继电器	常闭延时打开触点		KT
时间继电器	常闭延时闭合触点	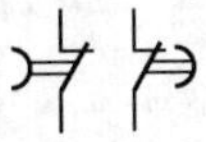	KT
时间继电器	常开延时打开触点	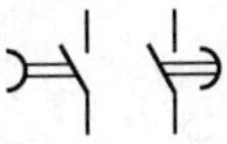	KT
热继电器	热元件		FR
三相笼型异步电动机			M

名称		图形符号	文字符号
热继电器	常闭触点	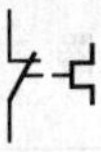	FR
继电器	中间继电器线圈	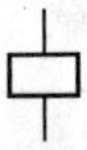	KM
继电器	欠电压继电器线圈	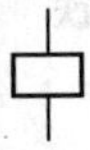	KV
继电器	过电流继电器线圈	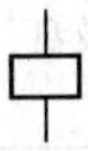	KA
继电器	常开触点	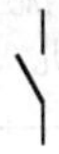	相应继电器符号
继电器	常闭触点		相应继电器符号
继电器	欠电流继电器线圈	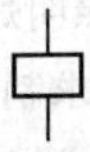	KA
熔断器			FU
熔断器式刀开关			QS
熔断器式隔离开关			QS
熔断器式负荷开关			QM
三相自耦变压器			T

续表

名称	图形符号	文字符号
蜂鸣器		H
信号灯		HL
电阻器	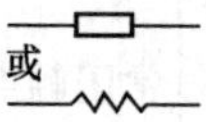	R
接插器	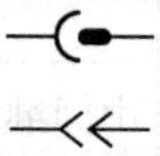	X
电磁铁	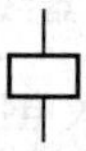	YA
电磁吸盘		YH
串励直流电动机	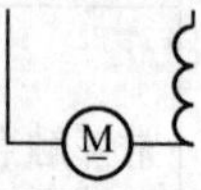	M
并励直流电动机	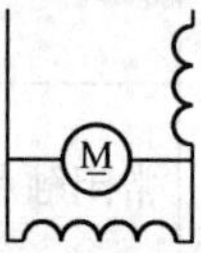	

名称	图形符号	文字符号
三相绕线转子异步电动机	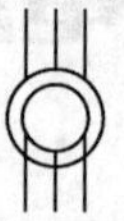	M
他励直流电动机		
复励直流电动机	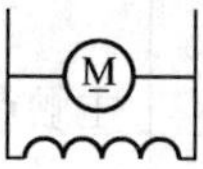	
直流发电机		G
单相变压器	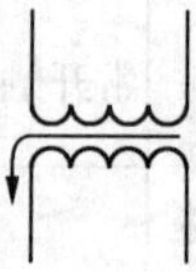	T
整流变压器		
照明变压器		TC
控制电路电源用变压器		
电位器	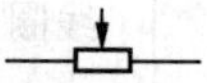	RP

名称	图形符号	文字符号
PNP 型三极管		V
NPN 型三极管		
晶闸管（阴极侧受控）	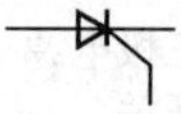	
半导体二极管		
接近敏感开关动合触点	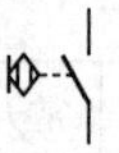	
磁铁接近时动作的接近开关的动合触点		
接近开关动合触点	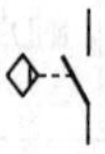	

【注】照明灯与指示灯的图形符号一样，照明灯的文字符号为 EL。

如果要求制式颜色，则在靠近符号处标出下列字母：RD 红、YE 黄、GN 绿、BU 蓝、WH 白。

如果要求指出灯的类型，则在靠近符号处标出下列字母：Nc 氖、Xc 氙、Na 钠、Hg 汞、I 碘、IN 白炽、EL 电发光、ARC 弧光、FL 荧光、IR 红外线、UV 紫外线、LED 发光二极管。

参考文献

[1] 湖北省职业技能鉴定中心．职业技能鉴定辅导—电工．武汉：湖北科学技术出版社，2001．

[2] 林炳南，张雷．维修电工应用技术．北京：高等教育出版社，2005．

[3] 梅开乡，徐滤非．电工职业技能实训．北京：人民邮电出版社，2006．

[4] 王人祥．常低压电器原理及其控制技术．北京：机械工业出版社，2004．

[5] 周德仁．维修电工与实训．北京：人民邮电出版社，2006．

[6] 张南．电工学．北京：高等教育出版社，2002．

[7] 孙余凯，吴鸣山等．学看实用电气控制线路图．北京：电子工业出版社，2006．

[8] FR-S500 使用手册．三菱电机自动化有限公司．2006．

[9] 刘守操．可编程序控制器技术与应用．北京：机械工业出版社，2006．

[10] 程子华．PLC 原理与编程实例分析．北京：国防工业出版社，2006．

[11] 龚仲华，史建成，孙毅．三菱 FX\Q 系列 PLC 应用技术．北京：人民邮电出版社，2006．

[12] 刘法治．维修电工实训技术．北京：清华大学出版社，2005．

[13] 李瀚荪．电路分析基础．北京：人民教育出版社，1978．

[14] 赵宝义．万用电表．上海：上海科技出版社，1979．

[15] 程耕国．电路实验指导书．武汉：武汉理工大学出版社，2001．

[16] 孙桂英，齐凤艳．电路实验．哈尔滨：哈尔滨工业大学出版社，2001．

[17] 薛同泽，李翠玲，孙家模，王晓芬．电路实验技术．北京：人民邮电出版社，2003．

[18] 陆国，项建荣．电工实验与实训．北京：高等教育出版社，2001．

高等职业教育课改系列规划教材目录

书 名	书 号	定 价
高等职业教育课改系列规划教材（公共课类）		
大学生心理健康案例教程	978-7-115-20721-0	25.00 元
应用写作创意教程	978-7-115-23445-2	31.00 元
高等职业教育课改系列规划教材（经管类）		
电子商务基础与应用	978-7-115-20898-9	35.00 元
电子商务基础（第 3 版）	978-7-115-23224-3	36.00 元
网页设计与制作	978-7-115-21122-4	26.00 元
物流管理案例引导教程	978-7-115-20039-6	32.00 元
基础会计	978-7-115-20035-8	23.00 元
基础会计技能实训	978-7-115-20036-5	20.00 元
会计实务	978-7-115-21721-9	33.00 元
人力资源管理案例引导教程	978-7-115-20040-2	28.00 元
市场营销实践教程	978-7-115-20033-4	29.00 元
市场营销与策划	978-7-115-22174-9	31.00 元
商务谈判技巧	978-7-115-22333-3	23.00 元
现代推销实务	978-7-115-22406-4	23.00 元
公共关系实务	978-7-115-22312-8	20.00 元
市场调研	978-7-115-23471-1	20.00 元
物流设备使用与管理	978-7-115-23842-9	25.00 元
高等职业教育课改系列规划教材（计算机类）		
网络应用工程师实训教程	978-7-115-20034-1	32.00 元
计算机应用基础	978-7-115-20037-2	26.00 元
计算机应用基础上机指导与习题集	978-7-115-20038-9	16.00 元
C 语言程序设计项目教程	978-7-115-22386-9	29.00 元
C 语言程序设计上机指导与习题集	978-7-115-22385-2	19.00 元
高等职业教育课改系列规划教材（电子信息类）		
电路分析基础	978-7-115-22994-6	27.00 元
电子电路分析与调试	978-7-115-22412-5	32.00 元
电子电路分析与调试实践指导	978-7-115-22524-5	19.00 元

续表

书　名	书　号	定　价
电子技术基本技能	978-7-115-20031-0	28.00 元
电子线路板设计与制作	978-7-115-21763-9	22.00 元
单片机应用系统设计与制作	978-7-115-21614-4	19.00 元
PLC 控制系统设计与调试	978-7-115-21730-1	29.00 元
微控制器及其应用	978-7-115-22505-4	31.00 元
电子电路分析与实践	978-7-115-22570-2	22.00 元
电子电路分析与实践指导	978-7-115-22662-4	16.00 元
电工电子专业英语（第 2 版）	978-7-115-22357-9	27.00 元
实用科技英语教程（第 2 版）	978-7-115-23754-5	25.00 元
电子元器件的识别和检测	978-7-115-23827-6	27.00 元
电子产品生产工艺与生产管理	978-7-115-23826-9	31.00 元
电子 CAD 综合实训	978-7-115-23910-5	21.00 元
电工技术实训	978-7-115-24081-1	27.00 元
高等职业教育课改系列规划教材（动漫数字艺术类）		
游戏动画设计与制作	978-7-115-20778-4	38.00 元
游戏角色设计与制作	978-7-115-21982-4	46.00 元
游戏场景设计与制作	978-7-115-21887-2	39.00 元
影视动画后期特效制作	978-7-115-22198-8	37.00 元
高等职业教育课改系列规划教材（通信类）		
交换机（华为）安装、调试与维护	978-7-115-22223-7	38.00 元
交换机（华为）安装、调试与维护实践指导	978-7-115-22161-2	14.00 元
交换机（中兴）安装、调试与维护	978-7-115-22131-5	44.00 元
交换机（中兴）安装、调试与维护实践指导	978-7-115-22172-8	14.00 元
综合布线实训教程	978-7-115-22440-8	33.00 元
TD-SCDMA 系统组建、维护及管理	978-7-115-23760-8	33.00 元
光传输系统（中兴）组建、维护与管理实践指导	978-7-115-23976-1	18.00 元
网络系统集成实训	978-7-115-23926-6	29.00 元
高等职业教育课改系列规划教材（机电类）		
钳工技能实训（第 2 版）	978-7-115-22700-3	18.00 元

如果您对“世纪英才”系列教材有什么好的意见和建议，可以在“世纪英才图书网”（http://www.ycbook.com.cn）上“资源下载”栏目中下载“读者信息反馈表”，发邮件至wuhan@ptpress.com.cn。谢谢您对“世纪英才”品牌职业教育教材的关注与支持！